西南交通大学教材建设研究项目（2018 年度）
西南交通大学一流本科课程建设项目（2020—2021 学年立

城市地下空间规划与设计

主　　编 ◎ 蒋雅君　郭　春
副主编 ◎ 孙吉祥　金　虎　马龙祥　刘一杰

西南交通大学出版社
·成　都·

内容提要

本书以城市地下空间规划原理为基础，涵盖了城市地下空间规划与设计的基础理论、城市地下空间总体规划与详细规划的编制程序与方法、各类常见城市地下空间设施（如城市轨道交通设施、地下道路设施、地下停车库、地下综合体、人防工程、城市综合管廊、城市地下物流设施等）的规划与设计方法等技术内容，旨在为城市地下空间开发利用专业人才将来从事相关工作提供参考和帮助。全书知识体系与现行国家标准《城市地下空间规划标准》（GB/T 51358—2019）对应一致，有利于学生将来与城市地下空间开发利用的工作相衔接。

本书可作为城市地下空间工程、土木工程（地下工程方向）、城乡规划和城市建设等专业的本科生教材，也可供从事地下铁道、城市道路、城市综合体、建筑工程、市政工程、人防工程、城市防灾等行业的设计、施工、管理、投资、开发、科研等工作的年轻技术人员参考。

图书在版编目（CIP）数据

城市地下空间规划与设计 / 蒋雅君，郭春主编. — 成都：西南交通大学出版社，2021.8
ISBN 978-7-5643-8175-2

Ⅰ. ①城… Ⅱ. ①蒋… ②郭… Ⅲ. ①地下建筑物－城市规划－高等学校－教材 Ⅳ. ①TU984.11

中国版本图书馆 CIP 数据核字（2021）第 157802 号

Chengshi Dixia Kongjian Guihua yu Sheji
城市地下空间规划与设计

主编　蒋雅君　郭　春

责任编辑	韩洪黎
封面设计	何东琳设计工作室

出版发行	西南交通大学出版社 （四川省成都市金牛区二环路北一段 111 号 西南交通大学创新大厦 21 楼）
邮政编码	610031
发行部电话	028-87600564　028-87600533
网址	http://www.xnjdcbs.com
印刷	成都蜀雅印务有限公司

成品尺寸	185 mm×260 mm
印张	20
字数	499 千
版次	2021 年 8 月第 1 版
印次	2021 年 8 月第 1 次
定价	56.00 元
书号	ISBN 978-7-5643-8175-2

课件咨询电话：028-81435775
图书如有印装质量问题　本社负责退换
版权所有　盗版必究　举报电话：028-87600562

随着城市化进程的加快，人口不断向大城市聚集，由此带来了巨大的交通压力、能源消耗和严重的环境污染，城市化过程对生存空间和市政基础设施提出了更高的要求。20 世纪 50 年代以来，人类面临的"人口爆炸""资源枯竭""环境污染"三种重要危机，以及社会变迁过程中不断出现的社会问题使得城市问题日益彰显。随着城市、人口与环境之间的矛盾日益严峻，人居环境的恶化和不可再生资源的枯竭使城市面临巨大的现实问题，人们对未来的危机感空前强烈，当前城市不断凸显的人口、食品、土地、资源、环境、就业、医疗、教育等问题也日趋严重。在这种严峻形势下，城市土地资源无法按照这种速度持续供给，城镇建设用地中人地矛盾会更为加剧，城市建筑的高度、人口密度总体上仍呈现快速增加状态，为此必须寻求更为有效的发展途径。

为了满足城市发展的需要，人们开始将视线转向地下。从 20 世纪下半叶起，国外许多城市对地下空间进行了大规模的开发利用。大量实践证明，地下空间所具有的丰富的空间资源若得到合理开发，可以很大程度上提高城市空间容量，开发地下交通空间能有效缓解中心城区交通拥挤的状况，开发地下空间后留出的地面空地可以增加城市绿地、改善城市生态环境，开发地下空间还有助于保持城市历史文化景观。同时，开发利用城市地下空间也是实现城市可持续发展的重要途径，可以有效解决土地资源不足、交通和城市整体抗灾、保护城市生态环境等问题，为城市可持续发展做出重要贡献。因此可以说，地下空间的合理开发将成为城市建设的一种新的趋势。

从 21 世纪初开始，我国以城市轨道交通为龙头的地下空间开发利用得到不断推进，但同时也凸显出相关专业人才匮乏的问题。截至 2021 年 6 月，国内已经有 80 余所高等学校开设了城市地下空间工程专业，此外还有部分院校在土木工程专业下设地下工程方向，为国内城市地下空间的建设培养了大量的专业人才，但这远远不能满足国内地下空间建设的需求。此外，由于城市地下空间规划与设计的学科交叉性较强，涉及城乡规划、建筑学、土木工程、交通工程等学科和专业，也对城市地下空间规划与设计的人才培养工作造成了一定的困难。在此形势下，在城市地下空间工程专业的课程体系中加入相关的课程内容，为学生毕业后从事城市地下空间开发利用工作奠定一定基础，无疑是缓解当前专业人才需求缺口的一种重要途径。

本书是在西南交通大学城市地下空间规划与设计（地下建筑学）课程讲义的基础上，通过3年的不断调整和完善，最终定稿的一本面向城市地下空间工程专业的本科生教材。基于课程的定位，本书在充分吸收了已有理论与工程实践成果的基础上，结合城市地下空间规划与各类地下空间设施建筑设计的相关内容，系统地介绍地下空间规划与设计的基本理论和方法。

本书共分为15章。第1章为绪论，第2章为城市地下空间规划体系，第3章为地下空间资源评估与需求分析，第4章为城市地下空间布局，第5章为城市地下空间规划编制，第6章为城市地下空间环境设计，第7章为城市地下空间综合防灾规划，第8章为城市中心区与居住区地下空间规划，第9章为城市地下街与地下综合体规划与设计，第10章为城市轨道交通设施规划与设计，第11章为城市地下道路规划与设计，第12章为地下停车库规划与设计，第13章为城市地下市政公用设施规划与设计，第14章为人防工程规划与设计，第15章为地下物流仓储设施规划与设计，附录A为城市地下空间规划专业术语，附录B为城乡用地分类和代码，附录C为城市建设用地分类和代码，附录D为城市地下空间设施分类和代码。

本书以西南交通大学城市地下空间规划与设计（地下建筑学）课程组教师为主，联合西南交通大学城乡规划专业的教师共同编写，其中：蒋雅君编制了教材的大纲并对全书进行了统稿，孙吉祥编写了第2～6章，马龙祥编写了第10章，金虎编写了第11、15章，郭春搜集了案例素材并编写了其余章节，刘一杰对全书进行了校核。本课程获得西南交通大学2020年首批校级一流课程项目（线上＋线下混合式教学课程）的建设立项，蒋雅君牵头建设了课程混合式教学网站，金虎及马龙祥参与了课程网站建设和修订了教材课件。

本书编写过程中吸收了以前诸多教材的优点、参阅了近年来国内外众多学者专家的研究成果和相关文献，西南交通大学研究生董晨、郑鑫、张振华、廖继轩、宋骏修、陈小峰、程江浩、郭雄、徐建峰等人参与了部分文稿整理和插图绘制工作，交通隧道工程教育部重点实验室对本书的编写提供了大力的支持，编者在此一并表示感谢！虽然编者付出了大量努力，但由于学识水平有限，不足之处在所难免，敬请读者批评指正。

编　者

2021年6月

CONTENTS 目录

第1章　绪　论

 本章教学目标

　　1. 了解地下空间开发利用的基本动因，熟悉地下空间开发历史及我国现代城市地下空间开发利用的发展阶段。
　　2. 掌握地下空间的基本属性和开发利用特点，以及城市地下空间开发利用形态分类。
　　3. 熟悉城市地下空间开发利用的发展趋势。

　　地下空间是一种宝贵的自然资源，国内外对地下空间的开发均具有悠久的历史。目前对地下空间的定义，通常是从开发和利用的角度，认为它是在地球表面以下的土层或岩层中天然形成或人工开发的空间场所，即"地下建筑空间"。而城市地下空间，一般可以理解为"城市规划区内的地下空间"，包括了已开发或计划开发的地下空间，也是本书介绍的重点。在城市现代化的进程中，城市地下空间作为城市建设的新型国土资源，其开发利用越来越发挥着与地上空间协调发展、完善城市系统运行的作用，也越来越受到关注和重视。

1.1　地下空间开发利用的基本动因

　　由于城镇化进程的不断推进，各种"城市病"的问题也不断凸显，造成了城市环境的恶化、资源消耗的加速等问题。近年来，世界各国的城市地下空间得到了广泛关注和持续开发，被认为是解决城市用地不足、交通拥挤、环境污染、防灾抗毁、空间饱和等难题，走可持续发展道路必不可缺的重要途径。

1. 拓展城市功能

　　由于城市人口、企业在城市的不断聚集，土地利用的密度不断上升，导致城市发展受限。在高密度程度不断扩大的同时，由于地面空间的有限性，促使地下空间的利用不断发展，越来越多的城市功能设施地下化，地下空间的利用形式也不断增多。

　　现代城市只有依靠水、能源、信息供给与处理系统、地铁等地下空间利用设施才能生存和发展，而现代城市发展的同时，也推动了地下空间的利用，城市地下空间利用与城市地面活动的规模和质量存在密切关系，必须保持两者平衡。

2. 城市和谐发展的需求推动

（1）缓解城市交通矛盾的有效手段。城市交通是城市功能中最活跃的因素，是城市和谐发展的最关键问题。由于我国城市化进程加快，城市人、车激增，而基础设施建设相对滞后，行车缓慢、交通堵塞的问题在很多城市尤为突出。国内外一些大城市的经验表明，只有发展高效率的地下交通，形成四通八达的地下交通网，才能有效解决城市交通拥堵的问题。同时，随着城市机动车数量的增加，为解决"停车难"的问题，在很多现代化城市中也修建了大量的地下停车库。特别是结合地铁车站、综合交通枢纽修建的地下停车库，既方便换乘、提高了地铁的利用率，又减轻了城市中心区的交通压力和由汽车造成的公害。

（2）改善城市生态环境的必要途径。城市的不均衡发展，导致城市大气污染严重、绿地面积大量减少、水资源缺乏、噪声污染严重超标，对人们的身心健康造成严重伤害。而开发利用城市地下空间，将部分城市功能转入地下，可以有效减少大气、噪声、水等污染，还可以节约大量用地。这既减轻了地面的拥挤程度，又为城市绿化提供了大量用地，而绿化面积的增加又有利于空气质量的改善，补充了城市地下水资源。因此，开发利用城市地下空间提高了城市空气质量，降低了城市水污染，是改善城市环境和实现城市、人与环境和谐发展的重要方法。

（3）提高城市综合防灾能力的最佳方法。城市作为一定区域的经济中心区和人口聚集区，一旦遭到自然灾害或人为毁坏，往往造成巨大损失。从自然灾害方面看，我国是一个地震多发、水旱风灾频繁的国家，城市总体抗灾能力还比较脆弱，严重制约城市的和谐发展。加强城市总体抗灾能力，就要在现有条件下采取必要的措施，有效地抵御和减轻灾害的破坏，并为救灾及灾后恢复创造有利的条件。地下空间处于一定的土层或岩层覆盖下，具有很强的隐蔽性、隔离性和防护性，具有多种抵御外部灾害的功能，如果形成体系和网络，还具有能长期坚持和机动性好等优势。因此，在多种综合防灾措施中，应充分调动城市地下空间的防灾潜力，建立以地下空间为主体的城市综合防灾空间体系，为城市居民提供安全的防灾空间。

3. 高度城市化进程的推动

城市的过度化发展带来了一系列的城市问题，这些城市问题可以用"城市病"来进行概括，它主要是指城市化后带来的几大城市问题，如人口膨胀、交通拥堵、能源消耗、环境污染等。

当城市的立体化发展（向上部扩展）无法解决城市化发展带来的种种问题时，人们逐渐认识到城市地下空间在扩大城市空间、改善城市景观方面的优势和潜力，形成了城市地面空间、上部空间和地下空间协调发展的城市空间构成的新概念，并且在实践中取得了良好的效果。在城市中有计划地建造地下建筑、充分利用地下空间，对节省城市用地、节约能源、改善城市交通、减轻城市污染、扩大城市空间容量、提高城市生活质量等方面，都具有明显的效果。

1.2　地下空间开发历史及发展阶段

人类发展的漫长文明史揭示了不同文化背景、地域差异下的民族都在为其自身的发展争取更为优越的生存环境和条件，对空间的探索和改造行为始终伴随其中，对地下空间价值的认识也逐步清晰。科学技术的进步带来社会生产力的大幅提高，人类逐步从原始"穴居"演变至规模庞大的"地下城市"，对地下空间设计也从被动利用到主动重视，地下空间开发利用的形态也得到了极大的丰富和多样化。

1.2.1　世界地下空间开发历史

1. 早期（远古时期）地下空间开发

人类对于地下空间的初步利用最早可以追溯到史前时代原始人类对于天然洞穴或地穴的利用（图1-1）。在自然生存条件恶劣的史前时期，地下及岩体洞穴不但可以为早期人类提供躲避自然灾害（气候变化、风霜雪雨、火山地震等）等恶劣环境的最佳栖息场所，还可以有效地储存剩余食物和防止野兽攻击。

2. 早期（古代时期）地下空间开发

随着社会文明和原始建设技术的初步发展，人类对于地下空间的利用也从初步的简单借用演变为对空间的设计和改造等萌芽行为。在地下交通方面，有公元前2180—2160年修建的巴比伦城幼发拉底河下的人行隧道，东汉永平年间在今陕西褒城修筑褒斜道时修建的石门隧洞。在地下市政方面，有位于古罗马城地下的马克西姆下水道。在地下陵墓方面，有西安秦始皇陵、长沙马王堆汉墓、徐州中山靖王墓等。在地下存储方面，隋唐时代古城洛阳建有贮藏谷物的地下仓库——含嘉仓，公元527—565年土耳其伊斯坦布尔建有用于储水的"地下水宫"。在地下宗教活动场所方面，典型代表有土耳其的地下礼堂，中国的敦煌莫高窟、洛阳龙门石窟（图1-2）等。

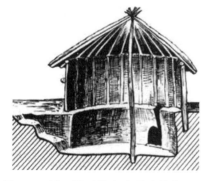

图1-1　新石器时代半穴居建筑复原图　　　　图1-2　洛阳龙门石窟

3. 近代城市地下空间开发

人类文明在不断前进，第一次工业革命以后生产力飞速发展，西方城市化水平不断提高，落后的城市市政基础设施无法适应城市发展的需求，为此在城市建设中加大了对城市供水、排水等市政设施的建设，也由此开始了近代城市的地下空间开发利用。

世界上第一条地铁建成于英国伦敦，标志着地下空间发展跨入一个新的阶段，同时也标志着人类对地下空间的开发利用进入近代发展的纪元。1863年1月正式运营的伦敦地铁大都会线是世界上历史最悠久的地下轨道交通系统（图1-3），由蒸汽发动机作为动力牵引的木质车厢第一次走向地下，并向世界预示人类行为空间和心理空间开始正式、大规模地进入"黑空间"。到了 1880 年，在原有基础上扩建后的伦敦地铁每年运载 4 000 万名乘客。与此同时，其他几条路线也迅速建设，到 1884 年，由大都会线和区域线共同构成的"内环线"竣工运营。由于这些早期的路线均使用需要顶部通风良好的蒸汽机车，所以大都利用浅层地下空间。随后电力机车的使用使新隧道可以使用较深层地下空间的同时，进一步发展了现代地下盾构技术，第一条电力运行的深层地下轨道"城市与南伦敦铁路"于 1890 年建成。在第二次世界大战期间，伦敦地铁系统转而成为最有效的人防空间，担负过指挥中心、工厂、避难所以及绝密通道的功能，保证了战时的英国国家安全和政府的正常运作（图 1-4）。

总结近代西方大城市开发地下空间的特点可知，在地下空间的发展过程中，最先发展的是地下市政设施，是现代城市地下空间开发利用开始的标志。为适应城市发展而紧接着出现的地下交通，扩大了地下空间开发利用的内容。伴随着地下市政、交通的进一步发展，以及各国综合实力逐渐增强，人防工程成为国家提高生存能力和保存战争实力的重要手段。相对较晚发展起来的地下商业，则是地下空间发展集交通功能、防灾功能等于一体的综合发展的重要体现。

图 1-3　1862 年工程师检查伦敦大都会地铁　　图 1-4　1940 年伦敦大空袭时地铁成为临时避难场所

4. 现代城市地下空间开发

第二次世界大战以后，随着经济和技术的高速发展，地下空间的开发利用也掀开了崭新的篇章。因为城市规模的不断扩张，当代城市地下空间开发利用主要集中在地下市政设施，为解决城市交通混乱而发展的地下交通设施，第二次世界大战带动修建的地下人防工程，最后为补充地面建设、综合开发产生的地下商业设施这四个方面。

地下市政设施目前的应用非常广泛。瑞典的大型地下排水系统，不论在数量上还是处理率上，均处于世界领先地位，仅斯德哥尔摩市就有大型排水隧道 200 km、大型污水处理厂 6 座、地下大型供热隧道 120 km、地下综合管廊 30 km。俄罗斯的莫斯科已建成地下综合管廊约 120 km，除煤气管外，各种管线被纳入其中。日本从 1926 年开始建设地下综合管廊，到 1992 年，已经拥有地下综合管廊约 310 km，而且在不断增长过程中。中国的城市综合管廊建设前期相对缓慢，在 2015 年以后才得到快速发展，据不完全统计，到 2020 年全国建成的管廊长度已经超过 8 000 km。

当前，城市轨道交通系统因为城市人口的爆炸性膨胀，已经进入高速发展时期。截至 2020 年底，中国大陆共有 45 个城市开通城市轨道交通，运营线路总长度 7 969.7 km，其中北京、上海、成都、广州等城市的已运营线路长度超过了 500 km。此外，现代大城市中地下动态交通与静态交通（如地下停车库）相结合也成为地下交通发展的必然趋势之一。

地下人防工程萌芽于第一次世界大战期间，发展于第二次世界大战。最早开始组织建设重要防空设施的是英国，伦敦首先建立了独立的防空指挥机构和专门的防空部队，并在市区实行灯火管制、构筑防空洞、疏散居民、建立空袭警报系统等。目前各国地下人防的发展已经随着防空、防灾的一体化而逐步与城市建设相融合。

地下商业最早出现在 20 世纪 30 年代，初期的地下商业是由地下铁道的人行道或人行过街地道扩建而成，地下商业在早期仅仅作为交通作用附属，但如今其已从简单的大型建筑物向地下延伸发展到复杂的地下综合体甚至地下城，成为地面功能的补充。1930 年，日本东京上野火车站地下步行通道两侧开设商业柜台形成了"地下街之端"，地下街已从单纯的商业性质演变为由交通、商业及其他城市功能设施共同组成的、相互依存的地下综合体。

人口的急剧增加、城市规模的爆发扩张，需要城市集约化发展，因此城市地下空间还展现出中心区大规模集中发展的特点。大城市中心区立体化、综合化、复合化地利用土地资源为地下空间的大规模建设带来了前所未有的契机，自然也成为城市发展新的领域。现今大城市中心区建设必然面临着旧城改建和新城新建之分，这也就造成了地下空间开发解决的问题和目的不完全相同。旧的城市中心区由于交通、环境等问题需要通过地下空间开发来缓解城市矛盾，例如美国纽约的曼哈顿、中国北京的王府井、上海的中央商务区等。新的城市中心区地下空间开发注重完善新城功能，提升凝聚力和效率，在高起点上参与未来城市竞争。在中心区地下空间建设的实例中比较有代表性的是：法国巴黎拉德芳斯新区、深圳福田中心商务区、杭州市钱江新城核心区等。还有一类是在旧城中拆迁原有建筑，全部新建的商务区，如北京中关村。

1.2.2　我国现代城市地下空间开发利用的发展阶段

我国现代城市地下空间开发利用及规划大致经历了以人防工程为主、平战结合、与城市建设相结合以及综合化、有序发展几大时期。自从对人防工程进行"平战结合"建设的重大理念上的更新，我国的城市地下空间规划理论在近 20 年来进行了多方面的探索尝试。伴随我国政治、经济、社会、科技、文化的发展进程，中国现代城市地下空间的开发利用及其规划工作大致经历了以下四个发展阶段：

（1）"深挖洞"时期（1977 年前）。中国现代城市以"人为服务对象"的地下空间开发利用源于人民防空工程。20 世纪 60 年代国际环境紧张，在国内掀起"深挖洞、广积粮、备战备荒为人民"的群众防御运动，当时建设了大量的"防空洞"。但是，由于缺乏统一规划和技术标准，已建成的工程质量差、可使用率很低。

（2）"平战结合"时期（1978—1986 年）。这一时期面临新的国际环境，国家确立了改革开放的国策。1978 年召开的第三次全国人防工作会议上，提出了"平战结合"的人防工程建设方针。该方针指出，对既有人防工程进行改造，在和平时期可以有效利用，新建工程必须按"平战结合"的要求进行规划、设计与建设。同时，作为一项专业规划正式列入城市规划的编制序列，并进行单列编制。这一时期人防工程的"平战结合"就成为中国城市地下空间开发利用的工作主体。

（3）"与城市建设相结合"时期（1987—1997 年）。1986 年 10 月，国家人防办和建设部门在厦门联合召开了"全国人防建设与城市建设相结合座谈会"，进一步明确了人防工程平战结合的主要方向是与城市建设相结合。从而，城市规划序列中的"人防建设规划"又增加了新的内容和技术要求，与城市相结合必须从提高城市发展综合效益的角度来研究和编制"人防与城市相结合规划"。

（4）有序发展时期（1998 年至今）。1997 年 12 月，建设部颁发了中国国家层面的法规——《城市地下空间开发利用管理规定》（以下简称《规定》），明确了"城市地下空间规划"是城市规划的重要组成部分，各级人民政府在组织编制城市总体规划时，应根据城市发展的需要，研究编制城市地下空间开发利用规划。《规定》的实施，作为城市规划编制工作的一项全新内容，在全国各地进行了很多有益的尝试，积累了不少的经验，有力地推进了中国城市地下空间的开发利用。但是，由于城市地下空间规划的理论研究和技术标准建设滞后，致使城市地下空间开发利用的规划编制工作远远跟不上实际发展的需要。为此，建设部于 2005 年确立了国家技术标准"城市地下空间规划规范"研究课题，集中了国内主要的研究机构和设计单位进行研究，正在加速推进城市地下空间资源开发利用规划的技术标准的编制工作。目前，《城市地下空间规划标准》（GB/T 51358—2019）已经正式颁布实施，国内各地也逐步推出了一些相关的地方标准，我国城市地下空间开发利用的规划工作正在朝着有序发展的方向快速推进。

1.3　地下空间的基本属性和开发利用特点

1.3.1　地下空间的基本属性

1. 地下空间的自然资源属性

（1）开发的约束性。地下空间首先作为一种位于地球岩石圈空间的自然资源，具有自然资源具备的属性特征，其开发同时具有有限性与约束性。对地下空间资源的开发受到诸多条件的限制，必须经过深入的地勘调查、科学论证和统筹综合规划分析。

（2）开发的不可再生性。地下空间是一种不可再生的资源，一旦开发使用，不易重复循环利用，同时对地层环境的影响不易消除，资源恢复及补救保护将花费高额的代价。因此，对地下空间资源的开发必须遵循保护性开发的原则，进行统筹计划使用。

（3）开发的稳定性。地下空间资源位于岩石圈空间，具有致密性和构造单元的长期稳定性，受到地震等自然灾害的破坏作用比地面建筑轻，具有开发稳定的良好特性，是有利于人类生产、生活使用的自然资源。

2. 地下空间的空间资源属性

地下空间是并行于地表空间、海洋空间、宇宙空间的客观空间存在。其本质作用是发挥空间拓展的功能，即对自然活动及人类活动进行空间承载，供自然生物及人类进行生活、生产的物质空间，可以为人类开发利用，创造社会效益及经济效益。

3. 地下空间的社会公共性资源属性

（1）国土资源属性。地下空间资源对于城市的发展建设是一种宝贵的国土资源，是城市可以使用的另一种土地资源类型，具有与土地资源一样的功用。

（2）扩充城市功能空间。地下空间资源被用于城市功能空间的拓展，实现和完善城市功能，使人居生活环境得以改善和提升，是对城市发展产生重要作用的社会公共资源。

（3）实现社会公共公益性功能。地下空间资源主要用于城市基础设施建设空间的补充和完善，具备基础设施的公共公益性设施属性。例如地下交通基础设施、市政公用基础设施等，都是城市良性发展的后备保障，也是实现公众生存、生活利用的保障。

（4）重视人居使用需求。地下空间作为可以为人类开发利用的生存空间及社会公共资源，其开发和使用过程中应更多地满足人类的生活、生产需求，根据人居需求改善其自身特性，成为适宜于人类需要的人工资源。由于地下空间具有封闭性的环境特点，在使用中一般需对其内部环境、安全性及与地面空间的联系进行改进，以使其更易于人类利用。

1.3.2 地下空间开发利用的基本特点

1. 开发不可逆性

地下空间的开发利用往往是不可逆的，这就要求对地下空间资源的开发利用进行长期分析预测，进行分阶段、分地区和分层次开发的全面规划，在此基础上，有步骤、高效益地开发利用。

2. 开发利用满足公益性功能

地下空间作为城市整体的一部分，可以吸收和容纳相当一部分城市功能和城市活动，与地面上的功能活动相互协调配合，使城市发展获得更大的活力与潜力。近年来，城市地下空间开发的主要功能和空间包括：居住空间、交通空间、物流空间、业务空间、商业空间、文化活动空间、生产空间、贮存空间、防灾空间等，具有重要的公益性功能。

3. 开发高成本性及长期效益性

城市地下空间的开发利用，初期直接投入的经济建设成本一般比地面建筑高。但是，当城市地面开发须付出高昂的土地费用时，不需支付或支付少量土地费的地下空间开发则显示出比较大的优势。此外，开发城市地下空间，通常需要关注开发后所产生的综合效益，包括经济效益、社会效益、环境效益和防灾效益。

4. 开发须高度重视防灾安全

地下空间对外部发生的各种灾害都具有较强的防护能力，但是对于发生在地下空间内部的灾害，特别像火灾、爆炸等，要比在地面上危险得多，防护的难度也大得多，这是由于地下空间比较封闭的特点决定的。因此，在地下空间的开发利用过程中，应高度重视安全防灾工作。

5. 开发须重视内部环境及外部环境影响

地下建筑所有界面都包围在岩石或土壤之中，直接与介质接触，这使得其内部空气质量、视觉和听觉质量以及对人的生理和心理影响等方面都有一定的特殊性；加上认识上的局限和物质上的限制，需要提升地下空间环境，使其达到易于人类生活使用的环境标准，提高地下空间内部环境使用的舒适性。同时，地下空间开发将对地层环境产生不可消除的环境影响，须高度重视地下空间开发利用的生态环境保护，从生态可持续发展角度，合理、保护性地进行地下空间开发建设活动。

1.4 地下空间开发利用形态

城市地下空间作为城市空间的一个整体部分，可以容纳和吸收相当一部分的城市功能和城市活动，如交通、商业、文化娱乐、生产、储存、防灾等。此外，随着城市发展和人们对生态环境要求的提高，城市地下空间的开发利用形态也得到了极大的丰富和发展，其功能也在逐步演化。此外，世界上许多城市也出现了集交通、市政、商业等功能为一体的综合地下空间开发案例。本节简要介绍一些在城市的现代化发展过程中常见的地下空间开发利用形态。

1.4.1 地下交通设施

1. 地下步行系统

地下步行道是指修建于地下的供行人使用的步道（图1-5），而由多条这样的步道，有序地、有组织地组合在一起，就形成了地下步行系统。由于在交通密集的市中心土地紧张，以拓宽人行道来确保行人安全的办法难以实现，而且行人通过交叉路口时也比较危险。如何做到既能更好地解决交通问题，又能保证行人安全且通行舒适就成了城市管理者和规划者必须解决的问题。建设地下步行道系统，使道路地下化，就能很好地解决这个问题。

2. 城市地下轨道交通

城市地下轨道交通是城市公共交通系统的一个重要组成部分，泛指在城市地下建设运行的，沿特定轨道运行的快速大运量公共交通系统，其中包括了地铁、轻轨、市郊通勤铁路、单轨铁路及磁悬浮铁路等多种类型。大多数的城市轨道交通系统都建造于地底之下，故多称为"地下铁道"（图1-6），简称为地铁、地下铁、捷运（台湾地区）等。

图1-5 地下步行通道　　　　图1-6 城市地铁车站

地铁与城市中其他交通工具相比，除了能避免城市地面拥挤和充分利用空间外，还有很多其他优点：一是运量大，地铁的运输能力是地面公共汽车的 8～11 倍，是任何其他城市交通工具所不能比拟的；二是速度快，地铁列车能在地下隧道内风驰电掣地行进，一些城市快速地铁线路的行驶速度可超过 100 km/h；三是地铁列车以电力作为动力，不存在空气污染问题。

3. 地下道路及互通式地下立交

地下道路和地面道路都是同一种道路，是地面道路的延伸（图 1-7）。由于城市土地资源的严重短缺和交通的大幅扩容，目前交通拥堵已在中国特大型城市普遍存在。对此，特大型城市应加大力度建设城市中心区与边缘组团的快速道路系统，而地下道路正是既保证速度又不占据城市空间的最好选择。眼下许多大城市不断建设高架路，但高架路存在着一些弊病，如振动、噪声、污染等。而国外的大城市，除了修建地铁之外，还在发展地下高速公路。建设地下公路对实现可持续发展，建设生态城市也有很大推动作用。

目前，我国许多城市在进行大规模轨道交通建设的同时，也在修建和改造着大量的城市道路，尤其是修建系统的城市快速干道更是成为解决交通拥堵问题的首选。在快速干道与其他道路的交叉节点，一般采用立交桥形式，或互通，或跨越。近几年随着经济和技术发展，以及对城市发展建设观念的改变，对景观和环境的要求提升到了新的高度，采用隧道穿越立交节点的工程实例越来越多。从城市交通系统的发展来看，互通式立交隧道的采用（图 1-8），不仅可以大大缓解地面交通的压力，还可以有效改善地面的商业环境和城市景观，因此地下互通式立交隧道有着广阔的潜在需求，近几年大量涌现的下穿隧道正是这一趋势的体现。

图 1-7　地下道路

图 1-8　互通式地下立交

4. 大型地下交通枢纽

随着经济的发展，城市的规模变得越来越大，人口越发集中，城市交通问题日益突出，交通需求与供给之间的不平衡发展给城市道路交通带来的直接问题之一就是交通拥堵加剧、出行时间延长、环境污染加重，从而引起不必要的时间和金钱损失，导致出行成本提高。特别是在城市的重要枢纽节点，如火车站、长途客运站、机场、港口等地方，由于交通量大、交通方式多样，很容易造成拥堵，导致城市整体交通运行不畅。为缓解交通拥堵，方便各种交通方式的换乘和接驳，提高城市交通的整体运行效率，一般需要修建大型多层交通枢纽，努力实现各种交通方式的零距离换乘（图 1-9）。这样的大型交通枢纽建筑，一般将长途运输与市内交通、轨道交通与汽车及航空、人行交通等交通方式综合起来，以分层分区、立交的方式将各种交通方式有机组合。这样的大型交通枢纽一般还需要设置一层甚至多层的地下交通，往往又和地铁结合起来。

（a）地铁入口　　　　　　　　　　　　（b）人行楼梯与扶梯

图 1-9　地下交通枢纽（广州白云机场）

5. 地下停车库

地下停车库，也称为地下停车场，是指修建在地下用来停放各种大小机动车辆的建筑物（图 1-10）。地下停车库作为地下静态交通的主要形式，它在很大程度上缓解了地面交通压力。城市地下停车库通常布置在城市中心区或其他交通繁忙和车辆集中的广场、街道下，使其对改善城市交通起积极作用，主要解决城市停车难的问题。

图 1-10　地下停车库

1.4.2　地下市政设施

1. 城市综合管廊

城市综合管廊，即在城市地下建造一个隧道空间，将市政、电力、通信、燃气、给排水等各种管线集于一体，彻底改变以往各个管道各自建设、各自管理的凌乱局面（图 1-11）。

综合管廊将各类管线集中设置在一条隧道内，消除了城市上空布下的道道"蛛网"以及地面上竖立的电线杆、高压塔等；管线不接触土壤和地下水，避免了酸碱等物质的腐蚀，延长了使用寿命；平均每 1 km 开设一个可供行走的维修通道入口，人员可直接入内部进行作业，方便了管线的维修和管理；将管道井清出主干道，减少了管道井的数量；避免了路面反复开挖，降低了路面的维护保养费用，确保了道路交通通畅。同时，综合管廊能有效地增强城市的防灾抗灾能力，是一种比较科学合理的模式，也是创造和谐的城市生态环境的有效途径。

2. 地下市政场站

大量的市政公用设施的适度地下化，比如将污水处理厂、垃圾集运站、变电站（图 1-12）等转入地下，不仅可以解决城市土地资源占用的问题，而且还对周围生态环境有利。

图 1-11　城市综合管廊

图 1-12　地下变电站

1.4.3　地下商业设施

1. 地下商业街

地下商业街又称"地下街"，最初在日本是因为与地面上的商业街相似得名。它是城市建设发展到一定阶段的产物，也是在城市发展过程中所产生的系列固有矛盾状况下，解决城市可持续发展的一条有效途径。在地下商业街发展初期，其主要形态是在地铁车站中的步行通道两侧开设一些商店（图 1-13）。

2. 地下综合体

伴随着建设规模的不断扩大，经过几十年的变迁，地下商业街无论从内容到形式上都有了很大的发展和变化，实际上已成为地下城市综合体（图 1-14）。将地下商业街同各种地下设施综合考虑，如将城市地铁、地下停车场、地下综合管廊、地下步行通道等地下空间设施与城市地下商业街结合，即形成了地下综合体，是未来地下城的雏形。

图 1-13 地下商业街

图 1-14 地下综合体

1.4.4 地下公共服务设施

由于科学技术的提高和受城市用地紧张的限制，作为公众活动载体的文化、娱乐、体育等公共服务设施也开始越来越多地修建在地下，形成地下场馆（图 1-15）。地下文化、娱乐建筑包括影剧院、会堂、俱乐部、文化宫等，体育建筑有综合体育馆和各单项运动的场馆，如地下网球场、冰球场、游泳池等。这些类型的公共建筑，没有对天然光线的要求，但要求人工控制气候，因此很适合于建造在地下环境中。

1.4.5 地下物流仓储设施

1. 地下物流系统

地下物流系统是指运用自动导向车（AGV）和两用卡车（DMT）等承载工具，通过大直径地下管道、隧道等运输通路，对固体货物实行输送的一种全新概念的运输和供应系统（图1-16）。地下物流系统不仅具有速度快、准确性高等优势，而且是解决城市交通拥堵、减少环境污染、提高城市货物运输的通达性和质量的重要有效途径。

图 1-15 地下音乐厅

图 1-16 英国某地下管道物流系统

2. 地下仓储设施

地下储藏空间的利用形式包括地下储油库、储气库、粮食库、冷库、货物仓储库等（图1-17）。在地面上露天或在室内储存物资，虽然储运比较方便，但要占用大量土地和空间，有的为了满足储存所需的条件，要付出较高的代价，使储存成本增加；也有一些物资在地面上储存具有一定的危险性或对环境不利。

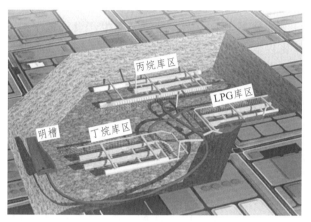

图 1-17 地下液体燃料库

地下储库之所以得到迅速而广泛的发展，除了一些社会、经济因素，如军备竞赛、能源危机、环境污染、粮食短缺、水源不足、城市现代化等的刺激作用外，地下环境比较容易满足所储物品要求的各种特殊条件，如恒温、恒湿、耐高温、耐高压、防火、防爆、防泄漏等，是一个重要的原因。

1.4.6 地下防灾设施

地下的防灾空间主要是人民防空工程，是指为保障战时人员与物资掩蔽、人民防空指挥、医疗救护而单独修建的地下防护建筑，以及结合地面建筑修建的战时可用于防空的地下室（图1-18、图1-19）。

图 1-18 单独修建的人防工程

图 1-19 平战结合的人防工程（地下停车库）

人防工程按平时用途分为地下宾馆（招待所）、地下商场（商店）、地下餐饮场所（如餐厅、饭店、饮食店、酒吧、咖啡厅）、地下文艺活动场所（如舞厅、卡拉OK厅、电影院、录像放映厅、展览室、射击场、游乐场、台球室、游泳池等）、地下教室、办公室、会堂（会议室）、试验（实验）室、地下医院（手术室、急救站、医疗站）、地下生产车间、仓库、电站、水库，以及地下过街通道、地下停车场等。

1.4.7　其他地下设施

其他类型的地下空间开发利用形态，还包括地下工业设施、地下居住设施、地下科研设施、地下宗教设施等。例如地下工业设施，是将工业生产设施置于地下或半地下，为需要防震、隔声、恒温（如精密仪器，机械制造和组装等生产工场）的工业厂房提供具有特征功能的生产空间，形成地上地下一体、竖向功能分区的生产综合体。除某些易燃、易爆性生产或污染较严重的生产外，其他类型一般都可在地下进行，特别是精密性生产，在地下环境中就更为有利。

1.5　地下空间开发利用的发展趋势

1. 功能综合化

现代城市是金融、贸易、商业、管理、服务等第三产业集中的区域。大城市各种功能的高度复合决定其地下空间利用的主要趋势是向综合化方向发展。这种趋势表现为地下综合体不断出现。城市建设中地下空间通过地下步行系统与地铁、地下停车、地下商业共同形成不同规模的地下综合体。当通过地下交通设施连接多个地下综合体，就可形成大规模、多功能的地下空间网络设施，也就是地下城模式。

2. 竖向深层化

大城市土地价格高昂，城市空间资源有限。大城市在地下浅层空间被商业和地下动静态交通开发利用以后，地下空间必须向深层寻求可利用的城市空间资源。在地下空间深层化的同时，由于大城市地下空间承载城市功能复杂，如商业、交通、市政基础设施等，故而必须对地下空间通过竖向规划设计，将各功能在竖向上合理分层。这种分层面的地下空间，将人的活动、车的活动、市政管线，污水和垃圾的处理分置于不同的层次，最有效地减少了相互干扰，从而保证了区域内地下空间利用的充分性和完整性。未来，随着地下浅层空间开发的日趋成熟，以及深层开发技术和装备的逐步完善，地下空间开发正逐步向深层发展。

3. 交通立体化

交通问题一直是国内外大城市开发要解决的重点问题，而交通问题的关键在于如何在地面开发高饱和的前提下合理地组织区域内的人流、车流以及物流。大城市区位优势突出，城市快速干道、轨道交通等各类交通设施相互结合，成为各城市功能区对外交流的窗口。一方面，提高了现代大城市的可达性和通勤性；另一方面，也解决了交通设施占用大量城市空间资源这一现实问题。尽管在不少城市地面规划中道路用地占很大比例，但大城市特别是中心区的高聚集性和交通高峰的时段性决定了在一个层面上是无法解决区域的交通问题的。因此，通过构建地上地下立体的交通体系才是创造大城市良好内部环境，解决区域内交通问题的根本之道。

4. 生态多样化

21世纪人类对环境美化和舒适的要求越来越高，"以人为本"的城市建设思想，使得许多城市规划将部分城市功能转入地下，地面尽可能地留出开敞空间，并与步行系统结合，进行绿地规划和景观设计。例如，巴黎拉德芳斯新区将机动车全部转入地下，而利用节约出的地面空间建成了250 000 m² 的公园，商务区的1/10用地变成绿地，并建成由60个现代雕塑作品组成的露天博物馆。因此，地下空间开发与城市内多样的生态环境建设应密切结合，才能实现区域内人与社会的良性互动和协调发展。

【习　题】

1. 地下空间的基本定义是什么？
2. 地下空间开发利用的基本动因是什么？
3. 地下空间开发历史分为哪几个时期？不同时期的利用形态有什么特点？
4. 我国城市地下空间开发利用经历了哪几个发展阶段？
5. 地下空间的基本属性有哪些？
6. 地下空间的开发利用具有什么特点？
7. 常见的地下空间开发利用形态有哪些？请举例说明。
8. 地下空间开发利用的趋势是什么？

第2章 城市地下空间规划体系

🎯 **本章教学目标**

1. 了解城市地下空间规划与城市规划的关系，熟悉城市地下空间规划的基本定义、主要任务及特点，掌握城市地下空间规划的基本原则与编制内容。

2. 熟悉城市地下空间规划的编制体系及程序，掌握城市地下空间规划基础调研和规划编制两大阶段的工作内容。

3. 了解城市地下空间规划的控制与引导在城市地下空间开发利用中的作用，熟悉城市地下空间规划不同阶段中的控制与引导方法、要素及成果表达方式。

随着国内城市地下空间规划与建设工作的不断推进，城市地下空间规划的编制管理与实施法规和技术标准也逐步得到了完善，目前正在形成系统性的城市地下空间规划体系。此外，城市地下空间规划的控制与引导作用，在城市地下空间开发利用乃至国土空间开发利用中起到的作用也越来越强。本章对城市地下空间规划的基本概念、编制体系及程序、控制与引导作用等基础内容进行介绍，通过对相关内容的学习，是保障城市地下空间规划编制工作科学、合理开展的重要前提。

2.1 城市地下空间规划概述

2.1.1 城市规划与城市地下空间规划体系

1. 规划体系的演变

我国的规划体系，从最初的城市规划转变为城乡规划，目前已经扩大到国土空间规划，经历了几次大的变革。地下空间规划，则主要是在城市区域与城市规划的结合，开展的相关工作。因此有必要对我国规划体系的演变过程进行简要的介绍，对不同时期规划所承担的工作任务和重心进行说明。

从中华人民共和国成立以来至21世纪初期，我国主要实施的是城市范围一部分区域的规划，更多的只是强调城市的中心区部分，强调城市建成区和一些开发区域的规划区范围。《城市规划基本术语标准》（GB/T 50280）对城市规划的定义是："对一定时期内城市的经济和社会发展、土地利用、空间布局以及各项建设的综合部署、具体安排和实施管理"，这是从城市规划的主要工作内容来定义的。

2008年起，通过实施《中华人民共和国城乡规划法》（以下简称《城乡规划法》），将市域范围内的城市、镇和村庄的建成区，以及因城乡建设和发展需要必须实行规划控制的区域统一进行规划编制。2008年1月1日起施行的《城乡规划法》对城乡规划的定义是："城乡规划是各级政府统筹安排城乡发展建设空间布局，保护生态和自然环境，合理利用自然资源，维护社会公正与公平的重要依据，具有重要公共政策的属性"，这是从城乡规划的社会作用方面做出的定义。

在我国自然资源部组建以后的2019年5月，通过颁布《中共中央国务院关于建立国土空间规划体系并监督实施的若干意见》（中发〔2019〕18号），对我国的规划体系进行了系统性的改革，建立了国土空间规划体系。国土空间规划是对一定区域国土空间开发保护在空间和时间上做出的安排，包括总体规划、详细规划和相关专项规划。它将主体功能区规划、土地利用规划、城乡规划等空间规划融合为统一的国土空间规划，实现"多规合一"，强化国土空间规划对各专项规划的指导约束作用。目前相关的规划管理部门已经实现了转轨，相关的国土空间规划法规政策和技术标准体系还正在陆续完善。

2. 规划的作用

（1）宏观经济的调控手段。经济的发展需要有政府通过财政政策、行政措施对市场经济体制的运行进行宏观的干预。城市规划则是通过对城市土地资源和空间资源的使用调控，来对城市建设和发展中的市场经济进行干预，保障城市的有序发展。

（2）社会公共的利益保障。经济学中的"公共物品"，包括了公共设施、公共安全、公共卫生、公共环境等，这些都是城市广大民众共同的利益诉求，具有非排他性和非竞争性的特征。这些"公共物品"的提供，不能通过市场经济来完全实现，这就要求城市管理者干预市场经济。城市规划通过对社会、经济和自然环境未来的安排来保障公共设施，通过土地利用的安排来为公共利益的实现提供基本的基础条件，并通过规划保障措施来保障公共利益不受侵害。

（3）公平、公正的维护手段。社会的利益是个广泛的概念，对于城市规划来说，主要体现在土地、空间的有偿使用所产生的社会利益。城市规划通过预先安排的方式提供未来发展的准确信息，在具体的建设前，就能对各关系方的未来发展情况进行掌握，对各种利益关系进行协调，从而保证最大多数人的利益能够得到保障，特别是社会公共利益的实现。通过规划实施保障措施来保障各利益方的利益，从而维护社会的公平性。

（4）人居环境的改善。城市人居环境作为一个大系统，是个拥有多种功能、纷繁复杂的有机综合体，本身又是统一的。人居环境既是外部关系协调的体现（包括城市与区域、城市、乡村、集聚区、自然之间的关系），也是内部关系协调的体现。可以将城市人居环境划分为两部分：人居硬环境和人居软环境。所谓人居硬环境是指一切服务于城市居民并为居民所利用，以居民行为活动为载体的各种物质设施的总和。它包括居住条件、生态环境以及基础设施和公共服务设施三项内容。人居软环境是指人居社会环境，指的是居民在利用和发挥硬环境系统功能中形成的一切非物质形态的总和，是一种无形的环境，如生活情趣、生活方便舒适程度、信息交流与沟通、社会秩序、安全感和归属感等。两者之间存在如下关系：硬环境是软环境的载体，而软环境的可居性是硬环境的价值取向。人居硬环境和软环境的呼应程度，即以各类居民的行为活动轨迹与其所属的软、硬环境是衡量人居环境优劣和环境、社会、经济三种效益统一程度的标尺。城市规划通过对未来的安排和计划，更好地为广大群众提供可持续发展的人居硬环境和人居软环境，从而不断改善人居环境，提高人民的幸福感和满足感。

3. 规划的体系

从国土空间规划运行方面来看，可以把规划体系分为四个子体系：按照规划流程可以分成规划编制审批体系、规划实施监督体系，从支撑规划运行角度有两个技术性体系，一是法规政策体系，二是技术标准体系。这四个子体系共同构成国土空间规划体系。

从规划层级和内容类型来看，可以把国土空间规划分为"五级三类"。"五级"是从纵向看，对应我国的行政管理体系，分五个层级，就是国家级、省级、市级、县级、乡镇级。这些不同规划层级的侧重点和编制深度不同，其中国家级规划侧重战略性，省级规划侧重协调性，市县级和乡镇级规划侧重实施性。当然，不是说每个地方都具备编制这五级规划的条件，有的地方区域比较小，可以将市县级规划与乡镇级规划合并编制，有的乡镇也可以以几个乡镇为单元进行编制。

"三类"是指规划的类型，分为总体规划、详细规划、相关的专项规划。总体规划强调的是规划的综合性，是对一定区域，如行政区全域范围涉及的国土空间保护、开发、利用、修复做全局性的安排。详细规划强调实施性，一般是在市县以下组织编制，是对具体地块用途和开发强度等做出的实施性安排。详细规划是开展国土空间开发保护活动，包括实施国土空间用途管制、核发城乡建设项目规划许可，进行各项建设的法定依据。在城镇开发边界外，将村庄规划作为详细规划，进一步规范了村庄规划。相关的专项规划强调的是专门性，一般是由自然资源部门或者相关部门来组织编制，可在国家级、省级和市县级层面进行编制，特别是对特定的区域或者流域，比如长江经济带流域或者城市群、都市圈这种特定区域，或者特定领域，比如说交通、水利等等，或者为体现特定功能对空间开发保护利用做出的专门性安排。

4. 城市地下空间规划与城市规划的关系

城市地下空间规划是对一定时期城市地下空间开发利用的综合部署、具体安排和实施管理。在城市规划中，若考虑城市形体的垂直划分和空间配置，就产生了城市上部、地面和地下三部分空间如何协调发展的问题（合理利用土地资源、产生最大的集聚效益），也就出现了地下空间规划的需求。

城市规划为地下空间规划的上位规划，编制地下空间规划要以城市规划的规定为依据。同时，城市规划应该积极吸收地下空间规划的成果，并反映在城市规划中，最终达到两者的和谐与协调。

从类别上，地下空间规划的编制与城市总体规划和详细规划两类规划均须对应，也就是在编制这两类规划时，均应编制相应的地下空间专项规划。在层级上，总体类地下空间专项规划可在全市和区级编制，详细类地下空间规划可在区级和特定地区编制，不同层级、不同地区的专项规划可结合实际选择编制的类型和精度。针对详细类地下空间规划，根据其编制对象的实际情况，可单独编制也可设立专章融入相应层级的详细规划。

2.1.2 城市地下空间规划的基本定义与主要任务

1. 城市地下空间规划的基本定义

城市地下空间规划，既有城市规划概念在地下空间开发利用方面的沿袭，又有对城市地下空间资源开发利用活动的有序管控，是合理布局和统筹安排各项地下空间功能设施建设的综合部署，是一定时期内城市地下空间发展的目标预期，也是地下空间开发利用建设与管理的依据和基本前提。

城市地下空间规划，也是国土空间规划体系中的一项内容。国土空间规划是国家空间发展的指南、可持续发展的空间蓝图，是各类开发保护建设活动的基本依据，在生态文明建设的时代背景下，"生态优先，节约优先，高质量发展"是国土空间规划的主旋律。根据《中共中央国务院关于建立国土空间规划体系并监督实施的若干意见》（中发〔2019〕18号），地下空间规划作为专项规划，在其批准后纳入国土空间规划"一张图"。与其他类别的专项规划不同，地下空间规划并非按照某一类型专业设立，而是按照"地下"这个空间概念来界定的，因此其本身就是一项综合性很强的规划，几乎涉及国土空间规划的各个专业。

2. 城市地下空间规划的主要任务

地下空间规划的基本任务是通过对地下空间发展的合理组织，满足社会经济发展和生态保护的需求。中国现阶段城市地下空间规划的基本任务是保护和提升人居环境，特别是在国土空间环境的生态系统。为我国的经济、社会、环境和文化的协调发展，提供可持续发展的条件，保障和创造舒适、健康、均衡的空间环境和社会环境。城市地下空间规划的主要任务，具体可概括为以下几个方面：

（1）约束、规范及引导地下空间建设活动。地下空间开发建设约束于岩土介质，具有极强的不可逆性，建成后改造及拆除困难。同时，地下工程建设的初期投资大，而环境、资源、防灾等社会效益体现较慢，又很难定量计算，决定着地下空间规划需要以更长远的眼光、立足全局，对地下空间资源进行保护性开发，合理安排开发层次与时序，并充分认识其综合效益。因此，需要对其开发建设活动进行前期统筹、综合规划，并对其发展功能、规模、布局进行约束与规范，避免对城市地下空间资源和环境造成不可逆的负面影响。

（2）协调平衡城市地面、地下空间建设容量。地下空间与地面空间共同构成城市生活与功能空间，进行地下空间规划，即对城市发展模式进行革新，使城市地上、地下统筹利用建设，平衡上下空间发展容量，将基础设施空间及不需要人类长期生活的设施空间，尽可能置于地下，以改善城市地面建设环境，更多地把阳光和绿地留用于人居生活，使城市发展功能在地上、地下得以重新分配和优化，使地上、地下建设容量平衡，使城市可持续健康发展。

（3）为城市地下空间开发建设管理提供技术依据。城市地下空间规划与城市规划一直是一种城市管理的公共政策。地下空间规划是城市规划的重要组成部分，是地下空间建设活动的约束手段，也是地下空间开发利用管理、制定管理政策的技术依据。

2.1.3 城市地下空间规划的原则

1. 开发与保护相结合原则

城市地下空间规划是对城市地下空间资源做出科学合理的开发利用安排，使之为城市服务。在城市地下空间规划过程中，往往会只重视地下空间的开发，而忽略了城市地下空间资源的保护。

城市地下空间资源是城市重要的空间资源，从城市可持续发展的角度考虑城市资源的利用，是城市规划必须做到的。因此，城市地下空间规划应该从城市可持续发展的角度考虑城市地下空间资源的开发利用。

保护城市地下空间资源要从多个方面加以考虑。首先，由于地下空间开发的不可逆性，在城市地下空间开发时，开发的强度应一次到位，避免将来城市空间不足时，再想开发地下空间时无法利用。其次，要对城市地下空间资源有一个长远的考虑，在规划时，要为远期开发项目留有余地，对深层地下空间开发的出入口、施工场地留有余地。第三，在现在城市地下空间规划时，往往把容易开发的广场、绿地作为近期开发的重点，而把相对较难开发的地块放在远期或远景开发，实际上目前越难开发的地块，随着城市建设的不断展开，其开发难度越来越大，有的可能变得不可开发。因此，在城市地下空间规划时，应尽可能地将地下空间进行开发，而对容易开发的地块要适当考虑将来城市发展的需要，这也符合城市规划的弹性原则。

2. 地上与地下相协调原则

城市地下空间是城市空间的一部分，城市地下空间是为城市服务的。因此，要使城市地下空间规划科学合理，就必须充分考虑地上与地下的关系，发挥地下空间的优势和特点，使地下空间与地上空间形成一个整体，共同为城市服务。

地上地下空间的协调发展不是一句空话，在城市地下空间规划时，首先在地下空间需求预测时就应将城市地下空间作为城市空间的一部分，根据地上空间、地下空间各自的特点，综合考虑城市对生态环境的要求、城市发展目标、城市现状等多方面的因素提出科学的需求量。其次，在城市地下空间功能布局时，不要为了开发地下空间而将一些设施放在地下，而是要根据未来城市对该地块环境的要求，充分考虑地下空间的优势、地面空间状况、防灾防空的要求等方面的因素来确定是否放在地下。

3. 远期与近期相呼应原则

由于城市地下空间的开发利用相对滞后于地面空间的利用，同时城市地下空间的开发利用是在城市建设发展到一定水平，因城市出现问题需要解决，或为了改善城市环境，使城市建设达到更高水平时才考虑。因此，在城市地下空间规划时，有长远的观念尤为重要。城市地下空间规划必须坚持统一规划，分期实施的原则。

另一方面，城市地下空间的开发利用是一项实际的工作，要使地下空间开发项目落到实处，就必须切合实际，因而在城市地下空间规划时，近期规划项目的可操作性就十分重要。因此，城市地下空间规划必须坚持远期与近期相呼应的原则。

4. 平时与战时相结合原则

城市地下空间本身具有较强的抗震、防风雨等防灾功能，具有一定的抵抗各种武器袭击的防护功能，因此城市地下空间可作为城市防灾和防护的空间，平时可提高城市防灾能力，战时可提高城市的防护能力。为了充分发挥城市地下空间的作用，就应做到平时防灾与战时防护结合做到一举两得，实现平战结合。

城市地下空间平时与战时相结合有两个方面的含义，一方面，在城市地下空间开发利用时，在功能上要兼顾平时防灾和战时防空的要求；另一方面，在城市地下防灾防空工程规划建设时，应将其纳入城市地下空间的规划体系，其规模、功能、布局和形态应符合城市地下空间系统的形成。

5. 综合效益原则

开发城市地下空间，其难度和复杂度要远远高于地面建设。在城市地下空间开发过程中，土地的征收与价格是其不可控的因素。若不计城市土地价格因素，仅单纯地从技术角度估算，地下要比地面开发付出更高昂的代价。在城市交通建设中，类型和规模相同的城市公共建筑，建在地下的工程造价比在地面上一般要高出 2~4 倍（不含土地使用费）。如要在地下空间保持满足人们活动要求的建筑内部环境标准，则需要通过各种设备辅助运行，其所耗费的能源比在地面上要多 3 倍。

可以说，如果不考虑土地地价因素及特殊情况，不论是一次性投资还是日常运行费用，地下开发与地面建设在投资效益上无法竞争，但是开发地下空间所带来的综合效益却是地上建设无法替代的。因此，为了城市的整体效益，为了保护宝贵而有限的土地资源，需要对地下空间开发实行鼓励优惠政策，以促进其发展，并能充分发挥社会、经济的综合效益。

2.1.4 城市地下空间规划的内容

城市地下空间规划的基本内容是根据城市的经济、社会、环境的可持续发展需求，依据上位规划对本层次地下空间规划的要求，充分研究城市空间的自然、经济、社会和技术发展的条件，制定城市地下空间的发展战略，预测城市地下空间的布局和发展方向，按照环保和工程技术条件，综合安排城市地下空间的各项工程活动，提出近远期地下空间建设引导措施。主要包括以下方面：

（1）收集、整理、分析基础资料，提出满足城市经济和社会发展的条件和措施；

（2）研究城市发展战略，预测地下空间的发展规模，拟定城市地下空间各项建设的经济技术指标；

（3）制定城市地下空间的空间布局，合理安排地下空间的空间位置和范围，并兼顾近远期发展的协调；

（4）确定地下空间基础设施的规划原则；

（5）拟定城市地下空间的利用、改造原则、步骤和方法；

（6）确定城市新科技各项市政设施和工程措施的原则和技术路线；

（7）确定城市地下空间建筑设计的原则和要求；

（8）确定近期、远期的建设时序计划，为安排近期重点项目的计划提供依据；

（9）提出保障空间规划实施的措施和步骤。

各个城市地下空间具有不同的性质，其地下空间规划具有不同的特点和重点，确立规划内容时，要从实际出发，既能满足城市发展的普遍性需求，又能针对不同城市的特点，确立地下空间规划的主要内容和办法。

2.1.5　城市地下空间规划的特点

城市地下空间规划的问题十分复杂，涉及城市发展的政治、经济、社会、环境、艺术和人民的生活，要充分认识到地下空间规划的特点。

1. 城市地下空间规划具有综合性的特点

城市发展的各种要素，如社会、经济、土地、人口等诸多要素，互为支撑，又相互制约。城市规划需要对城市发展的各种要素进行统筹安排，协调发展。而城市地下空间规划则是根据城市总体规划的要求，对一定时期内城市地下空间资源进行利用的基本原则、目标、策略、范围、总体规模、结构特征、功能布局、地下设施布局等的综合安排和总体部署。

所有地下空间规划中涉及的问题，彼此紧密相关，不能孤立对待和处理。城市规划不仅反映某一单项工程的要求和发展计划，而且还会体现各项工程之间的相互关系，既要为各单项工程提供建设的方案和技术指标的依据，又要统一各单项工程之间在技术和经济指标之间的矛盾。所以，城市地下空间规划与各专业设计部门之间存在着广泛而密切的联系。我们在进行规划时，一定要有广泛而深刻的规划知识，要将地上与地下、总体与局部按照一个系统进行全面的考虑，要有全局观。

2. 城市地下空间规划具有政策性强、法制性突出的特点

城市规划与公共政策、公共干预密切相关，城市规划表现为一种政府的行为。人民政府和规划行政主管部门根据相关法律法规，行使城市规划行政管理权。世界上大多数国家的城市建设和管理，均是政府的一项主要职能，城市规划无不与行政权力紧密联系。在进行城市地下空间规划时，也必须遵循关于该类规划的法规体系。

城市地下空间规划主要依据的法律规范体系为：

（1）城乡规划法；

（2）城市规划实施性行政法规；

（3）地方城市规划法规；

（4）城市规划行政规章；

（5）城市规划相关的法律法规；

（6）城市地下空间规划技术标准与技术规范；

（7）城市地下空间规划的规划文本。

3. 城市地下空间规划具有地方性的特点

每个城市都具有不同于其他城市的自然肌理、文化脉络等特质。城市地下空间规划的主要目的是促进城市经济、社会和生态的可持续发展，因此每一个地方的城市地下空间规划都需要因地制宜地编制。同时，规划的实施过程，也需要政府的监督和市民的参与。在进行地下空间规划编制的过程中，既要遵循城市规划编制的普遍规律，又要符合当地的自然、社会和历史条件，尊重当地市民的意愿，密切配合相关部门，让城市的各个部门和广大市民广泛参与到规划编制和实施的全过程，保障规划成为政府进行宏观调控、保障经济和民生、保护地方环境的有力手段。

4. 城市地下空间规划具有长期性和实效性的特点

城市地下空间规划既要解决近期建设的问题，也要为今后一定时期内的地下空间进行安排。但是，随着我国社会、经济的飞速进步，不断在产生新的变化，影响城市发展的因素也在不断变化。新问题的出现需要及时调整规划的方向和目标。这就要求我们的规划要在实践中加以调整或补充，适应新形势的发展需要，使得城市的发展更趋于客观实际。所以，城市地下空间规划是城市地下空间的动态规划，是一个长期性、动态性的工作。

虽然城市地下空间规划需要根据形势的发展及时进行规划调整和补充，但是每一阶段编制的城市地下空间规划都是在该阶段城市的发展现状和生态环境的承载力基础上，经过严格的调查研究制定的，是一定时期内建设的依据。所以，城市地下空间规划一旦成为法规性文件，就必须保持其相对的稳定性和严肃性，只有通过一定的法定程序才能对其进行修改、调整和补充，任何个人、组织都无权随意对其进行改动。

5. 城市地下空间规划具有实践性

城市地下空间规划的实践性首先在于其目的是为城市建设服务，规划的编制要充分反映地下建设时间中的问题，有很强的现实意义。其次在于在规划管理部门的监督下，按照规划编制来进行地下空间的建设活动是城市地下空间规划实现的唯一途径。同样，城市地下空间建设的实践也是检验规划编制是否符合客观要求的唯一标准。

2.2　城市地下空间规划的编制体系及程序

国内很多城市对城市地下空间规划的编制已经进行了有益的探索，如北京、上海、广州、深圳等城市已经编制了城市地下空间总体或概念性规划，对城市未来地下空间开发的规模、布局、功能、开发深度、开发时序等做了规划，明确了城市地下空间开发利用的指导思想、重点开发区等，为下一阶段城市科学合理开发利用城市地下空间奠定了基础。此外，很多城市在旧城改造或者新城建设时，结合地面规划也编制了区域地下空间控制性详细规划，对区域性的地下空间开发深度、强度、规模进行了明确，并提出了地下空间布局结构和形态，以及对应的开发策略和投资模式。通过不断的探索和实践，我国城市地下空间规划的编制体系开始逐步形成和稳定。

2.2.1　城市地下空间规划的编制体系

近年来，城市地下空间规划的内容正逐步被纳入城市总体规划、控制性详细规划之中，已成为城市规划中一项重要的专项规划。由于地下空间规划牵涉的内容较为复杂，一些城市和地区也在尝试单独编制城市地下空间规划，以充分协调城区各系统与城市地下空间各系统的关系。

1. 城市地下空间规划的阶段划分

根据《城市地下空间规划标准》（GB 51358）的规定："城市地下空间规划的阶段划分应与城市规划阶段相对应，规划期限应与对应阶段的城市规划期限一致"，那么城市地下空间规划的层次应当与城市规划的层次一致，在编制深度上基本上对应城市总体规划的各阶段，即可以分为总体规划和详细规划两个层次（表 2-1）。从规划年限来说，城市地下空间总体规划年限为 20 年，近期建设规划年限为 5 年，同时需要在此基础上，对城市远景发展做出轮廓性的描述与安排。

表 2-1　城市总体规划与城市地下空间规划的对应阶段

阶段划分	城市总体规划	城市地下空间规划
总体规划阶段	城市总体规划纲要	城市地下空间总体规划纲要
	城市总体（分区）规划	城市地下空间总体（分区）规划
详细规划阶段	控制性详细规划	城市地下空间控制性详细规划
	修建性详细规划	城市地下空间修建性详细规划

地下空间规划在城市总体规划阶段应融入城市地下空间的总体规划部分，在进行分区规划阶段应融入城市地下空间重点区域，在进行城市详细规划阶段融入城市地下空间重点地段的详细规划。如果是单独进行地下空间专项规划的编制，则需要将以上内容全部包含在内。

2. 城市地下空间总体规划层次

城市地下空间总体规划是城市地下空间规划体系中的最高层次，它是对一定时期内规划区内城市地下空间资源利用的基本原则、目标、策略、范围、总体规模、结构特征、功能布局、地下设施布局等的综合安排和总体部署。

城市地下空间总体规划层次根据深度的不同又可分为"总体规划纲要"和"总体规划"两个层次进行编制。前者一般对确定城市发展的主要目标、方向和内容提出原则性意见，作为总体规划编制的依据；后者一般覆盖某个行政区或者针对特定地区，对地下空间的性质、功能、规模、总体布局和建设方针等做出合理安排。

3. 城市地下空间详细规划层次

城市地下空间详细规划，是对城市地下空间利用重点片区或节点内地下空间开发利用的范围、规模、空间结构、开发利用层数、公共空间布局、各类设施布局、各类设施分项开发规模、交通廊道及交通流线组织等提出的规划控制和引导要求。与城市规划相对应，城市地下空间详细规划分为城市地下空间控制性详细规划和城市地下空间修建性详细规划，属于城市地下空间总体规划的下位规划。

详细规划层次的城市地下空间规划主要针对某个特定的重要节点地区，如城市的中心、副中心、CBD、交通枢纽等重点规划建设地区，进行地下空间开发利用的具体方案设计。考虑到不同地区具体情况的差异性，城市地下空间规划的编制目前也可采用"单独编制"，也可以纳入城市总体规划统一编制，考虑到规划的统一性，应当在地下空间规划与城市规划之间建立起必要的反馈机制。

从我国目前城市地下空间资源开发利用的情况来看，城市各级中心、副中心、CBD 地区、综合交通枢纽、轨道交通站点周边地区以及其他一些重点建设地区是地下空间开发利用的重点。这些地区的地下空间往往规模较大、功能复杂，需要规划协调的问题较多。因此，这些地区应当编制城市地下空间详细规划。对地下空间规模较小、功能单一地区，可根据有关技术规定进行管理，不强制要求编制地下空间规划。

2.2.2 城市地下空间规划编制的组织与审批

城市地下空间规划的组织编制程序，参照《中华人民共和国城乡规划法》和《城市规划编制办法》等有关规定、规范执行。

1. 城市地下空间规划的组织编制

（1）城市地下空间总体规划由市人民政府依据城市总体规划，结合国民经济和社会发展规划以及土地利用总体规划，研究制定城市地下空间资源开发利用的发展方针与战略目标，以及近期开发建设规划组织编制。在城市地下空间总体规划的编制中，对于涉及资源与环境保护、城市发展目标与空间布局、城市综合防空防灾、城市地下交通体系、城市历史文化遗产保护等重大专题，应当在市人民政府组织下，由相关领域的专家领衔进行专题研究。

（2）城市重点规划建设地区的地下空间控制性详细规划由市人民政府规划主管部门，依据已经批准的城市地下空间总体规划（或者城市分区地下空间总体规划）组织编制；其他地区的地下空间控制性详细规划，由区（县）规划部门负责组织编制。

（3）城市地下空间修建性详细规划由有关单位依据控制性详细规划及规划主管部门提出的规划条件，委托城市规划编制单位编制。

2. 城市地下空间规划的审批

（1）城市地下空间总体规划的审批。全市性地下空间总体规划应当纳入城市总体规划，各区（县）的地下空间总体规划由市人民政府审批。在地下空间总体规划报送审批前，市人民政府应当依法采取有效措施，充分征求社会公众的意见。对地下空间总体规划进行调整，应当按规定向规划审批机关提出调整报告，经认定后依照法律规定组织调整。

（2）城市地下空间详细规划的审批。重点规划建设地区地下空间详细规划由市人民政府审批，其他地区由市规划主管部门审批。纳入控制性详细规划和城市设计中的地下空间规划，随相应规划一同审批。

① 在城市重点规划建设地区地下空间详细规划的编制中，应当采取公示、征询等方式，充分听取规划涉及的单位、公众的意见。对有关意见采纳结果应当公布。

② 对地下空间详细规划进行调整，应当取得规划批准机关的同意。规划调整方案，应当向社会公开，听取有关单位和公众的意见，并将有关意见的采纳结果公示。调整后的规划方案，报原批准机关备案。对涉及地下空间的性质、规模、开发深度和总体布局等重大变更的，须报原批准机关审批。

2.2.3 城市地下空间规划的推进方法

城市地下空间的规划编制，一般需要经历"资料调研、分析借鉴、论证预测、专家咨询、总结提炼"等多项基础环节准备工作，明确地下空间开发建设的基础条件与发展趋势，分析总结地下空间规划目标与发展策略，并在此指导下确定地下空间规划方案，保证规划编制的科学性与实用性。即总体采用"基础调研"和"规划编制"两大工作阶段进行推进。

（1）"调查—分析—规划"的技术路线。现状调查是规划的第一步，需听取多方意见、研究相关规划、分析其他类似项目的经验和教训，把各项资料进行详细的分析和研究，为规划提供充分的依据。

（2）"需求—供给—开发"的研究思路。地下空间开发利用规划需要综合平衡需求与供给两个方面，均基于全面的调研，要进行地下空间资源的评估以及现状地下空间设施调查分析，研究地下空间资源的适度供给与技术经济社会环境效益，两者的结合点是地下空间的开发需求与有效供给在空间形态和发展时序上的科学布局与资源配置。规划需要寻求最佳的结合点，为规划方案的优化奠定科学基础。

（3）"比较—借鉴—应用"的案例研究。积极借鉴国内外、类似地区的地下空间开发案例，从使用功能、开发规模、交通组织等方面借鉴成功的经验，应用到具体项目中。

（4）"宏观—中观—微观"的规划顺序。规划首先在调研的基础上，从宏观角度研究预测规划研究范围地下空间开发规模，近中期地下空间开发利用的总体布局，重要片区选定；在中观层次，主要分析研究和编制地下交通、市政、防灾、公共服务等分项地下空间功能设施的规划与整合；在微观层次，主要结合近期启动建设片区，结合重点项目进行地下空间控制性详细规划的编制，并开展地下空间规划实施与管理规章的相关内容研究。

2.2.4　城市地下空间规划的基础调研

地下空间规划的前期基础调研准备阶段，首先应梳理上位规划及已经审批通过的相关专项规划，分析以上规划对城市建设及地下空间开发利用的发展要求，并借鉴国内外类似城市地下空间开发建设经验，并对城市发展现状及地下空间利用现状进行深入调研，确定地下空间开发利用的潜力、发展条件、限制条件及发展需求，确定地下空间的发展模式及发展重点，明确各类地下空间设施的规划布局及系统整合关系，为地下空间的编制提供基础依据。

（1）规划背景及规划基本目的。明确规划区发展性质、发展目标定位、预测规划区发展的新需求及新动向，分析地下空间开发利用对规划区快速发展的积极作用。

（2）上位规划及相关规划对规划区建设及地下空间利用的要求解读。分析上位规划对规划区建设及地下空间开发利用的发展要求，梳理地下空间发展需求及重点，使地下空间规划与城市规划及相关规划紧密衔接，提高规划可操作性。

（3）国内外地下空间开发成功经验借鉴。分析、借鉴国内外同类地区地下空间开发利用在规划、建设、运营及管理上的成功经验，对比规划区建设实际，提出符合城市地下空间发展的合理模式。

（4）城区建设及地下空间开发利用的基础条件评价。结合规划区建设现状以及分析相关规划对地下空间开发利用的要求，综合评价地下空间后续开发建设的基础发展条件，包括现状建设基础、自然条件基础、经济基础、社会需求基础、重大基础设施建设（轨道交通等）的带动效益等，综合评价规划区建设及地下空间开发的发展潜力。

（5）城区建设及地下空间开发利用的需求预测分析。通过对城市地下空间开发利用的基础条件及发展潜力分析，进一步预测规划区建设对地下空间开发利用的主导需求，预测地下空间发展功能与发展规模需求。

（6）地下空间开发利用的重点片区及设施的规划发展目标与策略分析。通过对上述环节的基础调研及分析与评价，综合制定近、中、远期地下空间开发利用的规划目标及发展策略，明确各重点片区的地下空间开发利用模式。

2.2.5　城市地下空间规划的编制

根据基础调研阶段形成的基本结论，确定地下空间开发利用的总体规划布局，竖向分层、地下空间分项系统布局，重点片区规划及近期建设规划，同时编制地下空间规划保障措施。

（1）地下空间开发利用的总体发展布局及空间管制。确定地下空间开发利用的总体布局结构、强度分布、功能布局及总体竖向分层。确定地下空间开发的分区管制及措施，包括对关键性公用地下空间资源的管控与预留，对各地地下空间专项实施的地下化建设要求，对未来轨道交通沿线及站域、重大市政管廊走廊下的地下空间资源的管控与预留，形成规划管控导则。对重点区域，除了编制管制导则外，还需编制地下空间控制性详细规划及法定图则进行管控，法定图则绘制在地下空间控制性详细规划中完成。

（2）地下空间开发利用的分项系统规划及系统整合规划。确定地下空间开发利用的分项系统设施布局，包括地下交通系统设施、地下公共服务系统设施、地下市政公共系统设施、地下防灾系统设施、地下能源及仓储设施，以及各设施的系统整合规划。

（3）重点片区范围内地下空间开发利用的规划布局。确定各片区内各地下空间专项设施的系统整合规划布局，为地下空间控制性详细规划的编制提供依据。

（4）地下空间近期建设规划。结合城市地下近期建设计划，确定地下空间近期发展重点地区及近期重点建设设施。

（5）地下空间远景发展规划。对地下空间远景发展进行展望。

（6）地下空间建设发展保障措施。对地下空间开发提出管理体制、机制、法制等方面的保障措施和政策制定建议。

（7）地下空间控制性详细规划制订。制定地下空间规划控制技术体系，确定地下空间使用性质及开发容量控制、地下空间分项系统控制、地下空间建筑控制、地下空间竖向及连通控制、地下空间分期时序及衔接控制、公共性及非公共性地下空间开发利用布局，并绘制地下空间控制性详细规划图则。

2.3　城市地下空间规划的控制与引导

城市地下空间规划作为城市规划各阶段的一个子系统，应融入城市规划体系中，在不同的城市规划阶段表现为不同的控制方式，并在宏观、中观、微观层面对城市地下空间未来可能的形态、空间环境和发展方向进行引导和控制。

2.3.1　城市地下空间规划的控制与引导方法及要素

1. 城市地下空间规划控制与引导方法

城市地下空间规划的控制方法在原理上与地面规划控制方法基本相同，都是针对不同用地、不同建设项目、不同开发过程以及控制元素的特性，采用多种手段的综合控制方式。规划控制方式作为干预建设行为的方式，根据作用的侧重点和程度不同可以分为指标量化、图则标定、设计导则和条文规定。前三者是建立在空间物质要素的基础上，对物质空间建设活动的直接管理行为；而后者则是通过制定相关的公共政策以便达到规划控制与调节的目的。

（1）指标量化。在整个控制引导方式中，最基本的部分就是指标，它是指通过数据化的指标对建设用地进行定量控制。其特点是提供一个精确的量作为管理的依据，如开发强度、开发层数、地下建筑后退距离、各层标高、地下建筑高度等，适用于城市一般用地的地下建筑规划控制。

（2）图则标定。图则标定是指用一系列的控制线和控制点对图则的功能定位。

（3）设计导则。设计导则是指为全面准确地描述空间形象认证方面的意向性控制内容，采用具体的文字描述加上示意图的表达形式，对特定类型的地下空间，如下沉广场或某个地下街的内部空间进行形态协调等引导性控制。它适用于详细阶段的地下空间规划控制。

（4）条文规定。条文规定是指通过一系列的控制要素、实施细则和政策法规的形式，使一些具有普遍性和客观性的控制内容得到执行，如地下各功能要素的控制要求、控制原则等。由于地下空间布局形态方面有很多不可度量的内容，所以这是地下空间规划中不可忽视的控制方式之一。

2. 城市地下空间规划控制与引导要素

结合实践，地下空间开发利用的规划内容可以概括为布局形态与容量、结构与功能、水平层次组织、竖向层次组织、地下公共空间、交通组织、保护与更新、政策与实施运作等八个方面，并在不同规划阶段表现为不同的内容和要求。

（1）布局形态与容量。城市地下空间的平面布局形态是城市空间结构的外在表现，是各种地下结构（要素在地下空间中的布置）、形状（城市地下空间开发利用的整体空间轮廓）和相互关系所构成的一个与城市形态相协调的地下空间系统。城市地下空间的需求量和开发量是城市地下空间控制的另外一个主要指标要素，它是地下空间规划中的一个关键参量和重要依据。

（2）结构与功能。确定地下空间的功能性质是地下空间开发利用控制与引导的关键，城市地下空间的功能是城市地下空间发展的动力因素。城市地下空间的结构是内涵的、抽象的，是城市地下空间构成的主体，分别以经济、社会、用地、资源、基础设施等方面的系统结构来表现。城市地下空间功能和结构之间是相互配合、相互促进的关系。城市地下空间开发利用对结构与功能的控制与引导目标，是在总体上力求强化城市地下空间的综合功能，并与地面功能相协调，取得最大的综合效益。

（3）水平层次组织。水平层次组织包括平面形态、水平空间功能组合、建筑退让或突破建筑红线、各功能空间的通道联系要求等因素。水平层次的控制主要表现在平面布局形态和功能结构的控制上，是对各种功能地下空间的组织和安排。

（4）竖向层次组织。竖向层次控制引导包含各层空间的分布和位置关系、项目开发深度及出入口的数量、位置与设置方式等因素。竖向层次的划分控制，除要考虑地下空间的开发利用性质和功能外，还要考虑其在城市中所处的位置、地形和地质条件，应根据不同情况进行规划，特别要注意高层建筑对城市地下空间使用的影响。

（5）地下公共空间。城市地下公共空间是指城市地下公共设施部分的空间，它具有开放性、可达性、大众性和功能性的特点。城市地下公共空间具有以下作用：一是为市民提供公共活动的场所；二是疏散和改善城市交通，提高城市的防灾能力。因此，在规划设计中，城市地下公共空间是控制引导的重要对象要素，对于它的设计更要注重公众的可达性、舒适性以及对高质量环境效益的追求。

（6）交通组织。交通环境是城市空间环境的重要构成。它需要协调地面道路、公交运输系统、步行系统、地下机动车交通、地铁等线路选择、站点安排、停车设施等因素，这些都成为决定城市地下空间布局形态的重要控制因素之一，直接影响城市的地下空间形态和效率。地下空间规划对交通组织的控制引导是在地面现状的道路系统规划的基础上，对机动交通和人行交通，地面以上、地面和地下交通的综合组织和优化，包括交通汇集点的处理方式、步行系统的组织及过街穿行的处理方式、通道等立体交通关系的安排、地下停车库的布置及线路组织等。

（7）保护与更新。对于具有历史价值的文物保护单位、传统街区、历史地段等城市发展过程中的遗存，在地下空间开发过程中对它们的处理和安排要极为慎重。地下空间开发利用的控制与引导在这方面的工作内容主要是：首先，经调研分析确定文物保护单位、传统街区、历史地段等历史遗存以及相邻地区的保护范围；其次，确定该地区是否进行地下空间开发或可开发范围；最后，确定该地区的保护与更新原则，并提出建设运用的方案或方法指导。

（8）政策与实施运作。控制与引导的一个重要内容就是对城市开发建设的运行与管理，它的含义涉及两个层面的内容：一是在设计层面；二是在政策、规划管理与实施层面。除了要制定设计导则进行控制外，还要有明确的建议与具体的实施措施。

2.3.2 城市地下空间总体规划阶段的控制与引导

城市地下空间总体规划的主要任务是研究和确定控制内容和相应的控制指标，提出总体控制原则、控制执行体系和实施保证措施。因此，在总体规划阶段，地下空间开发利用控制与引导的内容中应包括表 2-2 中的内容。

在总体规划阶段，城市地下空间开发利用控制与引导主要研究的是以城市地下空间的发展意向、整体布局形态为主的宏观问题，研究的深度是以各系统的框架性和原则性内容为主，并且它的实施是通过控制下一步的详细规划和城市设计而完成的。因此，总体规划阶段的城市地下空间规划控制与引导的成果往往是以文字描述为主、图示为辅的方式表达的，这种成果是概念性的、原则性的、框架性的，不涉及具体形态。

2.3.3 城市地下空间详细规划阶段的控制与引导

此处主要介绍城市地下空间控制性详细规划阶段的相关内容。在控制性详细规划阶段，城市地下空间规划的引导与控制，一方面表现在通过将抽象的规划理论和复杂的地下空间规划要素进行简化和图解，从中提炼出能控制城市地下空间开发功能的规定性（刚性）要素，从而实现城市快速发展条件下地下空间规划管理的简化操作，提高了规划的可操作性，缩短开发周期，提高城市开发建设效率；另一方面，在确定必须遵循的控制原则和规定性要素的指标外，还要留有一定的"弹性"要素指标，即某些指标可在一定范围内浮动。

城市地下空间控制性详细规划的编制内容可以概括为空间使用与开发容量控制、空间组合及建造控制、行为活动控制、配套设施控制、开发建设管理控制五个方面，共同组成地下空间控制性详细规划的第一级控制要素。每一级控制要素中又有多项二级要素或三级要素，在此基础上形成完整的规划设计与控制要素体系（表 2-3）。

表 2-2 总体规划阶段城市地下空间开发利用控制与引导的内容

控制引导类别	控制引导内容	文字	图纸
容量	城市地下空间适建用地规模	●	●
	城市地下空间总量	●	
	地下配建及公共停车、地下机动车道路、地下人行通道、地铁和地铁站点、地下综合体、各类地下公共服务空间、地下市政设施、地下仓储物流等系统功能设施规模（包括按防护标准建设的防空地下室等人防工程）；不能或不宜平战结合的人防工程	●	●
	用地水平（人均拥有的地下空间用地面积）	●	
功能与布局	总体布局结构	●	●
	开发控制分区	●	●
	各功能竖向布局	●	
	地下交通布局：轨道交通设施、地下快速路、轨道交通地下站点、地下社会停车场、步行系统区域	●	●
	地下公共空间布局：地下商业街区域、综合体分布、地下文化娱乐空间等	●	●
	市政设施布局：发展综合管理区域、地下变电站、地下污水处理厂等	●	●
	地下防空防灾系统布局	●	●
	重点建设区（地段）的控制与引导	●	●
	近期的建设规划布局	●	●
实施措施	开发实施的时序和步骤	●	●
	投资效益分析	●	
	智能化管理和有效运营的建议和方法	●	

表 2-3 地下空间控制性详细规划控制与引导内容

控制要素 （一级指标）	二级指标	内容 （三级指标）	指标属性	
			刚性 （规定性）	弹性 （引导性）
空间使用与开发容量	地下空间使用	边界	★	
		适建性		★
		用地性质	★	
		开发功能		★
		地块划分	★	
		适应兼容性		★
空间使用与开发容量	开发容量	开发深度	★	
		开发规模（建筑密度）	★	
		开发强度	★	
		上、下部规模比例		★

控制要素 （一级指标）	二级指标	内容 （三级指标）	指标属性	
			刚性 （规定性）	弹性 （引导性）
空间组合 及建造	空间设计	层高	★	
		层数	★	
		竖向标高	★	
		空间退界	★	
		地面出入口	★	
		通道参数	★	
		地下历史遗迹		★
		文物保护		★
	设计引导	地下空间节点	★	
		天窗		★
		天井		★
		标识系统		★
		灯光照明		★
		环境小品		★
		绿化、水体等		★
配套设施	静态 交通设施	机动车停车库	★	
		非机动车停车库		★
		其他附属设施		★
	市政设施	给水、排水、供电、燃气、供热、通信等	★	
		雨水收集		★
		新能源站		★
		垃圾回收、运输与处理		★
		避让措施		★
配套设施	人防设施	人防工程建设面积	★	
		人防工程使用性质	★	
		平战结合		★
		人防转换措施		★
行为活动	动态交通 设施	轨道交通	★	
		地下步行系统	★	
		地下交通换乘	★	
		地下道路	★	
		附属设施		★

控制要素 （一级指标）	二级指标	内容 （三级指标）	指标属性	
			刚性 （规定性）	弹性 （引导性）
行为活动	商业文化 娱乐设施	地下街 （商业街、文化娱乐街、地下展览设施等）	★	
		地下综合体	★	
		其他设施		★
开发建设管理	规划管理	开发步骤	★	
		管理方式	★	
	工程开发	工程技术指标	★	
		运营管理		★

　　控制性详细规划主要通过指标、图则与文本三者交叉互补构成一个完整的规划控制体系，相应的成果表达形式则由文本、图纸和图则三部分构成。

　　（1）在这个规划控制体系中，最基本的部分是指标。它的特点是提供一个精确的量作为管理的依据，如开发层数、各层标高、地下建筑高度等，适用于城市一般用地的地下建筑规划控制。

　　（2）图则的功能是定位，在地面控制图则的基础上，地下控制图则标明地下建筑容许开发的范围，人行、车行出入口，下沉式广场位置，地下空间连通方式的位置、标高，市政综合管理等设施的规划控制意图，并直观地显示部分指标。这主要在需要对地下建筑的布置做出标志时采用，原则上以地下空间的功能性质划分地块，绘制地下空间控制性详细规划的分图则。每张分图则的内容包括图纸标示、指标控制、设计引导三部分内容，比例由图纸版面要求而定，无统一比例。

　　① 图纸标示：道路红线、地下空间建筑控制线、各类出入口、地下人行通道、下沉式广场位置、地下空间连通方式的位置、标高。

　　② 指标控制：地下建筑性质、建设容量、开发强度、停车泊位。

　　③ 设计引导：地下空间设计中的一些有关环境及设施方面的要求和方法引导，包括公共环境、公共空间、城市形态相关的问题，通常以指导性的设计原则为主，较少有硬性的规定。

　　（3）文本是通过一系列控制要素和实施细则对建设用地进行定性控制，如开发性质和一些规划要求说明等。其作用包括：定性控制；提出在一定范围内普遍的同一控制要求；对管理与实施的具体过程进行指导；对指标和图则进行强调和补充。

📝【习　题】

　　1. 国土空间规划的"五级三类"体系包括什么内容？

　　2. 请说明城市地下空间规划的阶段划分与城市规划阶段的对应关系。

　　3. 城市地下空间规划的基本定义是什么？

　　4. 城市地下空间规划的主要任务是什么？

5. 城市地下空间规划的原则有哪些？

6. 城市地下空间规划的主要内容有哪些？

7. 城市地下空间规划的特点是什么？

8. 城市地下空间规划的编制分为哪两大阶段？每个阶段的主要工作内容有哪些？

9. 城市地下空间规划的控制与引导方法有哪些？

10. 城市地下空间规划的控制与引导要素有哪些？

11. 在不同的城市地下空间规划层次，其控制与引导的成果形式有哪些？

第 3 章　地下空间资源评估与需求分析

🎯 **本章教学目标**

1. 熟悉城市地下空间资源评估与需求分析的基本概念、基本要求和开展方法。
2. 掌握城市地下空间资源总容量及各类单项容量的估算方法,熟悉地下空间资源质量评估的指标体系及评估方法,了解地下空间资源开发适建性、适宜性以及分区管控的基本要求。
3. 熟悉地下空间开发的功能需求层次,以及地下空间开发需求预测方法的原理。

地下空间的开发利用受到地质条件、水文条件、地面空间类型、已有地下设施、施工难度、经济实力、经济效益、社会效益等诸多因素的影响,加之城市地下空间资源具有隐蔽性、不可逆性等显著特性,使得地下空间规划编制的难度和复杂程度远远超过传统城市规划的内容。鉴于此,有必要在城市地下空间资源开发前期对其数量及质量进行综合评估和需求预测,从而为地下空间开发利用的总体目标制定、规划形态布局和开发时序安排提供宏观的潜力与质量特征基础数据。

3.1　地下空间资源评估

地下空间资源评估,是根据城市地层环境和构造特征,判明一定深度内岩体和土体的自然、环境、人文及城市建设等要素对城市地下空间开发利用的影响,明确地下空间资源的适建规模与分布,是城市地下空间规划的重要依据。

3.1.1　地下空间资源评估基本概念

1. 地下空间资源的分布与数量

地下空间资源分布:指地下空间资源可供开发利用的空间储备范围。

地下空间资源数量:指地下空间资源可供开发利用的规模潜力,简称资源量或资源容量,采用地下空间资源所占用的空间体积或者算成相应的建筑面积进行度量。

根据自然与人文条件的制约程度和层次,地下空间资源量由几个不同层次的基本概念和内容组成,按资源量内涵的属性和级别,从大到小依次是:天然蕴藏量与范围、可合理开发利用的资源量与范围、可供有效利用的资源量与范围、实际开发利用的资源量与范围。图 3-1 给出了资源量几个基本概念组成结构的层次关系示意图。

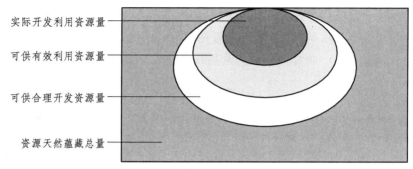

图 3-1　地下空间资源数量的几个基本概念的层次关系

（1）地下空间资源的天然蕴藏总量（C_t）：地下空间资源的可用范围都在地球表面的岩石圈内。岩石圈表面风化为土壤，形成不同厚度的土层，基岩层或被土层覆盖或裸露，岩层和土层在自然状态下都是实体，在外部作用下可形成可用的空间，如天然溶洞等。因此，城市地下空间资源的天然蕴藏总量就是城市规划区地表以下一定深度范围内的全部自然空间总体积，其中包含已经开发利用和尚未开发利用的资源，又可分为可开发利用的部分和不可开发利用的部分。

（2）可供合理开发利用的地下空间资源量（C_a）：是在地下空间资源的天然蕴藏区域内，排除不良地质条件分布范围和地质灾害危险区、生态及自然资源保护禁建区、文物与建筑保护范围和规划特殊用地等空间区域后，剩余的潜在可开发利用地下空间的范围和体积，也简称为可用地下空间资源。

（3）可供有效利用的地下空间资源量（C_e）：是在可供合理开发的地下空间资源范围内，在一定技术条件下，满足地质稳定性和生态系统保护要求，保持地下空间的合理距离、形态和密度，能够实际开发利用的资源。可供有效利用的资源量实际就是规划范围内城市地下空间资源可供开发利用的最大理论容量，该容量并无确定的空间形状和大小，具体数值和形态取决于技术条件、工程条件与利用方式三者的组合效应。

（4）地下空间资源的实际开发量（C_r）：是根据城市发展需求、生态与环境保护要求以及城市的总体规划，实际确定或已开发利用的地下空间资源容量。在数值上，实际开发量的最大值不应超过可供有效利用的资源量，即理论容量。

2. 地下空间资源的质量

地下空间资源质量是度量地下空间资源在可开发利用的工程能力以及适宜开发利用功能与形式、需求强度与潜在价值等方面能力的通用指标。无论在城市规划的地下空间总体规划阶段还是详细规划阶段，当无具体利用方向或具体条件等目标时，资源质量评估就是对地下空间资源条件所具备的基本工程适用性能和潜在价值水平的评价；当针对特定利用方向或具体条件时，资源质量就是地下空间资源适宜具体利用方向的工程能力和开发价值，例如开发利用特定功能的适宜性、特定开发技术的适宜性、特定空间形式的适宜性、综合价值与效益等。

基于工程地质条件、生态适宜性条件和建设空间类型条件等工程性因素的地下空间资源质量，是地下空间资源基本质量（Q_1），它是衡量地下空间资源评估单元岩土体及环境适宜工程开发的能力特征指标；基于社会经济条件因素的地下空间资源基本需求强度和潜在开发价值水平，是地下空间资源附加质量（Q_2），它是衡量所在区位地下空间资源的需求强度与潜在价值水平特征的指标。两者的空间分布和参数对指导城市地下空间开发利用规划的布局和选址有重要参考价值。基本质量与附加质量按照一定比例进行组合或叠加，即可得到地下空间资源的综合质量（Q），可作为规划决策判断的依据（图3-2）。

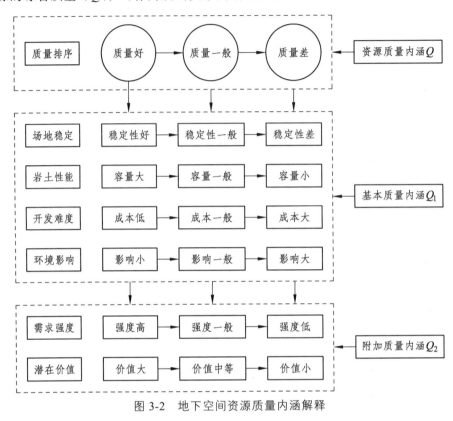

图3-2　地下空间资源质量内涵解释

3. 地下空间资源潜力

地下空间资源潜力是度量地下空间资源的潜在可开发容量和资源质量的总体评价指标。地下空间开发利用容量是地下空间资源潜力的组成部分，可开发利用范围和可有效利用程度决定地下空间资源的可用容量，地质条件和空间利用类型决定资源的工程适用能力，两者综合即为地下空间资源潜力。

4. 地下空间资源开发利用适宜性

地下空间资源开发利用适宜性，是针对地下空间资源适宜某种利用方式或功能程度的评价指标，可有单纯适宜性和多重适宜性，例如地下空间资源地质条件的工程适宜性。与土地资源评价相似，地下空间资源开发利用的适宜性和潜力两个概念相互交叉，又有区别。

3.1.2　地下空间资源评估要素

城市地下空间资源评估应以资源开发利用的战略性、前瞻性和长效性为基础，按照对资源的影响和利用导向确定评估要素，应包括但不限于下列要素：

（1）自然要素：地形地貌、工程地质条件与水文地质条件、地质灾害区、地质敏感区、矿藏资源埋藏区和地质遗址等。

（2）环境要素：园林公园、风景名胜区、生态敏感区、重要水体和水资源保护区等。

（3）人文要素：古建筑、古墓葬、遗址遗迹等不可移动文物和地下文物埋藏区等。

（4）建设要素：新增建设用地、更新改造用地、现状建筑物地下结构基础、地下建（构）筑物及设施、地下交通设施、地下市政公用设施和地下防灾设施。

3.1.3 地下空间资源容量评估

影响城市地下空间资源量的因素有很多，包括建筑物基础、植物根系、水系等。与城市地上空间开发量以土地面积计算不同，地下空间资源涉及不同深度的利用，因此使用可开发体积计算更为合适。

1. 城市地下空间资源总容量估算法

城市地下空间资源总容量可按式（3-1）计算。

$$V_u = V - (V_1 + V_2 + V_3 + V_4 + V_n) \tag{3-1}$$

式中：V_u——可供合理开发的地下空间容量（m^3）；

V——评估范围内地下空间总容量（m^3）；

V_1——受工程地质条件和水文地质条件制约的地下空间容量（m^3）；

V_2——受地下埋藏物制约的地下空间容量（m^3）；

V_3——受已开发利用地下空间制约的地下空间容量（m^3）；

V_4——受开敞空间和建筑物基础制约的地下空间容量（m^3）；

V_n——受其他要素制约的地下空间容量（m^3）。

根据式（3-1）可知，在对城市地下空间资源容量进行估算时，需要在掌握评估区域内地下空间总容量的基础上，并了解评估区域内受到各类要素制约的地下空间容量，方可得到可供合理开发的地下空间容量。因此，在确定的评估范围内，以城市规划建设用地为基础数据，分别对规划用地范围内的建筑物、道路、绿地广场下部等可供开发的地下空间容量进行估算，整合后形成可供合理开发的地下空间容量。评估深度一般按 30 m 取值，层高 5 m 折算成面积。

2. 城市建筑物下地下空间容量

建筑物荷载由基础传递到地基，并扩散衰减于周边更深、更远的岩土中。为了保证建筑物的稳定性，在对地下空间进行开发的时候，地基附近的一定空间是不可以开发的。而且这个不可开发的空间的大小和多种因素都相关，如地面建筑物的高度、基底的面积、地基的形状、地下的地质构造等等。

基础下部的地下空间可分为三个区域，如图 3-3 所示。

第一部分区域主要受建筑荷载所产生的地基附加应力影响，其深度为

$$H = (1.5 \sim 3.0)b \tag{3-2}$$

式中：b——建筑基础的宽度（m），在此范围必须严格控制其地下空间的开发利用。

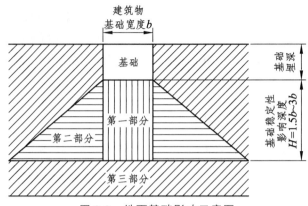

图 3-3　地面基础影响示意图

第二部分区域主要受建筑物基础侧向稳定性的影响，局部受建筑物荷载所产生的地基附加应力的影响。对于此类地下空间的开发需要采取一些施工措施，防止建筑物的侧向失稳，所以其所在区域地下空间资源也不宜开发。

第三部分区域受建筑物地基稳定性的影响小，是地下空间资源开发的蕴藏区，但要注意的是第一部分正下方，也就是图 3-3 中标注的第三部分区域不能采用明挖施工，且应限制开发比例。

对单个基础进行影响分析，方法比较简单，但在实际地下空间资源分析中，无法全部给出基础的准确宽度和深度等资料，因此必须对上面的分析模型进一步简化。在实际操作中，受建筑物基础的影响制约容量可按式（3-3）计算。

$$H_b = (1.5 \sim 3.0) \times l \times h_x \tag{3-3}$$

式中：H_b——建筑物影响制约量（m^3）；

　　　l——建筑物基础影响范围投影面积（m^2）；

　　　h_x——建筑物影响制约深度（m），可参照表 3-1 取值。

表 3-1　建筑基础影响深度划分　　　　　　　　　　　　　　单位：m

建筑高度	制约深度
≤9.0	10.0
9.1 ~ 30.0	30.0
30.1 ~ 100.0	50.0 ~ 100.0
>100.0	

3. 城市道路地下空间容量

道路主要是由路基和路面组成，它们共同承受行车荷载和自然因素的作用。对于道路下的可开发资源量可按式（3-4）进行计算。

$$V_r = (h_i - 2.5) \times S_r \tag{3-4}$$

式中：V_r——道路下地下空间容量（m^3）；

　　　S_r——道路面积（m^2）；

　　　h_i——开发深度（m）。

这里没有考虑在城市道路中路面下埋设的市政管线的影响，如在开发过程受到市政管线的影响可采用建设综合管廊、移除原有管线的办法。

城市广场下的地下空间开发模型可参考城市道路进行计算。

4. 城市绿地地下空间容量

对全球 11 种植被群落 253 种植物的统计结果表明：植物总根重和根冠的 90% 都集中在地表到 1 m 的土层深度内，1 m 以下的根重、根数、根土比均明显下降，其中包括了主根较深的乔木和沙漠植物。可见，1 m 以上的土层集中了大部分根系。

城市绿地的林木植被类型地区在进行开发时，其开发的数量理论上可以这样计算：适当增加林木植被所需的土层厚度加上排水所需的厚度，一般可以取 1.5 m（林木植被所需厚度）+ 0.3 m（排水层厚度），并留出预留植物根系生长的空间（约 1 m）。通常情况下可以按小于 3.0 m 取值。

综上所述，城市绿地下地下空间开发容量可以按式（3-5）计算。

$$V_g = (h_i - h_{ii} - h_{iii}) \times S_g \qquad （3\text{-}5）$$

式中：V_g——绿地下地下空间容量（m^3）；

　　　S_g——绿地面积（m^2）；

　　　h_i——开发深度（m）；

　　　h_{ii}——植被所需深度（约 1.5 m）；

　　　h_{iii}——排水层厚度（约 0.3 m）。

5. 城市水体地下空间容量

城市水域不仅对城市景观、生态和文化传承等方面具有重要作用，其在城市规划中一般采取保护或保护性开发。就技术而言，在城市水体下大规模地开发地下空间具有一定的潜在危险，且会在不同程度上造成地质环境的改变、地表水水质污染等环境问题。在大面积的水体中若采用暗挖施工的情况下，施工不当可能会导致隔水顶板的塌陷或泄漏，造成开挖现场大量涌水等严重问题。在城市水域下部的一定范围内的地下空间资源不宜大规模地开发利用，建议只进行必要的局部开发利用。一般开发形式有两种：一是利用地下水域下部的空间埋设城市基础设施管线，在技术上处理得当对上部水域影响很小；二是当城市内部水域对城市交通有阻碍作用时，可以考虑穿越水域下部空间的交通隧道，例如南京的玄武湖隧道以及上海的黄浦江过江隧道等。

在地下空间资源数量评估中，水体对下层地下空间的影响深度范围应该从水域底部至第一道隔水层为止，但在第一道隔水层以下开发地下空间的时候，要充分考虑隔水层承受上部水体荷载的能力。在数量评估中，假设在足够的技术保障下，可认为第一道隔水层以下即为可开发利用的地下空间资源量。因此，城市水体下地下空间容量的计算可按式（3-6）计算。

$$V_w = (h_i - h_w) \times S_w \qquad （3\text{-}6）$$

式中：V_w——水体下地下空间容量（m^3）；

　　　S_w——水体面积（m^2）；

　　　h_i——开发深度（m）；

　　　h_w——水域平均影响深度（m）。

6. 城市高地、山体地下空间容量

对于高地和山体中的地下空间开发利用，可将高地和山体分为地上部分和地下部分分别考虑。对于高出地面的高地和山体的开发利用目前主要集中用于军事目的、人防以及公路、铁路隧道等一些特殊用途中。在许多城市中，山体和高地又是城市的绿肺之一，其表面植被在城市规划中时常是受保护的对象，所以建议在对地面以上部分进行地下空间开发利用时按需开发，以保护山体和绿地为原则。由于山体和高地在地表以下部分往往地质条件较好，受外界的影响较小，所以对这类地下空间进行开发时可以考虑适度开发，但对于这类地下空间由于其有时远离市区再加上上部山体的制约，增加了开发难度，所以整体效益一般较差。这类空间一般可以用作军事目的、货物仓储、物资的储备等用途。对山体和高地等地下空间开发利用数量的评估中一般需考虑在其内部进行多洞室的开挖及其相互影响等因素，只有掌握了它们之间的相互关系，才能安全、高效、正确地进行地下空间开发利用。

目前，洞室间距需根据工程经验类比及辅以围岩稳定性有限元、边界元数值分析，试验洞位移监测资料分析等方法综合确定。一般来说，完整坚硬围岩内洞室间距不小于 1～1.5 倍开挖跨度，中等质量围岩内不小于 1.5～2 倍开挖跨度，较差质量围岩内不小于 2～2.5 倍开挖跨度。在高地应力区完整坚硬岩石中开挖洞室，尤其应注意应力调整导致围岩松弛破损的问题，其间距不宜过小。在工程实际中，除平行洞室最小间距外还需考虑在各种围岩条件下的最小覆盖厚度。

7. 城市其他情况地下空间容量

除上述城市内的地面用地情况以外，还有其他的一些用地类型，例如城市对外交通用地、厂房用地、仓储用地等，在进行地下空间资源数量计算时可以参考相近类型的计算模型进行计算。对于连接城市交通的高速公路和铁路，在评估中取其影响深度为 10 m。

3.1.4　地下空间资源质量评估

城市地下空间资源质量通常指城市地下空间可开发利用程度的综合评价指数，可用综合指标评价后的相对分数或分级来表示。对城市地下空间资源质量进行评价，是制定资源开发利用、采取合理的开发方式与措施的科学依据。

如前所述，地下空间资源的质量评估可以分解为两个分项评价指标及一个综合指标，即地下空间资源基本质量（Q_1）、地下空间资源附加质量（Q_2）和地下空间资源的综合质量（Q）。此处参照国内童林旭教授构建的地下空间资源质量评估方法，对相关的评估指标体系和方法进行介绍。

1. 地下空间资源基本质量（Q_1）评估指标体系

地下空间资源基本质量，是描述基于自然和人为的工程条件因素作用，地下空间资源在施工、结构、维护方面的风险和成本、技术复杂程度等方面的度量指标，在一定程度上综合反映地下空间资源特征对工程开发总投入的潜在特性，是对地下空间可用性定性分类基础上进一步的数量化综合评价。选取适合城市特点的典型要素，采用层次分析法，构建了基于工程条件因素的地下空间资源基本质量评估指标体系（图3-4）。

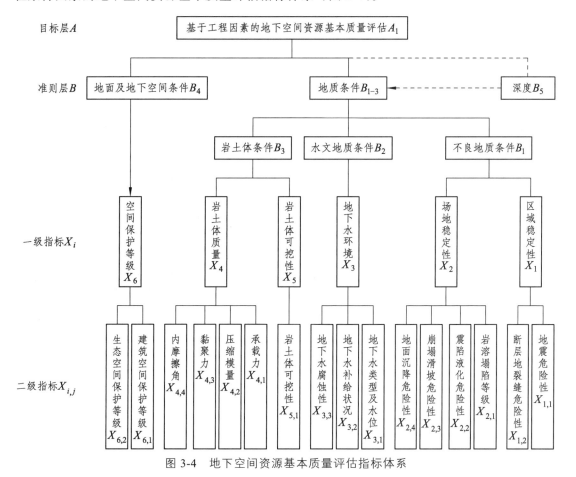

图3-4　地下空间资源基本质量评估指标体系

按照层次分析法的层次结构，指标体系分为4个层次。顶层为目标层，评估目标是基于工程因素的地下空间资源基本质量评估。第二层为准则层或主题层，把评估总目标分解为4个准则和主题层次，还有附加的第5个准则即地下空间资源深度层次。第三和第四个层次为指标层，即实际评估的具体要素因素参数，在城市总体规划阶段可优先采用一级指标，在详细规划阶段应优先采用二级指标。

2. 地下空间资源附加质量（Q_2）评估指标体系

地下空间资源潜在开发价值评估，是针对地下空间资源所在城市区位可能获取经济、社会和环境效益的期望值水平进行综合分类，在地下空间资源可用性的定性分类基础上进一步对资源需求强度和总体价值潜力进行数量化综合评价。根据资源系要素分析结果，采用层次分析法，构建了基于社会经济因素的地下空间资源潜在价值评估指标体系（图3-5）。指标体系的层次结构概念同图3-4，指标用法与工程因素评估组相同。

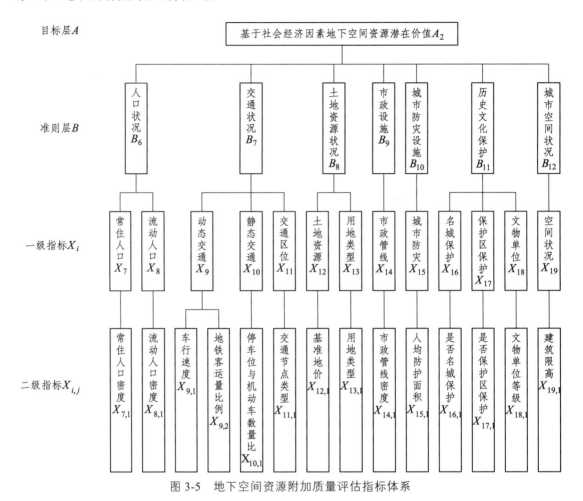

图 3-5 地下空间资源附加质量评估指标体系

3. 地下空间资源综合质量（Q）评估指标体系

地下空间资源综合质量是由基本质量评估结果和潜在价值评估结果（层次结构见图 3-6），根据权重参数进行求和的综合叠加指标，用以度量地下空间资源在自然、工程条件和社会经济需求条件下的总体价值或适宜性质量等级。

图 3-6 地下空间资源综合质量评估体系

4. 地下空间资源质量评估方法

按照地下空间资源质量的定义,在对地下空间资源质量进行评价时往往要考虑诸多因素。这些因素,首先它们各自的属性、重要程度和可比性不相同,其次是对各因素属性指标进行评估和度量时,其具有很大的不精确性和主观经验性。因此,地下空间资源质量评价和择优是一类模糊环境下复杂系统的多层次、多属性的决策问题。

目前，我国不同城市根据自身条件选取的评估因子、采用的方法都不尽相同，评估技术方法也处于探索的阶段，常用的评估方法包括层次分析法、专家问卷调查法、模糊综合评价法、最不利等级判别法、排除法等。此处简要介绍几种方法的基本原理。

（1）层次分析法。这种方法主要的目的就是针对多种复杂影响因素作用的地下空间开发利用进行评价，充分解决评价要素中不同属性、不同度量标准、不同定性等问题的统一化和规范化问题。一般可以对复杂因素构成的整体问题进行层次分解和重新构造，建立多目标的综合评价指标体系和模型，从而指导和规范地下空间资源评价的内容和过程，提高其作为规划标志和资源开发战略制定依据的科学性。

（2）模糊综合评价法。它适用于那些具有多种属性、受多种因素影响的，且这些属性或因素有模糊性的评价问题。采用模糊综合评价方法来评估城市地下空间资源质量，其中各个因素权重的确定采用层次分析法来定，并采用主因素突出型算子对结果进行合成，用最大隶属度法对模糊综合评价结果进行分析。

（3）最不利等级判别法。对影响结果的各种因素综合分析然后进行分级，选择级别最低的以及作为评价结果的等级。

（4）排除法。在地下空间资源的总蕴藏量中，地下空间的开发限制受到建设现状的影响，排除建筑物基础、管线、既有地下空间、开敞空间、特殊用地等的制约后，剩余的空间范围即为可供合理开发的资源。城市建设现状包括地下空间现状与地面空间现状，它们对地下空间开发利用的开发限制有一定的影响，因此可以利用排除法对限制开发的区域进行排除，得到可充分开发区域和可有限开发区域。

3.1.5 地下空间资源开发适建性及适宜性评价

地下空间并不是都适用于开发建设的，需要通过综合评价来认识城市地下空间资源环境特点，找出其优势与短板，发现城市地下空间开发利用过程中存在的突出问题及可能的资源环境风险，确定在生态保护、人文古迹、地下空间设施等功能指向下区域资源环境承载能力等级和资源环境适建性，为完善城市地下空间功能区战略，科学划分禁建区、限建区和适建区，并提出管制措施要求提供依据。而地下空间开发适宜性评价则反映地下空间中进行开发建设的适宜程度，是根据地下空间资源环境适建性评价并考虑其他方面因素后得出的综合评价结果。

1. 地下空间资源环境适建性单项评价

城市地下空间资源环境适建性单项评价是对影响城市地下空间资源环境适建性的各要素进行评价，描述每种要素对应的能够承载的地下空间利用等级，对多种因素有一个基础详细的了解。在适建性单项评价中，需要考虑的因素通常包括地形地貌、地质条件、灾害影响、生态与环境要素等。

（1）地形地貌。要充分考虑地形地貌对地下空间资源开发利用的影响，包括坡度、高程、地面起伏程度等。对于地面高程，主要注意在地势低洼区，遇到暴雨容易形成积水，地下空间在规划利用时对其防排水工程、出入口的位置与结构都应慎重考虑。对于不同的地形坡度，地下空间的施工方式也有区别，如平面地区可以采用垂直下挖的方式，而坡度较大的区域则多采用侧面挖掘的方式等。水体的分布对城市地下空间开发与利用有较大影响，如地下水水位较浅，则在地下工程建设过程中发生土层变形的可能性极大，地下空间开发利用的适建性较差。

（2）地质条件。地质条件直接影响着某个地区地下空间资源利用的适建性，良好的地质条件能够支撑更大的地下空间开发量。评判地质条件适建性的因素很多，包括岩土体类别、岩土层分区、力学指标、单位涌水量、地下水的赋存类型、地下水埋深、地下水腐蚀等。

（3）灾害影响。评价地下空间开发可能会面临的灾害分布与风险等级，灾害风险较高的地区对地下空间开发利用的适建性较低，应避免在这些地区进行地下空间的开发建设。常见的影响地下空间开发的灾害要素主要包括地震烈度、活动断层分布、砂土液化分布、地面沉降分布等。

（4）生态与环境要素。地下空间资源环境适建性必须要考虑到对生态环境可能的影响，包括地面是否存在园林、公园、风景名胜区、生态敏感区、水资源地保护区等。一般的地下建筑工程建设会造成地面的大量开挖，影响原有植被，并且对土壤中的生态系统产生一定的破坏。同时，过于发达的植物根系会对浅层地下工程结构造成破坏，影响地下建筑的防水能力以及结构安全。因此，根据生态敏感性要素对地下空间开发利用的影响，主要对浅层及次浅层地下空间的适建性进行分级划分。对于生态敏感及较敏感区，一般不宜进行地下空间开发利用。

2. 地下空间资源环境适建性集成评价

在对各单项适建性影响要素进行评价后，基于评价结果开展资源环境适建性集成评价，即综合各单项适建性评价结果，进行总体的城市地下空间资源环境评价，并将结果按照适建性水平划分等级。通常可以将地下空间资源环境划分为较适宜区、一般性适宜区和较不适宜区等。

3. 地下空间开发适宜性评价

在对地下空间开发的适宜性进行评价的过程中，通常需要考虑如下内容：

（1）根据地下空间承载能力适建性等级确定不同等级适宜区的备选区域。适宜地下空间布局的区域首先应具备承载地下建设活动的资源环境综合条件，水土资源条件越好，生态环境对一定规模的人口与经济集聚约束性越弱，地质灾害风险的限制性越低，地下空间开发适宜程度越高。因此，应按照地下空间资源环境适建性等级，确定地下空间建设适宜区、一般适宜区的备选区域。

（2）结合现状并优化城市地下空间建设格局。充分分析现有地下地上空间利用情况，按照不同类别、体量的现状确定地下空间开发的适宜性。地面空间已被利用且对地下空间影响程度较高，就不宜进行地下空间开发利用，如高层建筑、立交桥、水面等；地面现存的广场、空地、绿地则对地下空间开发有利，其适宜程度就高。此外，现存的文化保护单位、历史街区、地下文物埋藏区、已开发利用的地下空间等，对地下空间开发也有一定的限制和影响。

（3）考虑城市发展区位因素对接上位规划。地下空间开发的适宜性评价还应考虑城市发展廊道、节点区位等区位条件，并且依据国土空间规划等上位规划要求，与开发强度要求相匹配。例如，在城市重点规划建设的商业中心、交通枢纽、公共服务中心等地区，开发适宜性较高；而在规划限制或禁止建设的地区，开发适宜性较低。

4. 地下空间分区管控

以地下空间资源适宜性评价为基础，划定地下空间禁建区、限建区和适建区等，对城市集中建设区内地下空间资源划定管制范围，提出管制措施要求。

（1）禁建区。按照自然条件或城市发展的要求，在一定时期内不得开发城市地下空间的区域。例如，土质条件多为砂土或位于地震断裂带上并处于地表水周边的地区将被列入禁建区。同时，禁建区的划定也是为了避免城市地下空间的开发建设对生态环境造成破坏，主要是基于保护的目的划定的区域。禁建区对应的管控措施通常为禁止一切开发。

（2）限建区。为满足特定条件，或限制特定功能，或限制规模开发利用的城市地下空间区域。例如，在土质条件和水文条件等限制条件相对适宜，但受到日照、通风等气象条件约束的区域将被列入限建区。限建区在一般条件下不得开发，仅在满足特定条件后可进行开发。限建区的管控措施通常为需要严格的工程论证方可建设，或原则上只能用于公共利益的开发。

（3）适建区。为规划区内适宜各类地下空间开发利用的区域，主要指在一般条件下允许开发建设的城市地下空间区域，又可以分为重点建设区和一般建设区。适建区则通常没有管控措施，可以允许用于规划期内的地下空间开发。

（4）资源储备区。主要为远景发展备用的地下空间和目前暂时开发难度较大或开发代价较大的深层地下空间，对应的管控措施则为规划期内禁止一切开发。

3.1.6 可供有效利用的地下空间资源量估算

在取得地下空间资源调查和质量评估的等级结果后，根据资源评估体系和目标的要求，还需要估算和统计可供有效利用的地下空间资源量，以提供地下空间资源潜力的定量数字，供地下空间资源开发利用规划和战略研究参考。图 3-7 为可供有效利用的地下空间资源量估算的组成与估算内容。

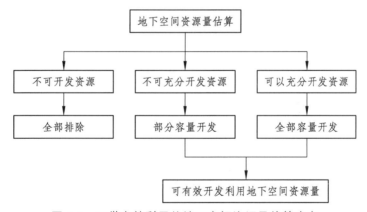

图 3-7 可供有效利用的地下空间资源量估算内容

由于资源量并不直接用于对资源开发规模的预测和编制，故一般采用估算的办法就可以满足数据精度的要求。传统估算方法是用岩石采矿的正常采空率类比地下空间可有效利用岩土层的空间比例，为了简便和对不同地块进行比较，通常按地下空间天然体积的 40% 进行估算。在 20 世纪 90 年代初完成的北京旧城区浅层地下空间资源调查结果估算中就采用此估算法，取得的结果对指导城市地下空间资源开发的战略决策发挥了积极的参考作用。

城市地下空间实际开发中，采用浅层明挖工法者占较大比例，尤其是在规划建设用地的地块单元内部，基本上会采用此施工方法。据此为便于计算，对地下空间资源可有效利用比例的估算参数选取进行了改进，基本理念是：根据地下空间的不同竖向层次，结合城市规划建设密度的合理波动范围进行地下空间资源有效利用容量估算（即不同的竖向深度有不同的地下空间开发密度），这种估算方法的结果在理论上将与城市建设的实际指标更加接近。具体算法是：根据城市开发力度与地下空间开发强度需求的合理性，确定地下空间开发的合理密度，再测算资源分布范围内的可供有效利用的地下空间资源容量，并换算为建筑面积当量值，便于直接理解和比较。

具体的估算步骤和规则：

（1）明确资源量估算范围，即在地下空间资源可开发利用的工程适宜性分区范围内。

（2）按平面分层法确定与评估单元一致的地块估算单元；城市道路地下空间作为单独的估算单元；划分竖向层次。

（3）根据城市规划建设合理密度的指标范围，按不同空间区位、用地性质、城市建设与开发力度及地下空间需求强度的分布，确定竖向分层和不同类型评估单元的地下空间资源有效利用密度系数。

（4）求取估算单元的地下空间资源天然体积，与地下空间资源有效利用密度系数相乘，求得可供有效利用的地下空间资源量。

（5）采用当量换算法，按一定层高参数，把可供有效利用的地下空间资源量折算为当量建筑面积。

在确定地下空间资源有效利用密度系数时，不同的城市、不同的开发阶段等因素均可能造成该系数的波动，需要根据地下空间开发规划的实际情况进行确定。此处给出厦门市在进行地下空间资源调查评估时（2006 年）采用的取值：在地下空间资源可充分开发的地区，地下空间资源有效开发的平均占地密度为浅层 40%、次浅层 20%；在不可充分开发的地区，浅层 10%、次浅层 5%。青岛市在进行道路下可供有效利用的地下空间资源估算时，该系数的取值为：浅层 40%、次浅层 20%、次深层 10%、深层 5%。

3.2　地下空间需求分析

地下空间需求分析是根据规划区的发展目标、建设规模、社会经济发展水平和地下空间资源条件，对城市地下空间利用的必要性、可行性和一定时期内地下空间利用的规模及功能配比进行分析与判断，是城市地下空间布局的重要指导和依据。地下空间资源的不可再生性决定了地下空间开发要比地面工程更有预见性，因此地下空间开发前必须做出科学合理的需求分析和规模预测，才能实现开发效益的最大化。

3.2.1　地下空间需求分析的规划层次

城市地下空间需求分析可以分为总体规划与详细规划两个层次。

总体规划阶段的需求分析应结合规划期内城市地下空间利用的目标，对城市地下空间利用的范围、总体规模分区结构、主导功能等进行分析和预测，明确城市地下空间利用的主导方针。城市地下空间总体规划需求分析应依据规划区的地下空间资源评估结果，综合规划人口、用地条件和经济发展水平要素确定。

详细规划阶段城市地下空间需求分析应对规划期内所在片区城市地下空间利用的规模、功能配比、利用深度及层数进行分析和预测。城市地下空间详细规划需求分析应统筹规划定位、土地利用、地下交通设施、市政公用设施、生态环境与文化遗产保护要求等要素，充分结合土地利用及相关条件明确地下交通设施、地下商业服务业设施、地下市政场站、综合管廊和其他地下各类设施的规模与所占比例。

对于不同的规划层次，城市地下空间需求分析的侧重点也有所不同，适用的需求分析及规模预测方法也有差别。总体规划阶段侧重于对城市地下空间总需求量的预测，而详细规划阶段则较为关注不同功能空间及各类地下空间设施的需求预测。

3.2.2 地下空间开发的功能需求层次

从国内外的经验来看，城市地下空间开发一般遵循表 3-2 所列几个阶段。在不同的城市发展阶段，城市地下空间开发利用的功能需求也是不一样的。因此，城市地下空间规划应符合城市经济和社会发展水平，与城市总体规划所确定的空间结构、形态、功能布局相协调；依托城市发展阶段和地下空间开发的需求特征，通过对地下空间开发的功能类型、发展特征、布局形态等方面进行宏观层面的规划与引导。

表 3-2　城市地下空间发展阶段分析

项目	规模化阶段	初始化阶段	网络化阶段	地下城阶段
功能类型	地下停车、民防	地下商业、文化娱乐等	地下轨道交通	综合管廊、现代化地下排水系统
发展特征	单体建设、功能单一、规模较小	以重点项目为聚集、以综合利用为标志	以地铁系统为骨架，以地铁车站综合开发为节点的地下网络	交通、市政、物流等实现地下系统化构成的城市生命系统
布局形态	散点分布	聚点扩展	网络延伸	立体城市

城市地下空间开发利用与城市经济、城市化的发展水平密切相关，根据国内外地下空间开发利用的特征，针对城市不同发展阶段的需求，城市地下空间功能规划一般可以划分为三个层次，即重点层次、中间层次和发展层次。

（1）重点层次。城市地下空间开发的动因，在于城市化引起的城市人口、地域规模与城市基础设施相对落后的矛盾。城市地下空间开发利用的目的则在于完善城市基础设施系统，扩充城市基础设施容量。因此，基础设施构成了城市地下空间开发利用的重点层次。

（2）中间层次。城市地下空间功能开发的中间层次是在城市基础设施能基本满足城市发展的前提下，逐步开发有人地下空间，如地下街、地下体育馆、大型的地下综合体等，城市地下空间开发利用的功能应与城市功能区相协调。这一层次地下空间资源往往被视为城市地面空间资源的补充而加以开发和利用，并随城市职能、城市功能区的不同而不同。

（3）发展层次。城市地下空间开发利用功能上的发展层次，是在城市基础设施能够与城市的发展相协调（重点层次），以及城市地下空间开发利用的功能与城市职能（城市功能区）相协调（中间层次）的基础上，以建设人工环境与自然环境充分协调的城市环境为目标，将一些投资大、对城市环境有影响的设施（如地下道路、地铁、地下污水处理设施等）逐步建设在地下，以最终实现"人在地上，车在地下""人在地上，物在地下""人的短时间活动在地下、长时间活动在地面""地面是人与自然充分协调的世界"等发展目标，并由此来实现城市的可持续发展。

以上三个层次的划分，并不是独立的，而是在城市发展的总目标下，对城市规划区位内地下空间开发利用提出的不同阶段的需求。在对一定时期内城市地下空间开发利用进行规划时，需要根据城市的发展目标，分析城市地下空间开发的需求，对地下空间利用的规模及功能进行分析和判断。

3.2.3　地下空间开发的需求预测方法

经过多年的规划探索，我国城市地下空间规划体系已经初步显现，而在地下空间规划中最重要的基础理论就是城市地下空间开发的需求预测。从已经编制出台城市地下空间规划的城市来看，不同规模、类型的城市其需求预测的方法不一样。从已经编制的成果来看，目前地下空间开发规划的需求预测主要有以下几种方法：

1. 人均需求预测法

这种方法主要在总体规划阶段采用较多，它从城市地下空间规划的人均需求指标着手，结合人口规模，估算城市规划人口对地下空间的总需求量。

人均需求量预测法一般从两个指标着手进行预测，一个是地下空间开发的人均指标，一个是人均规划用地指标。从城市规划用地的人均指标着手，将人均用地指标分为人均用地、人均公建用地、人均绿化用地、人均道路广场用地等，在此基础上相加得到人均生活居住用地面积。根据城市总体规划中城市生活居住地占城市总用地的比例，推算人均总用地量。结合规划人口规模和城市地下空间开发的人均指标，估算出城市规划人口地下空间需求的总量。

在《城市地下空间规划标准》（GB/T 51358—2019）的条文说明中，给出了基于人均需求量预测法的城市地下空间总体规划需求计算参考公式：地下空间利用总体规模 = 规划区人口规模 × 城市地下空间人均建筑面积指标 × 社会经济发展水平系数 × 地下空间开发利用系数。其中，城市地下空间人均建筑面积指标、社会经济发展水平系数、地下空间开发利用系数的参考值分别见表 3-3 ~ 表 3-5。

表 3-3　城市地下空间人均建筑面积指标参考值

规划区人口规模/万人	城市地下空间人均建筑面积指标/（m²/人）
≤100	1.3 ~ 2.0
100 ~ 500	2.0 ~ 4.0
500 ~ 1 000	3.0 ~ 5.0
>1 000	—

表 3-4 社会经济发展水平系数参考值

年人均国内生产总值/元	社会经济发展水平系数
≤49 351	0.50～1.00
>49 351	1.00～1.50

注：表中的年人均国内生产总值以 2015 年全国全年人均国内生产总值为基础制定，考虑社会经济发展水平的变化趋势，各城市应根据其社会发展水平和发展趋势，选择合理的社会经济发展水平系数。

表 3-5 地下空间开发利用系数参考值

地下空间适建区面积占建设用地面积的比例/%	地下空间开发利用系数
≤30.0	0.3
30.0～45.0	0.6
45.0～60.0	0.9
>60.0	1.2

2. 功能需求预测法

功能需求预测法是根据地下空间使用的功能类型进行分类，然后根据不同类型地下空间功能分别进行量的确定和预测，汇总得出地下空间需求规模，再根据城市发展需要确定其地下空间总的规划量，其技术框架如图 3-8 所示。实际预测过程中，计算的具体步骤和功能分类上可能存在差别，有些城市在具体的预测过程中可能因为突出某些特定功能而需要进一步细化某些功能分类，但预测方法的原理仍然属于功能预测法。

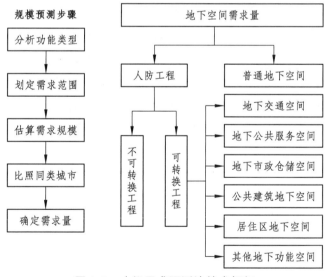

图 3-8 功能需求预测法技术框架

3. 建设强度预测法

建设强度预测法是通过地面规划强度来计算城市地下空间的需求量，即上位规划和建设要素影响和制约着地下空间开发的规模与强度。将用地区位、地面容积率、规划容量等指标归纳为主要影响因素，在此基础上将城市规划范围内的建设用地划分为若干地下空间开发层次进行需求规模的预测，提出规划期内保留的用地，确定各层次范围内建设用地的新增地下空间容量，汇总后得出城市总体地下空间需求量，其技术框架如图 3-9 所示。

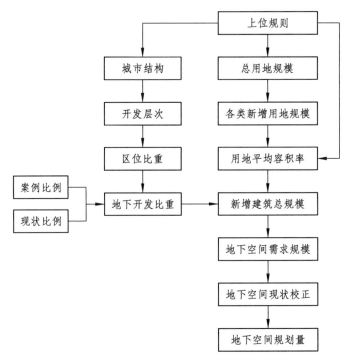

图 3-9　建设强度预测法技术框架

在《城市地下空间规划标准》（GB/T 51358—2019）的条文说明中，给出了基于建设强度预测法的城市地下空间需求计算参考公式：地下空间利用规模 = 地下开发强度 ×（规划区用地面积 + 轨道交通车站 500 m 半径覆盖用地面积 × 轨道交通车站修正系数）× 地面建设修正系数。其中，地下开发强度（是指规划区内地下空间总建筑面积与规划区总用地面积的比值）、轨道交通车站修正系数、地面建设修正系数的参考值见表 3-6 ~ 表 3-8。

表 3-6　地下开发强度参考值

分区类型	特征	地下开发强度
一级 重点建设区	城市总体规划确定的城市商务中心区、商业中心区、行政中心区和交通枢纽地区、公共设施集中地区等市级重要功能区	0.30 ~ 0.60
二级 重点建设区	城市总体规划确定的城市副中心区、重要商务区、重要商业区等地下空间开发利用的集中区	0.20 ~ 0.35
三级 重点建设区	城市一般地区，主要按照人民防空、停车配建要求开发地下空间的地区	0.10 ~ 0.25

表 3-7　轨道交通车站修正系数参考值

轨道交通车站修正系数参考值	0.2

表 3-8 地面建设修正系数参考值

地面容积率	≤0.80	0.81~1.00	1.01~1.50	1.51~2.00	2.01~2.50	>2.50
地面建设修正系数	0.80	1.00	1.20	1.40	1.60	1.80

4. 综合需求预测法

综合需求预测法主要从三方面综合计算得出城市地下空间需求规模（图 3-10）：

第一类是区位性需求，包括城市中心区、居住区、旧城改造区、城市广场和大型绿地、历史文化保护区、工业区和仓储区，以及各种特殊功能区。

第二类为系统性需求，有地下动态和静态交通系统、物流系统、市政公用设施系统、防空防灾系统、物资与能源储备系统等。

第三类为设施性需求，包括各类公共设施，如商业、金融、办公文娱、体育、医疗、教育、科研等大型建筑，以及各种类型的地下贮库。

在此功能性需求分析的基础上，依据需求定位，将城市各类用地进行归类，结合城市建设容量控制计算规划期内新增地下空间需求规模，汇总后计算得出地下空间需求量。

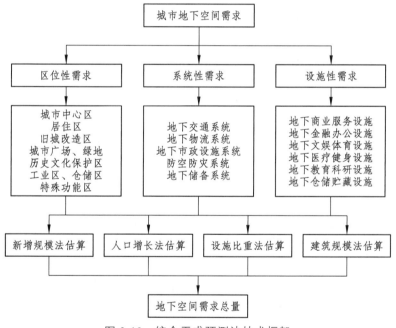

图 3-10 综合需求预测法技术框架

5. 地下空间需求预测校核方法

对于一般地区，在初步得到地下空间开发规模以后，可以通过专家系统经验赋值法、类比法、统计分析法和固定资产投资法进行校核，得到最终地下空间开发规模。

（1）专家系统经验赋值法。首先根据规划区位进行需求等级划分，然后根据用地性质进行需求等级划分，最后对不同需求等级进行赋值。

（2）类比法。以国内外类似城市、类似地区已建成地下空间的规模为参考，分析城市地下建筑规模占地上总建筑规模的比例。根据规划区与参考城市中心区发展阶段、发展目标、规划范围、轨道交通等条件相近程度，赋予不同的值，确定该规划区地下建筑规模与地上总建筑规模的比值；再依据上层次规划中确定的地上建筑总体规模，计算出规划区地下空间开发总量。

（3）统计分析法。通过对地下空间及人防工程历年建设的数据分析，核定现状地下空间开发建设的增长速度，推算规划期地下空间增长的总体规模。

（4）固定资产投资法。根据相关研究成果显示，城市地下空间建设的合理投资额与城市社会固定投资呈正比例关系，我国特大城市每年地下空间的投入约占城市社会固定资产的1/150～1/120。计算得到预测年的地下空间总投资额，然后除以单位面积地下空间开发成本就能得到预测年地下空间的总体规模。

专家系统经验赋值法比较依赖专家的经验，所以不具有普遍适用性。对于类比法而言，每个城市各有不同，地下空间开发量不能通过简单的类比进行确定。统计分析法和固定资产投资法是通过简单的数学方法进行的预测，城市发展变化很快，预测难度较大。所以，以上方法都不适合作为地下空间开发量预测的基础方法，但是可以作为校核方法，对地下空间的开发规模进行修正。

3.3　地下空间资源评估案例

以天津市滨海新区地下空间作为资源评估对象，此处简述其基本地质情况和地下空间资源的数量及质量评估的结果。

1. 基本地质环境情况

天津市滨海新区地处华北平原北部，是天津市的重要组成部分，位于山东半岛与辽东半岛交汇点上、海河流域下游、天津市中心区的东面，北与河北省唐山市丰南区为邻，南与河北黄骅市为界。

（1）工程地质条件。根据天津市滨海新区土层工程地质特点及其对地下空间开发利用的影响，分别评价工程地质条件对 0～-10 m 地下空间资源开发、-10～-20 m 地下空间资源开发以及 -20～-30 m 地下空间资源开发的影响。其中，0～-10 m 地下空间评价埋深 10 m 以内土体的综合质量，-10～-20 m 地下空间评价埋深 20 m 以内土体的综合质量，-20～-30 m 地下空间评价埋深 30 m 以内土体的综合质量。按地下空间土体工程稳定性程度划分的定性分类分区评价标准见表 3-9，在总体上可把天津市滨海新区土层工程地质条件分为五个主要类型分区。

（2）水文地质条件。总体上看，天津市滨海新区地下水的总体水位高，分布较均匀；随埋深增加，微承压水影响逐渐增大，在 18～19 m 深度以内以潜水为主，30 m 深度以内微承压水逐渐增加，30 m 深度以下微承压水逐渐占主导地位。天津市滨海新区地下水的腐蚀性对建筑结构有一定程度的不利影响，但通过工程措施可以进行处理，对地下空间开发无严重制约性影响。在规划和实际开发中，需根据地下水水质与地质条件特点，加强基坑、隧道地下防水、抗浮措施。

（3）不良地质。据现有资料分析，天津市滨海新区地下空间不良地质现象主要包括地面沉降、地震砂土液化以及断裂构造。

2. 地下空间资源质量评估

鉴于以上的地质分析，结合天津市滨海新区地下空间资源质量的评估指标，对评估区域地下空间资源质量进行综合评价，质量评估等级标度为一、二、三、四、五级，分别对应质量评估标准为优、良、中、较差、差。

表 3-9　天津市滨海新区土层类型对地下空间开发难度评价分区

总体分区	主要分布特征	地下空间开发技术措施和影响	地下空间开发难度
Ⅰ区	开发深度 0~ -10 m：以黏土、粉质黏土为主地区	重要区域需适当加固处理	难度相对小适宜开发
Ⅱ区	开发深度 0~ -10 m：以淤泥质土、填土为主地区 开发深度 -10~ -20 m：以黏土、粉质黏土为主地区	需适当进行加固处理	难度相对较小较适宜开发
Ⅲ区	开发深度 -10~ -20 m：以黏土、粉质黏土为主夹粉土、淤泥质土、填土地区	需适当进行加固处理	难度相对中等较适宜开发
Ⅳ区	开发深度 -10~ -20 m：以淤泥质土、填土为主地区 开发深度 -20~ -30 m：以黏土、粉质黏土、粉土为主地区	需进行加固处理	难度相对较大基本适宜开发
Ⅴ区	开发深度 -20~ -30 m：以淤泥质土、填土、粉土为主地区	需进行加固处理	难度相对大基本适宜开发

（1）一级（优）

① 0~ -10 m：主要分布于中心商务区及开发区，资源量约为 0.3 亿 m³。

② -10~ -20 m：呈点状分布，主要分布于中心商务区、开发区中轨道交通车站密集区，资源量约为 0.1 亿 m³。

③ -20~ -30 m：呈点状分布，分布于轨道交通换乘站域影响范围，资源量约为 0.02 亿 m³。

（2）二级（良）

① 0~ -10 m：主要集中于滨海核心区局部地区，生态城，原塘沽区、汉沽区及大港区的老城区，资源量约为 1.7 亿 m³。

② -10~ -20 m：主要集中于滨海核心区局部地区，生态城，原塘沽区、汉沽区及大港区的老城区，资源量约为 1.4 亿 m³。

③ -20~ -30 m：主要集中于滨海核心区局部地区，生态城，原塘沽区、汉沽区及大港区的老城区部分地区，资源量约为 1.1 亿 m³。

（3）三级（中）

① 0~ -10 m：主要分布于原塘沽区、汉沽区、大港区，以及东丽区、津南区的大部分地区及填海造陆区的北部，资源量约为 7.5 亿 m³。

② -10~ -20 m：主要分布于原塘沽区、汉沽区、大港区，以及东丽区、津南区的大部分地区及填海造陆区的北部，资源量约为 6.3 亿 m³。

③ -20~ -30 m：主要分布于原塘沽区及汉沽区的大部分地区，资源量约为 4.2 亿 m³。

（4）四级（较差）

① 0 ～ −10 m：主要分布东丽区、原大港区的局部地区及填海造陆区的南部，资源量约为 3.3 亿 m³。

② −10 ～ −20 m：主要分布于原汉沽区、东丽区、津南区、原大港区的局部地区及填海造陆区的南部，资源量约为 5.1 亿 m³。

③ −20 ～ −30 m：主要分布于原汉沽区北部、东丽区、津南区、原大港区的大部分地区及填海造陆区，资源量约为 7.6 亿 m³。

3. 地下空间资源数量计算

就可开发程度而言，城市地下空间资源可分为三种，分别是不可开发区、可有限开发区及可充分开发区。根据地面空间类型对地下空间资源可开发程度的影响，对天津市滨海新区地下空间资源量统计分析估算标准进一步归纳整理，得到可供有效开发的体积估算的比例系数。

（1）在可充分开发地区，考虑建筑密度一般为 30% ～ 40%，再考虑部分地下空间利用可超出一般建筑密度的范围。按 0 ～ −10 m 地下深度范围地下空间有效开发比例为 40%，−10 ～ −30 m 地下深度范围地下空间有效开发比例为 20% 进行计算。

（2）在可有限度开发地区，按在 −20 ～ −30 m 范围有效开发的平均占地密度为 5% 进行计算。道路下地下空间的有效开发受到道路现状、已有地下设施、施工条件和道路权属等影响。按道路下 0 ～ −10 m 深度范围地下空间有效开发比例为 40%，−10 ～ −20 m 深度范围地下空间有效开发比例为 20%，−20 ～ −30 m 地下空间有效开发比例为 10% 进行计算。

4. 评估结论

天津市滨海新区自然条件制约性因素较少，评估区内地下空间资源类型丰富、数量巨大。

（1）地块内可供合理利用的地下空间资源总量为 38.5 亿 m³，其中 0 ～ −10 m 为 12.8 亿 m³，−10 ～ −20 m 为 12.8 亿 m³，−20 ～ −30 m 为 12.9 亿 m³；道路下可供合理利用的地下空间资源估算值为 0.72 亿 m³，其中 0 ～ −10 m 为 0.07 亿 m³，−10 ～ −20 m 为 0.29 亿 m³，−20 ～ −30 m 为 0.36 亿 m³。

（2）地块内可供有效利用的地下空间资源总量为 10.31 亿 m³，其中 0 ～ −10 m 为 5.1 亿 m³，−10 ～ −20 m 为 2.6 亿 m³，−20 ～ −30 m 为 2.61 亿 m³；道路下可供有效利用的地下空间资源估算值为 0.13 亿 m³，其中 0 ～ −10 m 为 0.03 亿 m³，−10 ～ −20 m 为 0.06 亿 m³，−20 ～ −30 m 为 0.04 亿 m³。

【习　题】

1. 请简要说明地下空间资源的天然蕴藏总量、可供合理开发利用的地下空间资源量、可供有效利用的地下空间资源量、地下空间资源的实际开发量的含义以及这几者之间的关系。

2. 请说明地下空间资源基本质量、地下空间资源附加质量和地下空间资源综合质量的含义及各自的作用。

3. 地下空间资源评估包括哪些方面的要素？地下空间资源评估的基础资料包括哪些内容？

4. 请简述城市地下空间资源总容量的计算方法。

5. 地下空间资源基本质量评估和附加质量评估包括哪些指标?

6. 常见的地下空间资源质量评估方法有哪些? 各自原理是什么?

7. 地下空间资源环境的适建性单项评价需要考虑的因素通常有哪些?

8. 地下空间的分区管控中可以划分为哪几种类型的区域?

9. 请简述可供有效利用的地下空间资源量估算方法及流程。

10. 地下空间需求分析可以分为哪两个规划层次? 各自的侧重点是什么?

11. 地下空间开发的功能需求层次有哪些? 各自的目标是什么?

12. 请简述人均需求预测法、功能需求预测法、建设强度预测法和综合需求预测法的基本原理。

第4章　城市地下空间布局

@ **本章教学目标**

1. 熟悉城市地下空间的功能、结构与形态及其相互关系，了解城市地下空间形态与城市形态之间的关系。

2. 熟悉城市地下空间总体布局的基本原则、布局方法，掌握城市地下空间的平面布局模式和竖向分层设计要点。

3. 熟悉城市地下空间的城市设计作用和不同规划阶段的基本任务，掌握城市地下空间的连通与整合方法，熟悉地上地下空间联系互动的设计方法及常见的设计元素。

城市地下空间布局，是城市社会经济和技术条件、城市发展历史和文化、城市中各类矛盾的解决方式等众多因素的综合表现。在城市地下空间的总体规划阶段，需要提出与地面规划相协调的地下空间结构和功能布局，以便合理配置各类地下设施的容量；而在城市地下空间的详细规划阶段，又需要妥善考虑地下、地面空间之间的连通、整合及联系等问题，力求科学合理、功能协调，达成取得最大综合效益的目标。因此，城市地下空间的布局问题，往往是城市地下空间规划中的重要内容。

4.1　城市地下空间布局概述

城市地下空间是城市空间的一部分，城市地下空间布局与城市总体布局密切相关。因此，城市的功能、结构与形态将作为研究城市地下空间布局的切入点，通过对城市地下空间发展的内涵关系的全面把握，提高城市地下空间布局的合理性和科学性。

4.1.1　城市功能、结构、形态与布局

1. 城市的构成要素及功能分区

通常，构成城市的主要组成部分以及影响城市总体布局的主要因素涉及城市功能与土地利用、城市道路交通系统、城市开敞空间系统及其相互间的关系。

人类的各种活动聚集在城市中，占用相应的空间，并形成各种类型的用地，而城市的总体布局则是通过城市主要用地组成的不同形态表现出来的。城市中的土地利用状况，如各种居住区、商业区、工业区及各类公园、绿地、广场等决定了该土地的使用性质。一定规模相同或相近类型的用地集合在一起所构成的地区，就形成了城市中的功能分区，成为城市构成要素的重要组成部分。

根据《城市用地分类与规划建设用地标准》（GB50137—2011），我国城乡用地分为 2 大类、9 中类、14 小类（见附录 B），而城市用地分成建设用地和非建设用地，其中城市建设用地分为 8 大类、35 中类、43 小类（见附录 C）。具体来说，城市建设用地包括城市内的居住用地、公共管理与公共服务用地、商业服务业设施用地、工业用地、物流仓储用地、道路与交通设施用地、公用设施用地、绿地与广场用地。城市功能区主要有居住用地、工业用地、商业商务用地及各类设施用地，其空间分布特征见表 4-1。不同类型的城市功能区在城市总体布局与结构中所起到的作用是不同的，比如商业商务功能区具有较强的人员吸引力以及较小的规模和较高的密度，形成影响甚至左右城市总体布局和结构的核心功能区——中心区。

表 4-1　主要城市用地类型的空间分布特征

用地种类	功能要求	地租承受能力	与其他用地的关系	在城市中的区位
居住用地	较便捷的交通条件、完备的生活服务设施、良好的居住环境	中等—较低（不同类型的居住用地对地租的承受能力相差较大）	与工业商务用地等就业中心保持密切联系，但不受其干扰	从城市中心至郊区，分布范围较广
商业、商务用地	便捷的交通、良好的城市基础设施	较高	需要一定规模的居住用地作为其服务范围	城市中心、副中心或社区中心
工业用地	良好、廉价的交通运输条件、大面积平坦的土地	中等—较低	需要与居住用地之间保持便捷的交通，对城市其他种类的用地有一定负面影响	下风向、下游的城市外围或郊外

同时，城市中的各功能区并不是独立存在的，它们之间需要有便捷的通道来保障大量的人与物的交流。城市中的干道系统以及轨道交通系统在担负起这种通道功能的同时也构成了城市骨架。因此，通常一个城市的整体形态在很大程度上取决于道路网的结构形式。常见的城市道路网形态的类型有放射环状（如东京、巴黎、伦敦等）、方格网状（如纽约曼哈顿岛等）、方格网与放射环状混合型（如北京、芝加哥等），以及方格网加斜线型（如华盛顿等）。

2. 城市结构与形态

由于城市功能差异而产生的各种地区（面状要素）、核心（点状要素）、主要交通通道（线状要素）以及相互之间的关系共同构成了城市结构，它是城市形态的构架。城市结构反映城市功能活动的分布及其内在的联系，是城市、经济、社会、环境及空间各组成部分的高度概括，是它们之间相互关系与相互作用的抽象写照，是城市布局要素的概念化表示与抽象表达。

城市形态是一种复杂的经济、文化现象和社会过程，是在特定的地理环境和一定的社会历史条件下，人类各种活动与自然环境相互作用的结果。它是由结构（要素的空间布置）、形状（城市的空间轮廓）和要素之间的相互关系所构成的一个空间系统。城市形态的构成要素可概括为道路、街区、节点和发展轴。

（1）道路与街区。道路是构成城市形态的基本骨架，是指人们经常通行的或有通行能力的街道、铁路、公路与河流等。道路具有连续性或方向性，并将城市平面划分为若干街区。城市中道路网密度越高，城市形态的变化就越迅速。同时道路网的结构和相互连接方式决定了城市的平面形式，并且城市的空间结构在很大程度上也取决于道路所提供的可达性。街区是由道路所围合起来的平面空间，具有功能均质性的潜能。城市就是由不同功能区构成并由此形成结构的地域，街区的存在也能使城市形成明确的图像。

（2）节点。城市中各种功能的建筑物、人流集散点、道路交叉点、广场、交通站以及具有特征事物的聚合点，是城市中人流、交通流等聚集的特殊地段，这些特殊地段构成了城市的节点。

（3）发展轴。城市发展轴主要是由具有离心作用的交通干线（包括公路、地铁线路等）所组成，轴的数量、角度、方向、长度、伸展速度等直接构成城市不同的外部形态，并决定着城市形态在某一时期的阶段性发展方向。

城市作为一个非平衡的开放系统，其功能与形态的演变总是沿着"无序—有序—新的无序"这样一种螺旋式的演变与发展模式。城市形态演变的动力源于城市"功能—形态"的适应性关系，当城市形态结构适应其功能发展时，能够通过其内部空间结构的自发调整保持自身的暂时稳定；反之，当城市形态与功能发展不相适应时，只有通过打破旧的城市形态并建立新的形态结构以满足城市功能的要求。

3. 城市布局

城市在空间上的结构是各种城市活动在空间上的投影，城市布局则反映了城市活动的内在需求与可获得的外部条件，通过城市主要用地组成的不同形态来表现。

影响城市总体布局的因素一般可以分为：自然环境条件、区域条件、城市功能布局、交通体系与路网结构、城市布局整体构思。基于以上因素和城市发展目标，城市布局遵循的原则包括着眼全局和长远利益、保护自然资源与生态资源、采用合理的功能布局与清晰的结构、兼顾城市发展理想与现实。

4.1.2　城市地下空间功能

城市地下空间功能是指地下空间具有的特定使用目的和用途。城市地下空间功能是城市功能在地下空间上的具体体现，城市地下空间功能的多元化是城市地下空间产生和发展的基础，是城市功能多元化的条件。

1. 城市地下空间功能类型及演化

城市地下空间有着丰富的功能类型，如本书绪论所述，目前对城市地下空间主要是根据其用途或功能进行形态划分，大类包括交通设施、市政公用设施、公共管理与公共服务设施、商业服务业设施、工业设施、物流仓储设施、防灾设施和其他设施（见附录 D）。

城市地下空间功能的演化与城市发展过程密切相关。在工业社会以前，由于城市的规模相对较小，人们对城市环境的要求相对较低，城市问题和矛盾不突出，因此城市地下空间开发利用很少，而且其功能也比较单一。进入工业化社会后，城市规模越来越大，城市的各种矛盾越来越突出，城市地下空间开发利用就越来越受到重视。1863 年世界第一条地铁在英国伦敦建造，这标志着城市地下空间功能从单一功能向以解决城市交通为主的功能转化，以后世界各地相继建造了地铁来解决城市的交通问题。随着城市的进一步发展和技术的进步，城市地下空间功能也日益丰富，陆续又演化出现了地下停车库、地下商业街、城市综合管廊等各种功能类型，时至今日一些更加现代化的功能类型如地下物流系统还在持续的开发和实践中。

随着城市的发展和人们对生态环境要求的提高，城市地下空间的开发利用已从原来以功能型为主，转向以改善城市环境、增强城市功能并重的方向发展，世界许多国家的城市出现了集交通、市政、商业等一体化的综合地下空间开发项目。今后，随着城市的发展，城市用地越来越紧张，人们对城市环境的要求越来越高，城市地下空间的功能必将朝着以解决城市生态环境为主的方向发展，真正实现城市的可持续发展。

2. 城市地下空间功能的复合利用

地下空间的功能利用与地面不同，呈现出不同程度的混合性，具体可分为3个层次。

（1）简单功能。城市地下空间的功能相对单一，对相互之间的连通不做强制性要求，如地下民防、静态交通、地下市政设施、地下工业仓储功能等。

（2）混合功能。不同地块地下空间的功能会因不同用地性质、不同区位、不同发展要求呈现出多种功能相混合，表现为"地下商业+地下停车+交通集散空间+其他功能"的混合。当前各类混合功能的地下空间缺乏连通，为促进地下空间的综合利用，应鼓励混合功能地下空间之间相互连通。

（3）综合功能。在地下空间开发利用的重点地区和主要节点，地下空间不仅表现为混合功能，而且表现出与地铁、交通枢纽以及与其他用地地下空间的相互连通，形成功能更为综合、联系更为紧密的综合功能。表现为"地下商业+地下停车+交通集散空间+其他+公共通道网络"的功能。综合功能的地下空间主要是强调其连通性。

在这3个层次中综合功能利用效率、综合效益最高。中心城区、商业中心区、行政中心、新区与CBD等城市中心区地下空间开发在规划设计时，应结合交通集散枢纽、地铁站，把综合功能作为规划设计方向。居住区、大型园区地下空间开发的规划设计应充分体现向混合功能发展。

3. 城市地下空间功能确定原则

根据城市地下空间的特点，其功能的确定应遵循以下原则：

（1）合理分层原则。城市地下空间开发应遵循"人在上，物在下""人的长时间活动在地上，短时间活动在地下""人在地上，车在地下"等原则。目的是建设以人为本的现代化城市，与自然环境相协调发展的"山水城市"，将尽可能多的城市空间留给人们休憩、享受自然。

（2）因地制宜原则。应根据城市地下空间的特性，对适宜进入地下的城市功能应尽可能地引入地下，而对不适应的城市功能不应盲目引进。技术的进步拓展了城市地下空间的范围，原来不适应的可以通过技术改造变成适应的，地下空间的内部环境与地面建筑室内环境的差别不断缩小即证明了这一点。因此对于这一原则，应根据这一特点进行分段分析，并要具有一定的前瞻性，同时对阶段性的功能给予一定的明确说明。

（3）上下呼应原则。城市地下空间的功能分布与地面空间的功能分布有很大联系，地下空间的开发利用是对地面空间的补充，扩大了容量，满足了对城市功能的需求，地下民防、地下管网、地下仓储、地下商业、地下交通、地下公共设施均有效地满足了城市发展对其功能空间的需求。

（4）多元协同原则。城市的发展不仅要求扩大空间容量，同时应对城市环境进行改造，地下空间开发利用成为改造城市环境的必由之路。单纯地扩大空间容量不能解决城市综合环境问题，单一地解决问题对全局并不一定有益。交通问题、基础设施问题、环境问题是相互作用、相互促进的，因此必须做到一盘棋，即协调发展。同时，城市地下空间规划必须与地面空间规划相协调，只有做到城市地上、地下空间资源统一规划，才能实现城市地下空间对城市发展的重要促进作用。

4.1.3　城市地下空间结构与形态

城市地下空间结构是城市地下空间主要功能在地下空间形态演化中的物质表现形式，主要是指地下空间的发展轴线，它反映了城市地下空间之间的内在联系。城市地下空间形态是地下空间结构的抽象总结，是指各种地下结构（要素在地下空间的布置）、形状（城市地下空间开发利用的整体空间轮廓）和相互关系所构成的一个与城市形态相协调的地下空间系统。

1. 城市形态与地下空间形态的关系

城市地下空间的开发利用是城市功能从地面向地下的延伸，是城市空间的三维式拓展。在形态上，城市地下空间是城市形态的映射；在功能上，城市地下空间是城市功能的延伸和拓展，也是城市空间结构的反映。

城市形态与地下空间形态的关系，主要体现在以下几个方面：

（1）从属关系。城市地下空间形态始终是城市空间形态结构的一个组成部分，地下空间形态演变的目的是为了与城市形态保持协调发展，使城市形态能够更好地满足城市功能的需求。城市地下空间形态与城市形态的从属关系通过两者的协调发展来体现，当它们能协调发展时，城市的功能便能够得到极大的发挥，从而体现出较强的集聚效益。

（2）制约关系。城市地下空间形态在城市形态的演变过程中，并不单纯体现出消极的从属关系，还体现出一种相互制约的关系。两者之间相互协调、相互制约地辩证发展，促使城市形态趋于最优化以便适应城市功能的要求。

（3）对应关系。城市地下空间形态与城市形态的对应关系，是从属关系与制约关系的综合体现，也是两者协调发展的基础。对应关系表现在地上空间与地下空间整体形态上的对应，以及地下空间形态的构成要素分别与城市上部形态结构的对应。此外，城市地下空间还在开发功能和数量上与上部空间相对应，这既是城市地下空间与城市空间的从属、制约关系的综合表现，也是城市作为一个非平衡开放系统，其有序性在城市地下空间子系统中的具体反映。

2. 城市地下空间形态的基本类型

城市地下空间形态可以概括为"点""线""面""体"4个基本类型。

（1）"点"即点状地下空间设施。相对于城市总体形态而言，它们一般占据很小的平面面积，如公共建筑的地下层、单体地下商场、地下车库、地下人行过街地道、地下仓库、地下变电站等都属于点状地下空间设施。这些设施是城市地下空间构成的最基本要素，也是能完成某种特定功能的最基本单元。

（2）"线"即线状地下空间设施。它们相对于城市总体形态而言，呈线状分布，如地铁、地下市政设施管线、长距离地下道路隧道等设施。线状地下设施一般分布于城市道路下部，构成城市地下空间形态的基本骨架。没有线状设施的连接，城市地下空间的开发利用在城市总体形态中仅仅是一些散乱分布的点，不可能形成整体的平面轮廓，并且不会带来很高的总体效益。因此，线状地下空间设施作为连接点状地下设施的纽带，是地下空间形态构成的基本要素和关键，也是与城市地面形态相协调的基础，为城市总体功能运行效率的提高提供了有力的保障。

（3）"面"即由点状和线状地下空间设施组成的较大面积的面状地下空间设施。它主要是由若干点状地下空间设施通过地下联络通道相互连接，并直接与线状地下空间设施（以地铁为主）连通而形成的一组具有较强内部联系的面状地下空间设施群。

（4）"体"即在城市较大区域范围内由已开发利用的地下空间各分层平面通过各种水平和竖向的连接通道等进行联络而形成的，并与地面功能和形态高度协调的大规模网络化、立体型的城市地下空间体系。立体型的地下空间布局是城市地下空间开发的高级阶段，也是城市地下空间开发利用的目标。它能够大规模提高城市容量、拓展城市功能、改善城市生态环境，并为城市集约化的土地利用和城市各项经济社会活动的有序高效运行提供强有力的保障。

3. 城市地下空间的复合形态

地下空间复合形态是由两个或两个以上的单一地下空间单元通过一定的结构方式和联系关系组合而成的复合体。多个较大规模的地下空间相互连通形成空间结构性系统化的发展形态，较多地发生在城市中心区等地面开发强度相对较大的区域。其在功能上也展现出复杂性和综合性，一般由交通空间、商业空间、休闲空间以及储藏空间等共同组成。因此，科学合理的复杂地下空间结构形态需要在深入研究的基础上结合城市实际建设条件逐步发展形成。

城市地下空间的组合形式有很多种，根据不同空间组合的特征，经过深入分析概括起来主要分为轴心结构、放射结构及网络结构三类主要结构形态。

（1）轴心结构

呈轴心结构分布的地下空间形态，主要指的是以地下空间意象中的路径要素（如地下轨道、地下道路、地下商业街等）为发展核心轴，同时向周边辐射发展，在平面及竖向空间上连通路径要素周边多个相邻且独立的地下空间节点，如地下商业空间或停车库等，从而形成地下空间串联空间结构形态（图 4-1）。

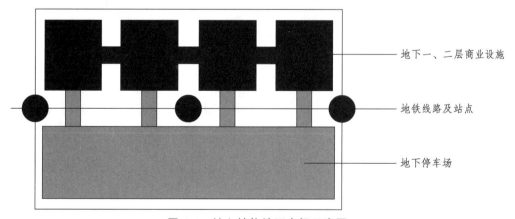

图 4-1　轴心结构地下空间示意图

轴心结构地下空间是构成城市地下空间形态最为常见也是最为基本的复杂空间结构形式，其优点在于有良好的层级结构，空间连续、主次分明、分布均衡。轴心结构空间形态把地下各个分散的、相对独立的单一空间形态通过轴线连成一个系统，形成一个复杂结构，极大地提高了单一空间的利用效益和功能拓展。由于轴心结构地下空间导向明确，对于地下人流疏散非常有利。但是另一方面，也正是由于轴心空间的简单结构需要注重地下空间内部的对比与变化、节奏与韵律从而避免轴心结构地下空间潜在的单调和乏味。

城市商业、商务中心区步行系统较为发达适合于轴心结构空间开发模式，整体贯通的地下商业步行街结合地下轨道线路作为区域空间线性的发展轴，同时沿轴线在城市的重要节点形成若干点状地下空间。此类地下空间复合形态模式适合与带状集中型或带状群组型的城市地面空间形态相协调。

（2）放射结构

在城市中除了轴线以外，还有一类空间在具有一定规模的同时也集聚了地下各种主要功能活动，在此地下区域内，形成地下空间人流、交通流、资金流等的高度集中。通过这类地下空间，城市区域以自身为核心对周边地下空间形成聚集和吸引的同时也将功能、商业、人流向周边辐射（图 4-2）。这种由中心向外辐射的空间组合形态即为放射结构地下空间形态，其形成和发展显现出一座城市整体空间发展后地下空间形态趋于成熟的标志，也是地下空间发展必然经历的一个过程。地下空间放射结构形态的特点是在交叉的核心点上导向各处的路径非常便捷，即从一点可以到达多方向，而交叉点以外各点到其余各处都需要经过中心节点，因此放射结构形态的中心节点必然人流压力巨大，为缓解此问题，随地下空间发展的不断扩大可以将一个中心分散为几个次中心。

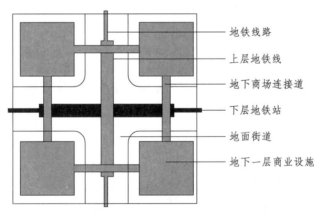

图 4-2　放射结构地下空间形态示意图

放射结构地下空间形态的核心空间主要表现为大型地下商业综合体、地铁的区域换乘站或城市中心绿地广场等与周边地下空间有着严格的相互关联和渗透性的层次结构关系。放射结构的地下空间形态发展呈现复杂联系的趋势，相比轴心型结构更加紧密地结合了周边众多次要空间，放射结构的发展和利用也使地下空间形态形成相对完整的体系，这对城市整体空间起到非常重要的作用，一方面连接各个商业区，另一个方面缓解地面的交通压力。因此，地下空间的放射状结构形态的开发利用极大地鼓励了地下空间的规模化建设，带动周围地块地下空间的开发利用，使城市区域地下空间设施形成相对完整的体系。

（3）网络结构

地下空间复合结构形态影响空间资源优化配置，影响地下空间网络关系发展。受城市经济活动集中化的影响，城市地下空间组织结构在发展到一定程度后往往呈现大范围集中、小范围扩散的发展趋势，即在城市地域内从城市中心向城市边缘扩散和再集中。因为城市地下空间之间存在通信、功能和交通等各种关联性，同时空间与空间之间相互承载各种要素的流动，这类关联性和要素流在城市商业密集、交通复杂的中心区被急剧放大和集中化，使得城市地下空间之间需要一种更为密切、更为高效的空间结构形态。在城市经济发达中心区或交通密集区，地下空间应该采取网络化的空间结构。网络化结构形态的地下空间就是具备一定规模，以多空间多节点为支撑，具备网络型空间组织特征，超越空间临近而建立功能联系，功能整合的地下空间网络。地下各个空间或节点之间相互依赖协调发展，彼此具有密切的既竞争又合作的联系（图4-3）。

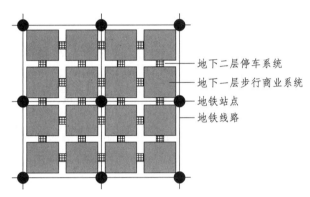

图4-3　商业性网络结构地下空间形态示意图

　　城市地下空间整体形态网络状空间模式就是充分发挥"网络结构效应"的作用。所谓"网络结构效应"就是指处于网络系统中的节点、连接线和网络整体对地下空间各要素实施的作用力，也就是说地下空间网络结构对空间的影响状况。地下空间的网络化结构发展效应主要体现在空间与空间的相互依赖性以及互补性这两种特性上。依赖性可以被理解为外部性，它使单一空间直接增加另一单一空间的效用。例如，地下轨道交通可以带来大量人流，从而繁荣地下商业。互补性可以被理解为内部性，即地下空间之间互为补充，单一空间弥补另一空间功能、性质等方面不足。例如，地下停车可以有效解决地下商业配建问题，地下商业空间为地下交通步行空间带来丰富体验。所以，城市中心区发展地下网络化结构为城市空间高效合理利用提供了科学的途径，为规划布局的空间设计提供了强有力的基础。

　　地下空间网络化结构形态是一个多中心的空间实体，其建构不仅需要实体空间上的规划设计，更需要对不同区域主体之间利益进行协调，需要搭建区域地下空间之间的关系网络，并促进相互之间的合作。网络化结构的地下空间形态不仅仅是一个新的概念、更重要的是代表了未来城市的一种高效空间发展理念。城市中心区构建网络化发展的地下空间模式，就是在空间组织上摒弃传统的单一而独立的发展模式,倡导城市地下空间的互联互通规模化发展，强调构建面向区域的开放的多中心城市地下空间格局。在功能整合上，强调分工与合作，促进区域城市地下空间网络的形成；在协调管理上，强调通过对话、协调与合作实现权利平衡和利益分配，通过网络化空间架构实现公平与效率并重的地下空间管理体系。

4.2　城市地下空间总体布局

城市地下空间的总体布局是在城市性质和规模大体定位、城市总体布局形成后，在城市地下可利用资源、城市地下空间需求量和城市地下空间合理开发的研究基础上，结合城市总体规划中的各项方针、策略和对地面建设的功能形态规模等要求，对城市地下空间的各组成部分进行统一安排、合理布局，使其各得其所，将各部分有机联系后形成的。城市地下空间布局是城市地下空间开发利用的发展方向，用以指导城市地下空间的开发工作，并为下阶段的详细规划和规划管理提供依据。

4.2.1　城市地下空间总体布局的基本原则

城市地下空间涉及城市的方方面面，且须考虑与城市地上空间的协调，城市地下空间的总体布局除要符合城市总体布局必须遵循的基本原则外，还应遵循下面的基本原则：

（1）可持续发展原则。可持续发展涉及经济、自然和社会等方面，涉及经济可持续发展、生态可持续发展和社会可持续发展协调统一。力求以人为中心的经济-社会-自然复合系统的持续发展，以保护城市地下空间资源、改善城市生态环境为首要任务，使城市地下空开发利用有序进行，实现城市地上、地下空间的协调发展。

（2）系统综合原则。城市地下空间的建设实践证明，城市地下空间必须与地上空间作为一个整体来分析研究。系统考虑和全面安排城市交通、市政、商业、居住、防灾等功能，这是合理制订城市地下空间布局的前提，也是协调城市地下空间各种功能组织的必要依据。一旦城市地下空间得到地上空间的支持，将充分发挥城市地下空间的功能作用，反过来会有力地推动城市地上空间的合理利用。有时，城市的许多问题局限于城市地上空间很难得以全面地解决，因此可通过综合地考虑城市地上空间和地下空间的合理利用来解决城市问题。

（3）集聚原则。城市土地开发的理想循环应是在空间容量协调的前提下，土地价格上升吸引人力、财力的集中，而人力、财力集中又再次使得土地价格上升……，这种良性循环是自觉或不自觉强调集聚原则的结果。因此，在城市中心区发展与地面对应的地下空间，可用于相应的用途功能（或适当互补的），从而与地面上部空间产生更大集聚效应，创造更多综合效益。

（4）等高线原则。根据城市土地价值的高低，可以绘制出城市土地价值等高线。一般而言，土地价值高的地区，商业服务和商务建筑多、交通压力大、经济也更发达。根据城市土地价值等高线图，可以找到地下空间开发的起始点及以后的发展方向。无疑，起始点应是土地价值的最高点，这里土地价格高，城市问题最易出现，地下空间一旦开发，经济、社会和防灾效益都是最高的。地下空间沿等高线方向发展，这一方向上的土地价值衰减慢，发展潜力大，沿此方向开发利用地下空间，既可避免地上空间开发过于集中、孤立的毛病，又有利于发挥滚动效益。

4.2.2　城市地下空间总体布局的方法

1. 以城市形态为发展方向

与城市形态相协调是城市地下空间形态的基本要求，城市形态有单轴式、多轴环状、多轴放射等。例如，我国兰州、西宁、扬州等城市呈带状分布，城市地下空间的发展轴应尽量与城市发展轴相一致，这样的形态易于发展和组织，但当发展趋于饱和时，地下空间的形态变成城市发展的制约因素。城市通常相对于中心区呈多轴方向发展，城市也呈同心圆式扩展，地铁呈环状布局，城市地下空间整体形态呈现多轴环状发展模式。城市受到特有的形态限制，轨道交通不仅是交通轴，而且是城市的发展轴，城市空间的形态与地下空间的形态不完全是单纯的从属关系。多轴放射发展的城市地下空间有利于形成良好的城市地面生态环境，并为城市的发展留有更大的余地，示例见图4-4。

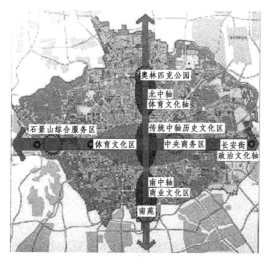 

（a）北京主城区地面规划总体结构图　　　（b）北京主城区地下空间规划总体结构图

图4-4　北京主城区城市结构与地下空间总体布局

2. 以城市地下空间功能为基础

城市地下空间与城市地上空间在功能和形态方面有着密不可分的关系，城市地下空间的形态与功能同样存在相互影响、相互制约的关系，城市是一个有机的整体，上部与下部不能脱节，它们的对应关系显示了城市空间不断演变的客观规律。

3. 以城市轨道交通网络为骨架

轨道交通在城市地下空间规划中不仅具有功能性，同时在地下空间的形态方面起到重要作用。城市轨道交通对城市交通发挥作用的同时，也成为城市规划和形态演变的重要部分，应尽可能地将地铁联系到居住区、城市中心区、城市新区，提高土地的使用强度。地铁车站作为地下空间的重要节点，通过向周围的辐射，扩大地下空间的影响力。

地铁在城市地下空间中规模最大并且覆盖面广，地铁线路的选择充分考虑了城市各方面的因素，把城市各主要人流方向连接起来形成网络。因此，地铁网络实际上是城市结构的综合反映，城市地下空间规划以地铁为骨架，可以充分反映城市各方面的关系。另外，除考虑地铁的交通因素外，还应考虑到车站综合开发的可能性，通过地铁车站与周围地下空间的连通，增强周围地下空间的活力，提高开发城市地下空间的积极性。

城市地铁网络的形成需要数十年，城市地下空间的网络形成需要更长的时间。因此，城市地下空间规划应充分考虑近期与远期的关系，通过长期的努力，使城市地下空间通过地铁形成可流动的城市地下网络空间，城市的用地压力得以平衡，地下城市渐成规模，使城市中心区的环境得到改善。

4. 以大型地下空间为节点

城市中心对交通空间的需求，对第三产业的空间需求都促使地下空间的大规模开发，土地级差更加有利于地下空间的利用。由于交通的效益是通过其他部门的经济利益显示出来的，因此容易被忽视，而交通的作用具有社会性、分散性和潜在性，更应受到重视，应以交通功能为主，并保持商业功能和交通功能的同步发展。网状的地下空间形成较大的人流，应通过不同的点状地下设施加以疏散，不应对地面构成压力。大型的公共建筑、商业建筑、写字楼等通过地下空间的相互联系，形成更大的商业、文化、娱乐区。大型的地下综合体担负着巨大的城市功能，城市地下空间的作用也更加显著。

在城市局部地区，特别是城市中心区，地下空间形态的形成分为两种情况，一种是有地铁经过的地区，另一种是没有地铁经过的地区。有地铁经过的地区，在城市地下空间规划布局时，都应充分考虑地铁站在城市地下空间体系中的重要作用，尽量以地铁站为节点，以地铁车站的综合开发作为城市地下空间局部形态。在没有地铁经过的地区，在城市地下空间规划布局时，应将地下商业街、大型中心广场地下空间作为节点，通过地下商业街将周围地下空间连成一体，形成脊状地下空间形态，或以大型中心广场地下空间为节点，将周围地下空间与之连成一体，形成辐射状地下空间形态。

4.2.3　城市地下空间的平面布局模式

城市地下空间布局的核心是各种功能的地下空间的组织与安排，即根据城市的性质、规模和各种前期研究成果，将城市可利用的地下空间按其不同功能要求有机地组织起来，使城市地下空间成为一个有机的联合整体。目前，城市地下空间布局可划分为四种模式："中心联结"模式、"整体网络"模式、"轴向滚动"模式和"次聚焦"模式（图 4-5）。

　　　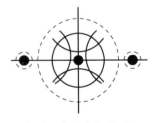

（a）"中心联结"模式　（b）"整体网络"模式　（c）"轴向滚动"模式　（d）"次聚焦"模式

图 4-5　城市地下空间布局模式

（1）"中心联结"模式：是指通过建设城市中心区的整体连片的地下空间（地下城），由地铁线网连接城市其他区域的布局模式。相邻地下建筑之间设置地下联络通道，通道两侧设置为商业设施，并最终与地铁车站相连形成网络。此种模式的城市中心区地下空间几乎包含了所有的功能，以加拿大的蒙特利尔和多伦多最具代表性。

（2）"整体网络"模式：是指在较小的范围内高强度开发地下空间的布局模式。此种模式的地铁线网非常发达，并且地铁车站往往与城市上部空间的高层建筑地下部分相结合，多数存在于节奏快速的超大城市，以香港、纽约的 CBD 地区地下交通网络体系为代表。

（3）"轴向滚动"模式：是指一种全面立体化的布局模式，在利用地铁线网或地下街所形成的发展轴上，地下空间不断发展。此种模式的地铁线路或地下街交汇点成了大型地下综合体的建设最佳位置，以线性空间的形式来组织区域地下空间系统连接区内各建筑和地铁车站，以东京和大阪为代表。

（4）"次聚焦"模式：是指发生在新区开发建设中的布局模式，以疏解大城市中心职能为目的，结合城市新区开发，主动针对综合空间体系进行城市设计，地上地下联合开发，综合处理人、车、物流和建筑间的关系。由于此种模式中的新区开发条件完善，没有较多的地面形态以及建筑的影响，有利于大规模的地下空间特别是大型公共空间（综合体）的有序建设。在城市地下空间规划中，可将以上 3 种开发布局模式综合起来考虑，以形成功能更加紧凑的城市中心区，以法国巴黎拉·德方斯新区为代表。

4.2.4　城市地下空间的竖向分层设计

地下空间在宽度和高度上受到结构的限制，并且难以连成一片，但却提供了一种地面空间无法做到的可能性，即空间之间在结构安全的前提下可以竖向重叠。这样，就可以在地表以下不同的深度，开发不同功能的地下空间，一直到技术所能达到的最大深度。

1. 竖向分层的基本原则

城市地下空间竖向分层的划分必须符合地下设施的性质和功能要求。分层的一般原则是先浅后深、先易后难，有人的在上、无人的在下，人货分离，区别功能。城市浅层地下空间适合于人类短时间活动和需要人工环境的内容，如出行、购物、外事活动等；对根本不需要人或仅需要少数人员管理的，如储存、物流、废弃物处理等，应在可能的条件下最大限度地安排在较深的地下空间。此外，地下空间的竖向布局应与其平面布局统一考虑，同时与地面空间布局也应保持协调。

图 4-6 是某交通枢纽地下空间竖向布置模拟图，基本反映了地下空间各设施的竖向关系与布置原则。

2. 竖向层次的划分及设施布置

竖向层次的划分除与地下空间的开发利用性质和功能有关系外，还与其在城市中所处的位置（道路、广场、绿地或地面建筑物下）、地形和地质条件有关，应根据不同情况进行规划，特别要注意高层建筑对城市地下空间使用的影响。

《城市地下空间规划标准》（GB 51358—2019）将城市地下空间竖向层次分为浅层、次浅层、次深层、深层 4 个层次。

（1）浅层（0～–15 m）。此范围内的地下空间综合效益最高，距地面较近，比较安全，因此常常成为开发范围最大、开发强度最大的城市地下空间资源。主要安排停车、商业服务、公共通道、人防等功能，在城市道路下的浅层空间安排市政设施管线、轨道线路等功能。

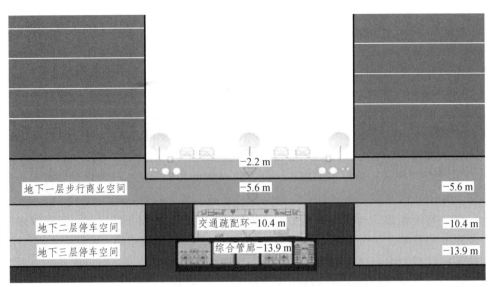

图 4-6　某交通枢纽地下空间竖向布置模拟图

（2）次浅层（－15～－30 m）。在次浅层空间主要安排停车、交通集散、人防等功能，在城市道路下的次浅层空间安排轨道线路、地下车行干道、地下物流等功能。

（3）次深层（－30～－50 m）。在次深层空间主要安排雨水利用、储水系统及特种工程设施。

（4）深层（－50 m 以下）。深层的地下空间可作为保留资源，为城市的长期发展提供后备的空间来源。

综上所述，城市各类设施地下空间开发利用适宜深度如表 4-2 所示。

表 4-2　城市各类设施地下空间开发利用适宜深度

类别	设施名称	开发深度/m
地下交通设施	地下轨道交通设施	0～－30
	地下车行通道（隧道、立体交叉口）	0～－20
	地下人行通道	0～－10
	地下机动车停车场	0～－30
	地下自行车停车场	0～－5
地下公共管理与公共服务设施	地下行政办公设施、地下文化设施、地下教育科研设施、地下体育设施、地下医疗卫生设施	0～－15
地下商业服务业设施	地下商业设施、地下商务设施、地下娱乐康体设施、地下其他服务设施	0～－15
地下市政公用设施	地下市政管线、综合管廊	0～－10
	地下市政场站、电缆隧道、排水隧道、地下河流等	0～－40
地下防灾设施	雨水调蓄池、人防工程	0～－40
地下工业设施、地下物流仓储设施	动力厂、机械厂、物资库	0～－20
	地下室（设备用房、储库）	0～－30

由表 4-2 可以看出，相邻的地下空间层次上可能同时存在城市的某种功能，这就要求在编制地下空间利用详细规划时，结合城市地下空间的功能需求和城市的现状地上、地下的条件，具体确定各种功能的地下空间开发利用的竖向位置。

目前世界上地下空间开发层次多数处在地下 – 50 m 以上的范围，城市地下空间竖向分层规划主要是针对次深层以上的地下空间。以珠海城市地下空间开发利用规划中竖向分层规划为例，将其分为浅层、次浅层、次深层 3 个竖向层面。在规划期内，珠海市地下空间适宜开发深度主要控制在浅层和次浅层之间，远景时期，随着地下空间的大规模开发，部分重点地区地下空间开发利用的深度可达次深层。

4.3　城市地下空间城市设计

城市设计是对城市体型和空间环境所做的整体构思和安排，贯穿于城市规划的全过程。城市设计分为总体城市设计和重点地区城市设计，主要任务是确定城市风貌特色，保护自然山水格局，优化城市形态格局，明确公共空间体系。随着城市地下空间开发的推进，城市地下空间的城市设计工作也越来越受到重视，逐步融入各层面的城市地下空间规划工作中，和地上空间一同构成立体化、多基面、全维度的城市设计体系。由于城市地下空间的城市设计涉及的方面和内容较多，关于地下空间环境品质的设计手法，将在本书的 6.3 节中进行介绍，此处主要介绍城市地下空间的城市设计中对地下空间的连通与整合以及地上、地下空间协同等内容。

4.3.1　城市地下空间城市设计的基本任务

传统建筑学三要素为"经济、实用、美观"，地上建筑以外观、内部空间、平面布局等来表达地面建筑的特性，地下空间没有显著的建筑外观，且其立体多层次的空间布局系统比平面布局更为复杂。地上城市设计关注以人为本的公共活动空间，地下对应的是出入口、通道等人主要活动的地下公共空间的营造。城市设计不仅仅是进行空间的美化设计，而且是通过设计创造地上和地下空间之间的融合、协调与关联，减轻和消除人们在地下活动的不适感，创造一个安全、舒适、宜人、有活力、有趣味的地下空间系统。

城市地下空间城市设计的基本要求是根据地下空间总体规划的意图和控制性详细规划对地下空间开发的控制要求，结合城市设计，对城市地下公共空间的功能布局、活动特征、景观环境等进行深入研究，充分协调地下和地上公共空间的关系，以及地下公共空间与开发地块地下空间、市政基础设施的关系，提出地下空间设计的导引方案，以及各项控制指标、设计准则和其他规划管理要求。

在不同的规划阶段，城市地下空间城市设计的任务包括：

（1）总体规划层面的地下空间规划，更加注重整体框架的系统性，对于城市设计的考虑更多停留在指导意义层面，相关点较少。主要提出地下空间平面形态、竖向结构等涉及城市设计因素的内容，要求更多与地面功能结构的对应。

（2）控制性详细规划层面的地下空间规划，更加针对以开发地块为单元的设计和规划，具有实践性的借鉴意义。一般采用地上地下一体化城市设计的直观模拟空间的有效方法，强调地上地下有机协调的重要性。

（3）修建性详细规划层面的城市设计一般为实施性的详细设计，其内容主要包括对所有公共空间的界面和边沿的设计（地下空间的控制位置、体型和空间构想、材料、颜色、尺度等）；重要公共空间的环境景观设计，向外延伸的视线设计，如前景、背景、对景、借景等；各项技术经济指标等。

4.3.2　城市地下空间城市设计的策略

城市地下空间城市设计目前还在不断的探索和实践阶段，相对比较成熟的设计策略包括：

（1）从总体层面分层次进行总体城市设计规划，划分地下空间设计重点区域和一般区域。在总体城市设计中，城市特色的塑造往往从城市意象入手，通过城市特色的识别，选取特色地块作为城市标志。随着城市地下空间的发展，人们进入一个城市的第一印象可能已经不是地上的空间，往往是地下的场所。所以从总体层面来说，规划需要根据城市特色、自然风貌、历史文化、地块功能等要素划分出需要重点进行城市设计的部分。建议划分为地下空间重点设计的区域有：① 城市主要的交通枢纽站点如火车站、飞机场、高铁站等；② 可以体现城市不同时期特色的区域，例如历史保护街区；③ 城市内主要的商业商务区域的地下空间部分。地下空间的重点设计区域可着重参考地上城市设计，再根据城市地下的生态地质等情况进行取舍改进。

首先，从总体层面对地下空间设计进行控制引导，根据城市轨道交通和道路交通体系、城市特色、自然风貌、历史文化、地块功能以及地上城市规划规定，对地下空间进行分级控制规划。其次，重点设计地区也需根据地下空间性质的不同进行差异设计，设计的侧重点不完全一致。

① 城市交通枢纽区。城市交通枢纽区的地下空间设计关注空间运行的效率。交通枢纽和其他交通方式的换乘便捷，空间的流线设计简明直接，出入口有开阔且利于大量人流转换的场所。在主要的出入口设计中可考虑融入有关城市特性的意象设计。

② 历史风貌保护区。地上地下空间一体化有利于旧城的复兴建设。可以利用消隐等城市设计手法整合城市地下和地面空间，并将城市公共空间引入地下，建构地下公共空间，使之成为城市公共空间的延伸和新的重要组成部分，最终形成立体化的城市公共空间网络。考虑和地上历史建筑的气质相吻合，作为城市地下空间的特色地区。

③ 城市中心商务区。考虑中心商务区商业氛围的营造以及与地上公共空间的融合。中心商务区地下空间的设计重点是怎么把交通空间和商业便捷地联系起来。

（2）尽量形成网络化的地下空间体系，注重地下空间之间的联系。网络化的地下空间系统可以发挥整体规划的最大效益，在允许的情况下尽量连通地下空间的周围建筑，形成便捷的地下步行系统。日本是最早发展城市地下空间的国家之一，在近百年的地下空间历史中，东京的地下空间网络化程度很高，地下空间使用便捷，与轨道交通、地下停车、商业、商务等设施结合紧密，创造出良好的效益。

（3）注意和历史保护的结合，融合地域历史文化元素。例如日本的东京站是促进老城保护与现代化改造的有机结合的典型案例。东京站在保持老火车站历史风貌的同时，通过立体化再开发，将主要的交通功能放在地下，实现现代化改造，成功扩大了所在区域的空间容量，实现了历史保护与现代化改造的协调统一，为历史建筑赋予了新的生命。

（4）以轨道交通站点为核心，注意地下空间的多层次开发，引入多元的业态成分，配合精心的活动策划，激活地下空间的活力。

4.3.3　城市地下空间的连通与整合

在城市地下空间开发利用的高级阶段，必将实现地下空间的网络化结构发展，以实现业态和功能的互补，大大提高城市地下空间的使用便捷性和综合效益。而地下空间的连通与整合设计，将是地下空间开发利用成为一个有机、统一的整体的必要条件。

1. 地下空间的连通方式

相邻地下空间之间的连通方式，按两者在地下的空间关系（分为水平方向上和垂直方向上的不同关系），通常分为以下五种：通道连通、共墙连通、下沉广场连通、垂直连通和一体化连通。

（1）通道连通。两个相邻地下空间在水平方向上存在一定距离，两者之间通过一条或几条地下通道相连通。连接通道按其功能定位主要可分为纯步行交通功能的通道和兼有商业服务设施的通道。

（2）共墙连通。相邻地下空间在水平方向上贴合在一起，两者共用地下围护墙，通过共用围护墙上开的门洞实现连通。

（3）下沉广场连通。地下空间与周边地下空间设下沉广场，通过下沉广场实现两者之间的连通。

（4）垂直连通。地下空间与周边地下空间呈上下垂直关系，两者通过垂直交通（电梯、自动扶梯、楼梯）实现连通。

（5）一体化连通。某核心地下空间被周边地下空间包围或半包围，两者作为一个整体，同时规划、设计、建设。一体化连通是上述四种连通方式的综合运用，在设计上应遵从以上连通方式的所有技术要求。

2. 地下空间的整合设计

空间整合的目的是改善和提高环境质量，其作用是创造一种优良环境，以达到使用功能的效益和效能，满足精神文化、艺术表现和物质的、美学的、生态的要求。整合机制的层次主要分为三类：实体要素、空间要素和区域。地下空间从其不可逆的开发特性来说，整合对于地下空间的开发更为重要。

在地下空间的整合设计中，往往需要根据地下空间的功能和特性，进行相应的功能的整合。例如在综合交通枢纽节点，常见的地下空间整合包括轨道交通功能与其他城市交通功能、商业功能、停车功能、步行系统、公共服务设施的整合。通过对空间的有序整合，使其成为城市空间的一个重要节点，发展形成功能多元复合的地下综合体。

根据空间形态整合方式的不同，地下建筑之间的整合可以分为拼接、嵌入、缝合等几种方式。拼接是两个地下建筑在水平方向上直接相邻拼接并整合成一个整体，通过竖向设计、垂直交通的整合，使两个地下空间连接顺畅，地下步行系统保持连续性、舒适性和步行通道宽度的一致性。嵌入是一个建筑在水平方向或垂直方向植入另一个地下建筑的剩余空间中，从而形成一个整体，这种模式是新旧地下建筑组合在一起，使原有的地下空间格局有所改变。

缝合是通过新开发的地下空间，将两个分离的地下建筑联系起来，组织成一个整体。以上的地下空间整合方式及通道连接方式，在本书 9.3.2 小节中也有相关介绍。

4.3.4　地上地下空间的联系互动

伴随着城市地下空间的开发利用，城市地上、地下空间联系的方法，大致经历了以下几个阶段：初期阶段，城市地下空间着重解决地铁车站等垂直交通设施的联系；第二阶段，开始重视地上、地下空间过渡的联系，城市地下空间开发利用从原来以解决交通为主，转为与城市公共生活、商业活动等功能相结合的方式；第三阶段，随着城市空间的进一步集约开发，结合城市立体化，开始重视综合环境组织的空间整合联系。在操作方法上，城市地上、地下空间的联系设计，已经进入到城市设计的层面上，整体考虑城市地下空间开发过程中地上、地下空间的联系问题，满足城市发展和公共生活的需要。随着城市地下空间的开发以及可持续理念的深入，城市地上、地下空间的联系也正在朝向介质空间功能复合化、空间层次多样化、地上地下一体化的趋势发展。

地下公共空间与地面联系的介质常见的有下沉广场、下沉中庭、下沉街以及出入口等几种类型。

1. 下沉广场

下沉广场是指广场的整体或者局部下沉于其周边环境所形成的围合开放空间。下沉广场为地下空间引入阳光、空气、地面景观，打破地下空间的封闭感。下沉广场提供的水平出入地下空间的方式，减少了进入地下空间的抵触心理。下沉广场所具有的自然排烟能力和自然光线的导向作用，有利于地下空间中的防灾疏散。

按建设动机和功能类型，下沉广场可分为地铁车站出入口型、建筑地下出入口型、改善地下环境型、过街通道扩展型和立体交通组织型等（图 4-7）。

（1）地铁车站出入口型。地铁车站出入口型下沉广场是最为常见的类型，多位于城市中心、交通枢纽站等交通量较大的区域。这种类型的下沉广场与地铁车站结合，可形成扩大的地铁出入口，作为地铁车站的出入口缓冲空间，还能与其他城市功能进行结合，提高城市运行效率和空间环境质量。

（2）建筑地下出入口型。对于本身拥有大型地下使用空间的建筑而言，以下沉广场作为扩大的地下层出入口，可以增加地下空间的地面感，提升地下部分的使用价值。同时，大型建筑交通高峰时段需要较为开敞的空间对人流进行快速疏解，下沉广场也能够为建筑带来多层次的出入口空间。

（3）改善地下环境型。由于大面积地下活动空间的存在，通过下沉广场引入自然采光通风和地面景观，可增加地下空间的方位感和地面感，提高地下空间的舒适度，消除人们对地下建筑的不良心理，增强地下公共空间的氛围与活力。

（4）过街通道扩展型。这种类型的下沉广场有多种形式，包括扩大的地下过街道出入口以及整合多个地下过街通道等。它可以改善行人过街的环境，使得行人过街更为方便安全，并保持街道两侧城市空间的联系与活力。

（5）立体交通组织型。在交通复杂的大型交通枢纽区，下沉广场能够立体组织复杂人车交通，改善地下空间内部环境，并使得地下、地上各个层面的交通设施联系更加顺畅、舒适，且提升了城市形象。

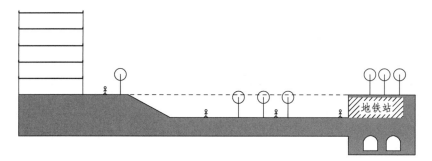

（a）地铁车站出入口型

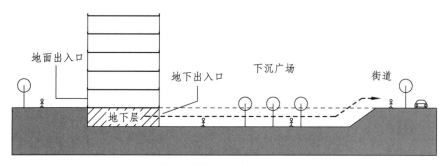

（b）建筑地下出入口型

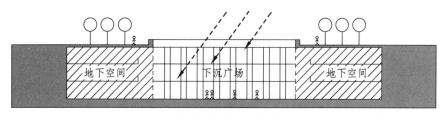

（c）改善地下环境型

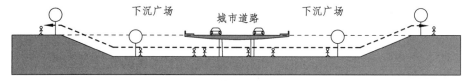

（d）过街通道扩展型

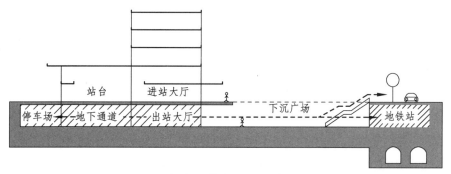

（e）立体交通组织型

图 4-7　下沉广场类型示意图

　　根据下沉广场与周边建筑及环境的剖面关系，又可以将下沉广场分为半下沉型广场、全下沉型广场和立体型下沉广场三类（图 4-8）。

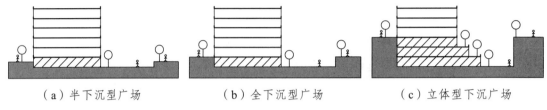

（a）半下沉型广场　　　　　（b）全下沉型广场　　　　　（c）立体型下沉广场

图 4-8　下沉广场的下沉深度类型

2. 下沉中庭

　　下沉中庭是建筑的中庭底面延伸至地下层所形成的公共空间，包括室内下沉中庭和半室外下沉中庭。通常，下沉中庭是由于建筑地下层作为公共活动空间而将中庭空间延伸至地下，或为方便建筑地下层与地铁连接而设置。根据下沉中庭的主要建设动机，可将下沉中庭分为建筑中庭下沉型和改善地下空间环境型两类（图 4-9）。

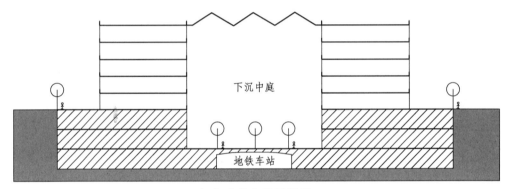

（a）建筑中庭下沉型

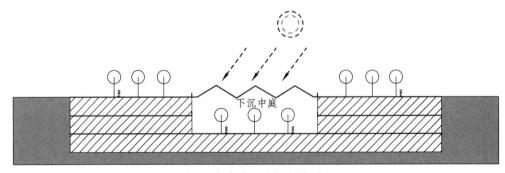

（b）改善地下空间环境型

图 4-9　下沉中庭类型示意图

　　（1）建筑中庭下沉型。建筑中庭采用下沉的方式，使得建筑与城市地下空间系统的联系更为方便。建筑中庭下沉后与地铁车站站厅层形成水平连接，使大量的地铁人流与地上建筑人流不出地面即可进行快速疏解，缓解地面交通压力。同时，地铁的大规模人流提高了建筑地下空间的商业价值，下沉中庭中的特色环境也为地铁车站塑造了各具特色的出入口空间。

（2）改善地下空间环境型。改善地下空间环境型是指建筑主体功能位于地下时，通过下沉中庭引入自然光线、通风或地面城市景观，改善地下空间环境，使地下空间获得如同地面般的感受。此类下沉中庭常用于城市地铁车站或深入地下的大型综合交通枢纽。

下沉中庭与建筑平面的位置关系对下沉中庭的围合、开放性有重要影响，根据下沉中庭与建筑平面的关系，可以分为单面围合、双面围合、三面围合、四面围合四种模式（图4-10）。

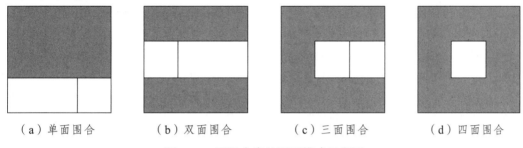

（a）单面围合　　　　（b）双面围合　　　　（c）三面围合　　　　（d）四面围合

图4-10　下沉中庭的平面模式示意图

3. 下沉街

地面具有连续开口的地下街即为下沉街（图4-11）。下沉街引入自然光线、景观，形成类似地面街道的感觉。随着城市地下空间的多点发展，下沉街能够把一个较大范围内的建筑地下空间相互连接，发展为城市地下空间网络，促进城市地下空间环境的改善和公共空间的扩展，特别是它与城市开放空间融合度很高，便于创造城市中富有活力的公共空间节点。

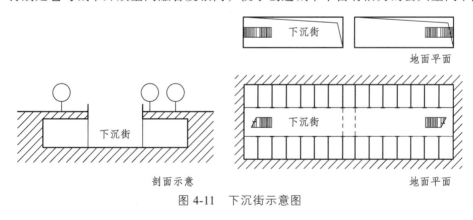

图4-11　下沉街示意图

根据下沉街的建设动机，可大致分为城市空间缝合型、活化地面空间环境型和改善地下空间环境型。

（1）城市空间缝合型。当城市空间被城市交通干道分隔而造成联系不便时，通过建设下沉街，把交通干道两侧的城市空间重新缝合为整体，提高城市空间的整体效益，这种类型即为缝合地面空间型下沉街。

（2）活化地面空间环境型。城市中的大型绿地、广场等公共开放空间，常常由于景观控制不宜建造地面建筑，导致地面公共空间活力不足。为了对地面空间提供行为支持，开发下沉街以增加地面的功能配套。

（3）改善地下空间环境型。对于存在大规模地下步行系统的城市区域，运用下沉街的方式能够为地下空间带来自然采光和通风，并引入城市景观增强人们在地下空间的方位感，富于变化的下沉街空间提高了整个地下空间系统的活力，并提升地下空间的环境品质。

4. 出入口

无论是地上还是地下空间，出入口空间都是需要重点设计的部位。对于地下建筑空间而言，出入口设计尤其重要，它是实现空间上下互动、内外互动的重要媒介。

首先，要特别注意出入口的识别性，便于人们找到。出入口的设计应该具有一定的特色，注意与周围自然景观、周边建筑的协调和对比。其次，要将人流出入口与货物、车辆出入口分开，为行人创造舒适、安全的环境，出入口要有充分的照度、完善的无障碍设施。

表 4-3 介绍了地下建筑空间出入口的常见形式，可供参考。在现实情况中，必须结合使用功能、基地情况、周边环境、室外道路、自然气候、经济条件等因素综合考虑，以取得最佳效果。

表 4-3　地下建筑空间各类出入口分析

类型	示意图	特点
跌落式地下建筑（坡地建筑）的出入口		这类建筑充分利用地形，所有地下空间都可以获得较好的通风和采光效果。出入口既可以设置在顶层，也可以设置在底层，甚至可以每层都有独立的对外出入口。 主要出入口设置在顶层或者底层各有利弊，但会形成不同的心理感受。设置在底层时，会形成往上走的感受，获得与地面建筑类似的心理感受
通过通道与室外空间相连		这类地下建筑空间的主体离开室外道路较远，因此不得不设置较长的连廊空间与室外相连。在设计中，既要注意出入口空间的设计，也要注意连廊空间的设计。特别要注意室内设计的方法，避免连廊空间的压抑感和单调感
通过台阶、坡道等进入地下空间		通过台阶、楼梯、坡道、自动扶梯等将人流引入地下建筑空间，是一种十分常见的出入口组织方式，在地铁车站出入口等处运用十分普遍。如果在上部加上一些覆盖，则还能实现避雨的功能
通过下沉空间进入地下空间		使地下建筑空间的出入口与下沉庭院、下沉广场相结合，一方面可以为地下建筑空间引入阳光和空气，另一方面可以使出入口空间更有生气，是一种很好的出入口设计方式。 在具体设计中，要注意坡道、台阶、楼梯、绿化、构筑物、小品等的处理，使之成为功能合理、使用方便、充满活力的空间。 必要的时候，也可以在下沉空间上部做覆盖（或局部覆盖）处理，形成"灰空间"和别具一格的效果

续表

类型	示意图	特点
通过独立的建筑物作为出入口		通过设置一个独立的地面建筑作为出入口,既可以形成一定的建筑形象,便于识别;同时也可以实现遮风避雨的目标,形成较好的环境质量
通过借助其他建筑进入地下空间		可以通过借助相邻建筑物的地面出入口和地下室,进入另一地下建筑空间。这在建筑加建、扩建中使用较多,具有资源整合的优势
地上地下一体化设计		对于具有地上空间的地下建筑空间,则一般都是通过地面部分的出入口进入地下空间,当然有时也可以根据功能需求同时设置地下空间的独立出入口

4.4 城市地下空间总体布局案例

本节以中国城市规划设计研究院编制的《成都市地下空间利用总体规划纲要(2005—2020)说明书》为例,介绍城市地下空间总体布局的案例。

1. 发展目标

从成都市的城市发展来看,地下空间开发应体现 "地上促进地下、地下带动地上" 的总战略思路。总体规划坚持以人为本、可持续发展的原则,以地铁站为枢纽,以广场、绿地、大型公共建筑的地下空间为节点,以地铁线路为纽带,使地下空间各种功能相互兼容。

规划范围:成都市中心城区,即四环路(绕城高速)以内(含道路外侧 500 m 绿化带)的用地范围,城市用地建设面积为 400 km²。

规划期限:2005—2020 年。

规划设定达到的目的如下:

(1)缓解交通——一方面通过轨道交通的建设,开发和利用地下空间,有利于促进公共交通的发展,缓解城市机动化交通矛盾;另一方面,通过地下停车库规划,处理好动态交通和静态交通的关系,也将在一定程度上缓解城市交通问题的加剧。

(2)节约土地——相关市政设施及管线下地,逐步向共同沟发展,既降低维护难度,又节约土地资源。

(3)改善环境——可将一部分地上设施逐步转入地下建设,置换出更多的地面空间建设绿地等公共开敞空间,改善城市环境。

（4）节约能源——地下空间具有保温、隔热的功能，可以通过在地下介质中修建储蓄热水的洞库、压缩空气储库、超导磁储电库等，为再生和洁净能源开辟一条新的途径。

（5）提升区位经济——通过地下空间的利用，带动地上建筑的开发，可以增加单位面积的土地价值，使区域经济的效益达到最大化。

（6）综合防灾减灾——利用地下空间良好的抗震性和防爆性，以及平战结合方针的落实，通过地下空间建设来提升城市综合防灾减灾能力。

2．地下空间平面布局规划

在进行成都市的地下空间平面布局规划时，主要突出以下几个特点：

（1）依托于城市地铁线路、站点和枢纽布局。地铁线路作为地下空间开发的基本骨架，其重要的枢纽、站点将成为地下空间开发的重点。

（2）地面的用地性质与地下空间的功能相协调。结合"上下对应"的平面布局规划原则，在任何位置的地下空间开发都必须考虑与地面用地在功能上的协调关系，并以此为特点规划布局各类地下设施。

（3）以线形通道逐步连接点状设施，形成网状的地下空间平面布局结构。地下空间结构的网络化将是其开发的最终趋势，而在平面布局上由点、线、面组成的网状布局结构也是主要的布局特征。

①"点"规划。"点"规划分为两类：一类是重要发展节点，即地下空间综合体开发节点，从城市发展和城市交通发展来看，城市规划区内的天府广场、火车北站、沙河堡客运站（新成都站）、航空港枢纽四个节点可作为地下综合体开发；另一类为一般发展节点，主要指地铁沿线各主要站点，特别是地铁间的换乘站、地铁与公交（长途）间的换乘节点等，适度地进行地下空间开发，不仅可以方便交通的换乘，而且可以带来一定的社会效益和经济效益。

②"线"规划。"线"规划主要包括沿 7 条地铁线轴线发展，沿市政主干管道、地下道路预留空间等，其中以地铁 1 号线和地铁 2 号线线路方向为地下空间发展主要方向，其余 5 条线路方向为地下空间发展次要方向。

地铁 1 号线：沿城市（中心城）南北向中轴线（人民路）方向，北至大丰天回城市新区、南至城市规划区华阳组团；

地铁 2 号线：从城市西北方向的郫县组团至东南方向的龙泉驿组团，主要经老成灌路、羊西线、蜀都大道、东大街、老成渝路等；

地铁 3 号线：从城市东北方向的新都组团至西南方向的双流东升组团，主要经川陕路、红星路、南一环路、川藏公路、新川藏路等；

地铁 4 号线：从城西的温江组团至城东的十陵镇和西河镇，主要经光华大道、清江路、玉双路、成洛路等；

地铁 5 号线：从城市东北方向的驷马桥，经西一环路后，沿元华路向南至华阳组团；

地铁 6 号线：从城市西北方向的沙湾，经东一环路后，沿新成仁路向南后，一条线至华阳组团，另一条线转向西至航空港；

地铁 7 号线：从城市西北方向的上府河至城市东北方向的龙潭寺，基本为一条环形通道，主要经老成灌路、黄忠大道、青羊大道、机场东延线、牛龙路等。

③"面"规划。"面"规划的对象主要是城市重点地区，结合城市高密发展及地铁规划的高强度开发区域，鼓励开发地下空间，其余空间作为一般开发空间和限制开发空间，即将地下空间利用在城市规划区空间布局上分为重点发展区、一般发展区和限制发展区。

3. 地下空间竖向布局规划

地下空间的分层开发利用是城市可持续发展的一种体现，而将地下分层空间进行不同功能的划分，结合地下资源的保护和开发，更有利于地下空间合理、有序的利用。因此结合城市土地利用规划和轨道交通线网规划，提出城市不同区域地下空间竖向开发的规划原则。

（1）地铁枢纽站附近、CBD地区、片区中心、行政中心、组团中心为地下空间重点发展区域，开发深度一般在地下30 m以内。

（2）地铁换乘站附近、行政中心、片区及组团次中心为地下空间重要发展节点，开发深度一般在地下30 m以内。

（3）地铁一般站附近、地铁沿线、一般建设用地范围为地下空间一般发展区域，开发深度一般在地下20 m以内。

（4）地下文物保护区、地下水资源保护区等范围为地下空间限制发展区域。

【习　题】

1. 请简述城市功能、结构、形态与布局的基本概念。

2. 城市建设用地分为哪8大类？

3. 城市地下空间的功能类型有哪些？如何实现城市地下空间功能的复合利用？

4. 城市地下空间形态有哪些基本类型？

5. 城市地下空间的复合形态有哪些类型？各自的特点是什么？

6. 请简述城市地下空间总体布局的基本原则和方法。

7. 城市地下空间的平面布局模式有哪几种？

8. 城市地下空间的竖向分为哪个层次？每层分别可以布置什么设施？

9. 在不同的规划阶段，城市地下空间城市设计的任务分别是什么？

10. 地下空间的连通和整合方式分别有哪几种？

11. 下沉广场、下沉中庭、下沉街能起到什么作用？分别有哪些类型？

12. 地下空间出入口的设置形式及各自的特点是什么？

第 5 章 城市地下空间规划编制

 本章教学目标

1. 熟悉城市地下空间总体规划的基本任务与编制程序、城市地下空间规划的基础资料内容与调查研究方法，掌握城市地下空间总体规划的编制内容要点及编制成果要求。

2. 熟悉城市地下空间控制性详细规划在城市地下空间规划体系的位置及作用，掌握该层次规划的基本任务、编制内容要点及编制成果的组成。

3. 熟悉城市地下空间修建性详细规划的基本任务、编制内容要点及编制成果的组成。

城市地下空间规划从阶段上可以划分为总体规划、详细规划，其中详细规划从层次上来说又分为控制性详细规划和修建性详细规划。在了解城市地下空间规划的编制体系、编制程序，并掌握地下空间规划的基本原理和方法之后，就应根据城市地下空间规划的编制工作内容和编制成果表达形式的要求，规范地开展城市地下空间规划的编制工作，以保证城市地下空间规划编制的科学合理性。

5.1 城市地下空间总体规划的编制

城市地下空间总体规划是对城市未来地下空间开发利用做出的地下空间体系规划，也是城市规划体系的重要组成部分。通过城市地下空间总体规划，可整合各类地下空间设施，促进各类相关设施间的有序良好衔接，形成地下空间设施系统网络，提高地下空间利用的便捷性、系统性、经济性、安全性和舒适性，并促进城市地上与地下的有机统一、协调和谐发展。

城市地下空间总体规划工作的基本内容是根据城市总体规划等上位规划的空间规划要求，在充分研究城市的自然、经济、社会和技术发展条件的基础上，制定城市地下空间发展战略，预测城市地下空间发展规模，选择城市地下空间布局和发展方向，按照工程技术和环境的要求，综合安排城市各项地下工程设施，提出近期控制引导措施，并将城市地下空间资源的开发利用控制在一定范围内，与城市总体规划形成一个整体，成为政府进行宏观调控的依据。

5.1.1 城市地下空间总体规划的基本任务与编制程序

1. 城市地下空间总体规划的基本任务

城市地下空间总体规划的任务是根据一定时期城市的经济和社会发展目标，通过调查研究和科学预测，结合城市总体规划的要求，提出与地面规划相协调的城市地下空间资源开发利用的方向和原则，确定地下空间资源开发利用的目标、功能、规模、时序和总体布局，合理配置各类地下空间设施的容量，统筹安排近、远期地下空间开发建设事项，并制定各阶段城市地下空间开发利用的发展目标和保障措施，使城市地下空间资源的开发利用得到科学、有序地发展，创造合理、有效、公正、有序的城市生活空间环境，从而指导城市地上、地下空间的和谐发展，满足城市发展和生态保护的需要。

城市地下空间总体规划的核心任务：一是根据不同的目的进行地下空间安排，探索和实现城市地下空间不同功能之间的互相关联关系；二是引导城市地下空间的开发，对城市地下空间进行综合布局；三是协调地下与地上的建设活动，为城市地下空间开发建设提供技术依据。

城市地下空间总体规划任务的实现应适应社会和经济的发展要求，既需要相应的法律法规和管理体制的支持，又需要安全工程技术、生态保护、文化传统保护、空间美学设计等系统的支持，我国现阶段城市地下空间总体规划的基本任务是保护城市地下空间资源，尤其是城市空间环境的生态系统，增强城市功能，改善城市地面环境，创造和保障城市安全、健康、舒适的空间环境。

2. 城市地下空间总体规划的编制程序

城市地下空间总体规划是依据城市总体规划、分区规划等上位规划所提出的具体目标和要求，结合城市的自然、经济、社会和技术发展条件，预测城市地下空间发展规模，确定地下空间发展战略，规划地下空间布局和发展方向，落实各项专业系统规划成果的一系列过程。

城市地下空间总体规划的编制程序如下：

（1）收集和调查基础资料，掌握城市地下空间开发利用的现状情况，勘察地质状况和分析发展条件。

（2）进行地下资源评估以及城市地下空间开发功能需求分析及规模预测。

（3）研究确定城市地下空间发展战略、发展目标、城市地下空间总体布局，完成平面布局规划和竖向布局规划。

（4）完成各系统的规划原则和控制要求。

（5）安排城市地下空间开发利用的近期建设项目，为各单项工程设计提供依据，并提出实施总体规划的措施和步骤。

5.1.2 城市地下空间总体规划的基础资料调查研究

1. 城市地下空间规划的基础资料内容

根据城市规模和城市具体区位的不同，城市地下空间规划编制深度要求各不相同。基础资料的收集应有所侧重，不同阶段的城市地下规划对资料的工作深度也有不同的要求。一般来说，城市地下空间规划应具备的基础资料包括下列内容：

（1）城市勘察资料（指与城市地下空间规划和建设有关的地质资料）：主要是工程地质资料和水文地质资料，包括工程地质构造、土层物理状况、城市规划区内不同地段的地基承载力、滑坡崩塌等工程地质基础资料和地下水的埋藏形式、储量及补给条件等水文地质基础资料。

（2）城市测量资料：主要包括城市平面控制网和高程控制网、城市工程及地下管线等专业测量图、编制城市地下空间规划必备的各种比例地形图等。

（3）气象资料：主要包括监测区域的温度、湿度、降水、风向、风速、冰冻等基础资料。

（4）城市土地利用资料：主要包括现状及历年城市土地利用分类统计、城市用地增长状况、规划区内各类用地分布状况等。

（5）城市地下空间利用现状：主要包括城市地下空间开发利用的规模、数量、主要功能、分布、状况等基础资料。

（6）城市交通资料：主要包括城市道路交通和常规公交现状、发展趋势、轨道交通情况、汽车增长情况、停车状况等。

（7）城市市政公用设施资料：主要包括城市市政公用设施的场站及其设置位置与规模、管网系统与容量、市政公用设施规划等。

（8）城市人防工程现状及发展趋势：主要包括城市人防工程现状、建设目标和布局要求、建设发展趋势等有关资料。

（9）城市环境资料：主要包括环境监测成果、影响城市环境质量有害因素的分布状况及危害情况，以及其他有害居民健康的环境资料。

2. 城市地下空间基础资料的调查研究方法

城市地下空间规划作为国土空间规划的一部分，调查研究是一项不可或缺的前期工作。要做好城市地下空间规划就必须弄清楚城市发展的自然、社会、经济、历史、文化背景，才可能找出与地下空间相关的城市发展中存在的问题与矛盾，特别是城市交通、城市环境、城市空间要求等重大问题。

调查研究的过程是城市地下空间规划方案的孕育过程，必须引起高度的重视。同时，调查研究也是对城市地下空间从感性认识上升到理性认识的必要过程，调查研究所获得的基础资料是城市地下空间规划定性、定量分析的主要依据。

城市地下空间规划的调查研究工作一般包括三个方面：

（1）现场踏勘。进行城市地下空间规划时，必须对城市的概况、地上空间、地下空间有详细的了解，重要的地上、地下工程也必须进行认真的现场踏勘。

（2）基础资料的收集与整理。应主要取自当地自然资源规划部门积累的资料和有关主管部门提供的专业性资料，包括城市工程地质、水文地质资料，城市地下空间资源状况、利用现状，城市交通、环境现状和发展趋势等。这些资料的获得，都必须要有城市管理的相关部门的紧密配合才能保证资料和数据的完整性、准确性，为规划工作提供坚实的基础。

（3）分析研究。将收集到的各类资料和现场踏勘时反映出来的问题，加以系统地分析整理，去伪存真、由表及里，从定性到定量研究城市地下空间在解决城市问题、增强城市功能、改善城市环境等方面的作用，从而提出通过城市地下空间开发利用解决这些问题的对策，制定出城市地下空间规划方案。

3. 城市地下空间总体规划调查的程序

调查研究必须严格遵守科学的程序。一般情况下，城市地下空间总体规划的调查研究可以分为四个阶段（图 5-1）：

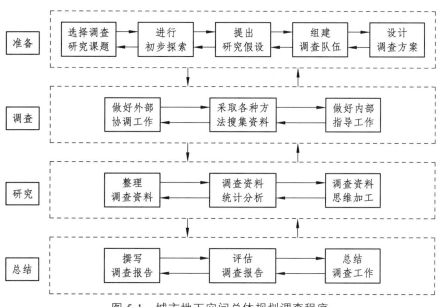

图 5-1 城市地下空间总体规划调查程序

（1）准备阶段。根据规划的具体任务，制定调查研究的总体方案，确定研究的课题、目的、调查对象、调查内容、调查方式和分析方法，并进行分工分组，同时进行人、财、物方面的准备工作。

（2）调查阶段。调查研究方案的执行阶段，应贯彻已经确定的调查思路和调查计划，客观、科学、系统地收集相关资料。

（3）研究阶段和总结阶段。对调查所收集的资料信息进行整理和统计，通过定性和定量分析，发现现象的本质和发展规律。

5.1.3 城市地下空间总体规划的编制内容

城市地下空间总体规划工作的基本内容是根据城市总体规划等上位规划的空间规划要求，在充分研究城市的自然、经济、社会和技术发展条件的基础上，制定城市地下空间发展战略，预测城市地下空间发展规模，选择城市地下空间布局和发展方向，按照工程技术和环境的要求，综合安排城市各项地下工程设施，提出近期控制引导措施，并将城市地下空间资源的开发利用控制在一定范围内，与城市总体规划形成一个整体，成为政府进行宏观调控的依据。

具体来说，城市地下空间总体规划的工作内容主要包括以下几个方面：

1. 规划背景及规划基本目的

对规划编制的背景及基本目的进行研究分析，明确规划编制的要求和意义。

2. 现状分析及相关规划解读

（1）现状分析：对规划区地下空间使用现状进行调查分析，包括地下空间现状使用功能、分项功能使用规模、分布区位、建设深度、建设年限、人防工程建设、平战结合比例、年报建与竣工比例等内容，分析总结地下空间建设特点、历年增长规模、增长特点、融资渠道、政策保障等现状特征，评价发展问题，并作为地下空间规划编制的基本出发点，使规划编制更符合规划区发展实际，解决实际问题。

（2）相关规划解读：对规划区城市总体规划、综合交通规划、城市各专项规划进行分析解读，挖掘上位规划及相关规划对地下空间的要求及总体指导，剖析地下空间在解决城市问题方面对既有地面规划的补充思路，作为地下空间规划的基本出发点。

3. 地下空间资源基础适宜性评价

地下空间资源属于城市自然资源，对地下空间资源进行评估是城市规划中新出现的自然条件和开发建设适建性评价的延伸和发展，即对地下空间开发利用的自然条件与空间资源适建性进行评价。

此部分规划内容是基于规划区基础地质条件和地勘调查成果以及规划区建设现状，对规划区地下空间资源进行自然适宜性和社会需求度的评价，解明地下空间资源适宜性质量等级，估测可合理开发利用的地下空间资源储量，区划地下空间资源的价值区位，为地下空间开发利用规划编制提供科学依据。

具体可按如下体系编制：

① 规划区基础地质条件综述及既有勘查成果调研。

② 地下空间资源评估层次及技术方法。

③ 地下空间资源的自然条件适宜性评估。

④ 地下空间资源的社会经济需求性评估。

⑤ 地下空间资源综合评估。

4. 地下空间需求预测

对规划区地下空间的开发需求功能进行预测，并在确定功能的基础上对分项功能进行规模预测。

具体可按如下体系编制：

① 规划区地下空间开发功能预测。

② 规划区地下空间开发规模预测。

③ 规划区地下空间时序发展预测。

5. 地下空间发展条件综合评价

对规划区地下空间发展条件进行综合评价，评价内容包括现状建设基础、自然条件基础、经济基础、社会基础、重大基础设计建设带动效益等多个方面。

6. 地下空间规划目标、发展模式及发展策略制定

在深入调研地下空间建设现状、进行地下空间资源评估、预测地下空间开发规模的基础

上，制定符合规划区实际发展的地下空间开发目标及发展策略，建立规划发展目标指标体系，形成可操作的目标价值体系，并制定分期、分区、重点突出的发展战略。

7. 地下空间管制区划及分区管制措施

制定规划区地下空间管制区划，编制相应的地下空间开发利用管控导则，针对不同管制分区、不同性质与权属的地下空间类型，提出因地制宜、符合实际的管控措施。

8. 地下空间总体发展结构及布局

紧密结合上位规划、规划区发展总体布局和城市空间的三维特征，在地下空间发展目标与策略指导下，确定规划区地下空间的总体发展结构、发展强度区划、空间管制区划、总体布局形态和竖向分层。

具体可按如下体系编制：

① 地下空间总体发展结构。

② 地下空间发展强度区划。

③ 地下空间发展功能区划。

④ 地下空间管制区划。

9. 地下空间竖向分层规划

通过对地下空间总体发展结构和布局的研究，结合规划区近期、中期、远期的发展需要，提出规划区地下空间总体竖向分层。

10. 地下空间分项功能设施规划与整合

（1）地下空间交通设施系统规划。结合城市宏观交通矛盾问题及交通组织特征，分析预测规划区现状及未来发展的交通模式和可能遇到的交通问题，分析论证规划区交通设施地下化发展的可行性和必要性，并借鉴发达城市及地区的发展经验，提出符合规划区交通发展需求的地下交通功能设施，提出地下交通组织方案，包括地下轨道交通、地下公共车行通道、地下人行系统、地下静态交通、地上地下交通衔接规划、竖向交通规划及其他地下交通设施和地下交通场站规划，制定地下交通的各项技术指标要求，划定重大地下交通设施建设控制范围。

具体可按如下体系编制：

① 城市及规划区交通发展现状调研及问题分析。

② 规划区交通设施地下化可行性分析。

③ 规划区交通设施地下化需求性分析。

④ 规划区地下交通设施发展目标与策略。

⑤ 规划区地下交通设施系统规划。

⑥ 规划区地下交通设施指标要求及重大地下交通设施建设控制范围。

（2）地下空间市政公用设施系统规划。应从市政公用设施的适度地下化和集约化角度，在对城市市政基础设施宏观发展现状深入调研的基础上，结合规划区建设发展实际，统筹安排各项市政管线设施在地下的空间布局，研究确定规划区地下空间给排水、通风和空调系统、供电及照明系统等布局方案，展开对部分基础设施地下化的建设需求性、建设可行性、具体功能设施规划、设施可维护性及综合效益评价等方面的探讨，制定各类设施的建设规模和建设要求，对规划区建设现代化、安全、高效的市政基础设施体系提供全新、可行的发展思路。

具体可按如下体系编制：

① 城市及规划区市政公用设施发展现状调研及问题分析。

② 规划区市政公用设施地下化和集约化可行性分析。

③ 规划区市政公用设施地下化需求性分析。

④ 规划区市政公用设施发展目标与策略。

⑤ 规划区市政公用设施系统规划。

⑥ 规划区市政公用设施指标要求及重大市政公用设施建设控制范围。

（3）地下公共服务设施系统规划。应认清地下公共服务设施不是地下空间开发利用的必需性基础设施，其开发主要依托交通设施带来客流，并完善交通设施，承担客流疏散与设施连通等交通功能。非兼顾公益性功能的地下商业开发需谨慎论证。同时，开发建成的地下公共服务设施要有良好的导向性及舒适的内部环境。

规划应结合规划区发展实际，在充分调研城市地下商业开发及投资市场活跃度的基础上，系统分析规划区发展地下公共服务设施的必备条件，并结合规划区主要商业中心及交通枢纽，论证地下公共服务设施的选址可行性，同时分析开发规模，并对运营管理提出保障措施。

具体可按如下体系编制：

① 城市及规划区地下公共空间建设现状调研及问题分析。

② 规划区地下公共服务设施建设的必备条件分析。

③ 规划区地下公共服务设施需求预测分析。

④ 规划区地下公共服务设施的发展目标与策略。

⑤ 规划区地下公共空间的规划布局。

（4）地下人防及防灾设施系统规划。应以城市及规划区综合防灾系统建设现状为宏观背景，探索规划区地下空间防空防灾设施与城市防灾系统的结合点，根据城市人防工程建设要求，预测规划区地下人防工程需求，合理安排各类人防工程设施规划布局，制定各类设施建设规模和建设要求，系统提出人防工程设施、地下空间防灾设施与城市应急避难及综合防灾设施的结合发展模式、规划布局以及建设可行性，并对提高地下空间内部防灾性能提出建议和措施。

具体可按如下体系编制：

① 城市及规划区人防工程及地下防灾设施建设现状调研。

② 规划区人防工程及地下防灾设施需求预测分析。

③ 规划区人防工程及地下防灾设施的发展目标与策略。

④ 规划区人防工程规划布局。

⑤ 规划区地下综合防灾设施规划布局。

⑥ 规划区人防及地下防灾设施与城市建设相结合的实施模式分析。

11. 地下空间生态环境保护规划

应从地下水环境、振动、噪声、大气环境、环境风险、施工弃土、辐射、城市绿化等方面，对地下空间开发利用对区域生态环境的影响方式、影响程度进行定量或定性分析，客观评价地下空间开发利用对城市大气环境质量和绿化系统的积极改善作用，同时对可能引起的各种环境污染提出规划阶段的减缓措施和建议。

具体可按如下体系编制：

① 规划区城市生态环境保护现状。

② 规划区地下空间开发与生态环境的相互作用机制。

③ 规划区地下空间开发对典型生态环境问题的影响与保护措施。

④ 地下空间开发建设的环境风险评价方法及保护政策建议。

12. 地下空间近期建设规划

结合城市近期建设计划，确定规划区地下空间近期发展重点地区及近期重点建设设施。

13. 地下空间远景发展规划

确定规划区地下空间远期目标和愿景。

14. 地下空间规划实施保障机制

应结合目前国内外地下空间开发投融资实践中的典型做法与热点问题进行评析，并结合规划区地下空间开发的实际特点，从政策保障机制、法律保障机制、规划保障机制、开发机制和管理机制等方面提出规划区地下空间开发实施具体机制和政策建议，确定地下公共空间的建设、运营和管理及产权归属等重大问题。

具体可按如下体系编制：

① 规划区地下空间建设实施保障措施现状。

② 国内外地下空间建设管理保障措施借鉴。

③ 规划区地下空间管理体制、机制和法制适用性及模式。

5.1.4 城市地下空间总体规划的编制成果

城市地下空间总体规划的成果应包括规划文本、规划图纸及附件三部分。

1. 规划文本的主要内容

（1）总则。说明规划编制的背景、目的、依据、指导思想和原则、规划期限、规划区范围等。

（2）城市地下空间资源开发利用与建设的基本目标。根据城市地下空间资源开发利用现状的调研成果，结合城市开发建设的总体目标，明确与城市总体发展相协调的城市地下空间资源开发利用与建设的基本目标。

（3）城市地下空间开发利用的功能规划。根据城市发展特点，经济、社会与科技发展水平，预测城市地下空间资源开发利用的主要功能和发展方向，明确地下空间开发利用承担的城市机能。

（4）城市地下空间开发利用的总体规模。根据城市地下空间资源开发利用的特点、城市发展的总体规模以及对地下空间开发利用的需求，预测规划期内城市地下空间开发利用的需求规模。

（5）城市地下空间开发利用与保护的空间管制。以地下空间资源评估为基础，对城市规划区内地下空间资源划定管制范围，包括地下空间禁建区、限建区、适建区和已建区界限及对应的管控措施。

（6）城市地下空间开发利用的总体布局规划。根据城市发展的总体目标，阐明城市地下空间布局的调整与发展的总体战略，确定地下空间开发利用的布局原则、结构与要点。划定城市地下空间开发利用的重要节点地区，阐明城市各个重要节点地区地下空间开发利用与建设的目标、方针、原则等总体框架。

（7）城市地下空间开发利用的竖向分层规划。根据城市地下空间资源开发利用的特点，结合地下空间开发利用的需求与可能性，确定城市地下空间的竖向分层原则、方针和空间区划。

（8）城市地下空间功能系统专项规划。明确城市轨道交通系统、地下道路与停车系统、地下市政基础设施系统、地下公共服务设施系统、地下防灾系统、地下物流与仓储系统等专项系统的总体规模和布局、建设方针与目标及与城市地面专项系统的协调关系等。

（9）城市地下空间的近期建设与远景发展规划。阐明近期建设规划的目标与原则、功能与规模，对重点项目提出投资估算，提出远期发展的方向和对策措施。

（10）规划实施的保障措施。提出城市地下空间资源综合开发利用与建设模式，以及相应的规划管理措施和建议。

（11）附则与附表。

2. 主要规划图纸

（1）城市地下空间资源开发利用现状图。按地下空间利用形式、开发深度、平时和战时使用功能分别绘制不同的现状分析图。

（2）城市地下空间资源的适建性分布图。主要反映地下空间禁建区、限建区、适建区和已建区界限。

（3）城市地下空间总体布局图。主要反映规划期末形成的地下空间结构内容，包括平面布局和竖向分层布局。

（4）城市地下空间重点开发利用区域布局图。主要反映规划范围内，地下空间重点开发区域范围。

（5）城市地下空间功能布局规划图。

（6）城市地下空间设施系统规划图。主要包括地下交通设施规划图、地下公共服务设施规划图、地下综合管廊和市政设施规划图、地下工业仓储设施规划图等。目前尤其是地下交通设施规划图，主要反映地下轨道交通、地下机动车通道、地下人行通道、地下机动车社会停车场等规划内容。

（7）地下空间近期开发建设规划图。重点反映地下空间近期建设重点区域和重点建设项目。

（8）地下空间远景发展规划图。

3. 附　件

附件通常包括规划说明书、基础资料汇编和专题研究成果报告等。

5.2 城市地下空间控制性详细规划的编制

通常，城市地下空间控制性详细规划可以单独编制，也可作为所在地区控制性详细规划的组成部分。单独编制的地下空间控制性详细规划，一般以城市规划中的控制性详细规划为依据，属于"被动"型的补充性地下空间控制性详细规划。如果城市地下空间控制性详细规划与地区控制性详细规划协同编制，则属于"主动"型的城市地下空间控制性详细规划，易形成地上、地下空间一体化的控制。

5.2.1 城市地下空间控制性详细规划的编制任务

地下空间控制性详细规划是以落实地下空间总体规划的意图为目的，以量化指标将总体规划的原则、意图、宏观的控制转化为对地下空间定量、微观的控制，从而具有宏观与微观、整体与局部的双重属性，既有整体控制，又有局部要求；既能继承、深化、落实总体规划的意图，又可对修建性详细规划的编制提出指导性的准则。在管理上，城市地下空间控制性详细规划将地下空间总体规划宏观的管理要求转化为具体的地块建设管理指标，使规划编制与规划管理及城市土地开发建设相衔接。

具体来说，城市地下空间控制性详细规划的编制任务包括：

（1）根据城市地下空间总体规划的要求，确定规划范围内各类地下空间设施系统的总体规模、平面布局和竖向关系等，包括地下交通设施系统、地下公共空间设施系统、地下市政设施系统、地下防灾系统、地下仓储与物流系统等。

（2）针对各类地下空间设施系统对规划范围内地下空间的开发利用要求，提出城市公共地下空间开发利用的功能、规模、布局等详细控制指标；对开发地块地下空间的控制，以指导性为主，仅对开发地块地下空间与公共地下空间之间的联系进行详细控制。

（3）结合各类地下空间设施系统开发建设的特点，对地下空间使用权的出让、地下空间开发利用与建设模式、运营管理等提出建议。

5.2.2 城市地下空间控制性详细规划的编制内容

城市地下空间控制性详细规划的内容体系主要包括以下几点：

1. 上位规划（地下空间总体规划）要求解读

对规划区上位规划进行分析解读,挖掘上位规划中对规划区地下空间的要求及总体指导,梳理地下空间发展需求及重点。

2. 重点地区地下空间设施规划

包括重点地区地下空间总体布局及分项系统布局规划，具体可按下列体系编制：

① 重点地区地下空间总体规划。
② 重点地区地下交通设施系统规划。
③ 重点地区地下公共服务设施系统规划。
④ 重点地区地下市政公用设施系统规划。
⑤ 重点地区地下人防及防灾设施系统规划。

3. 地下空间规划控制技术体系

明确公共及非公共地下空间的规定性与引导性要求，具体可按下列体系编制：

① 公共性地下空间开发规定性与引导性控制要求。

② 非公共性地下空间开发规定性与引导性控制要求。

③ 公共性与非公共性地下空间开发衔接控制要求。

④ 地下空间分项系统设施规定性与引导性控制要求。

4. 地下空间使用功能及强度控制

确定规划区地下空间开发利用的功能及对各类地下空间开发进行强度控制。

5. 地下空间建筑控制

地下空间建筑控制包括地下空间平面建筑控制和地下空间竖向建筑控制。

6. 地下空间分项设施控制

地下空间分项设施包括各分项设施规模、地下化率、布局、出入口、竖向、连通及整合要求等。重点对地下车行及人行连通系统、地下公共服务设施、综合管廊、公共防灾工程等设施提出控制要求，具体可按下列体系编制：

① 地下交通设施系统控制及交通组织控制。

② 地下公共服务设施系统控制。

③ 地下市政公用设施系统控制。

④ 地下公共防灾设施系统控制。

7. 绿地、广场地下空间开发控制

对绿地、广场地下空间，根据使用功能、开发强度的需求进行开发控制。

8. 地下空间规划控制导则

根据规划控制指标体系制定规划区地下空间开发利用管制导则，包括地下空间使用功能、强度和容量，地下空间的公共交通组织，地下空间出入口，地下空间高程，地下公共空间的管制，地下公共服务设施、公共交通设施和市政公用设施管制等，并对规划区的控制性详细规划进行校核和调整，制订管理单元层面的地下空间开发控制导则。

9. 分期建设时序控制

结合地下空间功能系统开发建设的特点，提出规划区地下空间开发的分期建设及时序控制。

10. 法定图则绘制

绘制体现规划区内各开发地块地下空间开发利用与建设的各类控制性指标和控制要求的图则。

11. 重要节点设计深化

对交通枢纽、核心公建片区、公共绿地、公园地下综合体等节点进行深化，进一步明确公共性及非公共性地下空间建设实质范围。重点对地下空间节点的城市设计、动态及静态交通组织、防灾（含消防、人防）设计引导，以及分层布局、竖向设计、衔接口、出入口及开敞空间等进行设计，并对建设方式、工法、工程安全措施进行说明，测算技术经济指标及投资估算。

5.2.3 城市地下空间控制性详细规划的编制成果

城市地下空间控制性详细规划是城市控制性详细规划的有机组成部分，规划成果包括规划文本、规划图纸与控制图则、附件。

1. 规划文本的主要内容

（1）总则。说明规划的目的、依据、原则、期限、规划区范围。

（2）城市地下空间开发利用的功能与规模。阐明规划区内城市地下空间开发利用的具体功能和规模。

（3）地下空间开发利用总体布局结构。确定规划区内城市地下空间开发利用的总体布局、深度、层数、层高以及地下各层平面的功能、规模与布局。

（4）地下空间设施系统专项规划。对各类地下空间设施系统进行专项规划，明确各类系统的具体控制指标。

（5）对公共地下空间开发建设的规划控制。根据城市地下空间功能系统和土地使用的要求，明确公共地下空间开发的范围、功能、规模、布局等，明确各类地下空间设施系统之间以及公共地下空间与地上公共空间的连通方式。

（6）对开发地块地下空间开发建设的规划控制。根据城市地下空间功能系统和规划地块的功能性质，明确各开发地块地下空间开发利用与建设的控制要求，包括地下空间开发利用的范围、强度、深度等，明确必须开放的公共地下空间范围以及与相邻公共地下空间的连通方式。

（7）城市地下防空与防灾设施系统规划。提出人防工程系统规划的原则、功能、规模、布局以及与城市建设相结合、平战结合等设置要求。

（8）近期城市地下空间开发建设项目规划。对规划区内地下空间的开发利用进行统筹，合理安排时序，对近期开发建设项目提出具体要求，引导项目设计。

（9）规划实施的保障措施。提出地下空间资源综合开发利用与建设模式以及规划实施管理的具体措施和建议。

（10）附则与附表。

2. 规划图纸构成

（1）地下空间规划区位分析图。

（2）地下空间功能结构规划图。

（3）地下空间设施系统规划图。

（4）地下空间分层平面规划图。

（5）地下空间重要节点剖面图。

（6）地下空间近期开发建设规划图。

3. 控制图则

将城市地下空间规划对城市公共地下空间以及各开发地块地下空间开发利用与建设的各类控制指标和控制要求反映在分幅规划设计图上。

4. 附　件

附件包括规划说明书、专项课题的研究成果报告等。

5.3　城市地下空间修建性详细规划的编制

在编制城市重要地段和重要项目修建性详细规划时，应同步编制城市地下空间修建性详细规划。

5.3.1　城市地下空间修建性详细规划的编制任务

城市地下空间修建性详细规划是以落实地下空间总体规划的意图为目的，依据地下空间控制性详细规划所确定的各项控制要求，对规划区内的地下空间平面布局、空间整合、公共活动、交通系统与主要出入（连通）口、景观环境、安全防灾等进行深入研究，协调公共地下空间与开发地块地下空间以及地下交通、市政、民防等设施之间的关系，提出地下空间资源综合开发利用的各项控制指标和其他规划管理要求。

5.3.2　城市地下空间修建性详细规划的编制内容

城市地下空间修建性详细规划通常应包括如下主要内容：

（1）根据城市地下空间总体规划和所在地区地下空间控制性详细规划的要求，进一步确定规划区地下空间资源综合开发利用的功能定位、开发规模以及地下空间各层的平面和竖向布局。

（2）结合地区公共活动特点，合理组织规划区的公共性活动空间，进一步明确地下空间体系中的公共活动系统。

（3）根据地区自然环境、历史文化和功能特征，进行地下空间的形态设计，优化地下空间的景观环境品质，提高地下空间的安全防灾性能。

（4）根据地区地下空间控制性详细规划确定的控制指标和规划管理要求，进一步明确公共性地下空间的各层功能、与城市公共空间和周边地块的连通方式；明确地下各项设施的设置位置和出入交通组织；明确开发地块内必须开放或鼓励开放的公共性地下空间范围、功能和连通方式等控制要求。

5.3.3　城市地下空间修建性详细规划的编制成果

1. 专题研究报告

（1）城市地下空间开发利用的现状分析与评价。

（2）城市地下空间开发利用的功能、规模与总体布局。

（3）城市地下空间竖向设计。

（4）城市地下空间分层平面设计。

（5）城市地下空间交通组织设计。

（6）城市地下空间公共活动系统组织设计。

（7）城市地下空间景观环境设计。

（8）城市地下空间的环保、节能与防灾措施。

（9）规划实施建议。

2. 规划设计文本

（1）总则。

（2）设计目的、依据和原则。

（3）功能布局规划与平面设计。

（4）竖向设计。

（5）交通组织设计。

（6）公共活动网络系统设计。

（7）景观与环境设计。

（8）城市地下空间开发建设控制规定。

（9）附则与附表。

3. 规划图纸

（1）城市地下空间区位分析图。

（2）城市地下空间功能布局规划图。

（3）城市地下空间分层平面设计图。

（4）城市地下空间竖向设计图。

（5）城市地下空间交通组织设计图。

（6）城市地下公共活动网络系统设计图。

5.4　城市地下空间详细规划案例

本节以成都市新益州片区地下空间详细规划方案（2005—2020）为例，简要介绍城市地下空间控制性详细规划的案例。

1. 规划背景

随着成都市向东向南发展战略的提出和地铁1号线的持续建设，新益州片区作为成都市城市南部副中心的核心区域，将是未来城市发展建设最为迅猛的城市新区之一。片区内的地铁1号线金融城站是人流集散的中心，由于紧邻市级行政办公中心，这为该片区进行地下空间开发建设提供了重要契机。

本次地下空间规划用地范围南、北至规划 20 m 道路，西至站华路，东抵天府大道人民南路南延线，规划面积约 59 hm²，包括了地铁 1 号线上的重要站点——金融城站周边 200 m 的区域。

2. 现状分析

本次规划片区位于成都市南部副中心核心区范围内，包括已建成的城市总部新核心——天府国际金融中心，是未来成都市向南发展的重点核心区域之一。规划范围内用地除科创中心正在建设以外，其他用地都处于空置的待开发阶段。另外，位于规划范围内的地铁 1 号线部分地段已经开始建设。

规划范围西侧现状有 220 kV 变电站一座，原通过用地内的三条主要高压线近期将下地敷设，其中 110 kV 羊望羊桂线和 220 kV 蓉石北线迁至武侯大道南侧 20 m 防护绿地地下，220 kV 平石石钢线迁至站华路西侧防护绿地地下。

3. 规划原则

（1）"地下带地上"原则

由于该片区属于城市新区，地面建设相对较少，随着片区内规划地铁线路的陆续建设，沿线地面的土地价值必将在地铁的带动下有大幅提高，地面的建设也必将因为地铁所带来的机遇而呈方兴未艾之势。地铁站作为地下人流集散的中心和地下空间高强度开发的重要节点，站点向外围辐射的人流也将使其地面成为重点建设的节点。

（2）整体性原则

由于地下空间开发利用的不可逆转性，地下空间开发建设应作为整体统筹考虑。特别是在新益州片区这样的城市新区，更应该在地下空间综合利用规划的指导下同步进行，保证功能与空间的连续性、已建设施的安全性和新建设施的整体性。

4. 地下空间总体布局

（1）平面布局

地下以地铁 1 号线作为引导地下空间开发的主轴线，向两侧辐射，带动其地面、地下的开发建设；而位于南部新区核心区域几何中心的金融城站将成为该片区主要的地铁中心站，进行多层综合性功能的立体式开发；各地块内部的建筑以点状形式开发，并向周边地块放射成地下的网络体系。

（2）功能布局

① 商业：根据国内外地铁和地下空间开发的经验，地铁站周边 200 m 是开发地下商业的有利区域。因此，在金融城站周边 200 m 范围内开发一定规模的地下商业空间，并且向南北各自延伸规划一条地下步行商业街，以引导地铁站集散的人流，充分发掘该地段的商业价值。

② 综合辅助区：考虑到金融城站以东地面正在建设的是市级行政办公中心，在其地下不宜开发商业，而主要是开发综合办公、设备和停车等辅助功能的地下功能区域。在金融城站地铁出入口通过半开敞的下沉式广场使地面与地下空间自然过渡，同时方便大规模人群的集散。另外，在区域内可多设置一些自动扶梯、楼梯等立体交通体，以求带活地下空间，提高其土地价值。

③ 停车、设备区：在其余行人步行可达性较弱和一般的非中心建设区域，地下空间主要以停车为主，同时可根据建筑自身需要配建部分设备、员工用房。

④ 人防：根据平战结合的原则，以上地下空间在战时均可作为人员疏散和掩蔽场所，同时为满足规范上的要求，每 100 m 即设置地下人行出入口，在适当位置设置紧急人防出入口和预留消防通道。

（3）竖向分层

通过立体的多层次开发，提高土地的使用效率。在中心区的金融城站周边，地面是车行交通，负一层为步行交通，而负二层则是地铁交通，三种不同的交通方式集中在同一地块的不同层面，并且通过立体交通实现高速换乘，使土地的各层空间得到了充分的开发和利用。

（4）交通组织设计

除联系地下停车库的各条通道外，在地下还独立规划了一条车行的地下快速路，并且围绕天府国际金融中心连成一体，从而将整个核心区的地下功能片区串联起来，使各部分地下交通联系更加紧密。

在核心部分的各个地块都可以通过地面的车行出入口连接到地下车库系统和地下快速路，在分流地面交通的同时也提高了地下车行交通的效率。

5. 开发规模

主要经济技术指标：

（1）地下总建筑面积容量：约 53.5 万 m^2；

（2）地下商业建筑面积容量：4 万 m^2；

（3）地下停车库建筑面积容量：37.5 万 m^2，其中负一层 14.5 万 m^2，负二层 21 万 m^2，负三层 2 万 m^2；

（4）地下综合辅助区建筑面积容量：4 万 m^2；

（5）地下通道/下沉广场面积容量：8 万 m^2。

📝【习　题】

1. 城市地下空间总体规划与详细规划这两个层次的工作重心有什么区别？
2. 城市地下空间总体规划的基本任务主要有哪些？
3. 请说明城市地下空间总体规划的编制程序。
4. 城市地下空间总体规划的基础资料包括哪些方面的内容？
5. 城市地下空间总体规划调查研究分为哪几个阶段？每个阶段的工作内容有哪些？
6. 城市地下空间总体规划的工作内容包括哪些方面？每个工作内容有哪些要点？
7. 城市地下空间总体规划的编制成果由哪些部分组成？每部分的主要内容是什么？
8. 城市地下空间控制性详细规划和修建性详细规划的编制任务分别是什么？
9. 城市地下空间控制性详细规划和修建性详细规划的编制内容和成果有什么区别？

第 6 章　城市地下空间环境设计

 本章教学目标

1. 熟悉城市地下空间环境的基本特点，了解其对人的心理和生理的影响和城市地下空间环境的基本设计原则。

2. 了解城市地下空间的物理环境如光环境、空气环境、声环境等的基本设计要求。

3. 了解城市地下空间的心理环境设计的内容及基本要求，包括室内设计、导向标识系统、服务设施。

在《城市地下空间利用基本术语标准》（JGJ/T 335）中，地下空间环境的定义表述为："地下空间内部的声、光、热、湿和空气洁净度等物理环境，以及内部空间的形状、尺度、材料质感、色彩、盲道、语音等感知环境的总称。"从狭义上来说，地下空间环境就是人们所能看到的，一个由长度、宽度、高度所形成的空间区域，包括空间的本体和空间内所包含的一切物质组合成的环境。良好的地下空间环境将在构建地下空间时扬长避短，充分发挥城市地下空间环境的优势，促进城市地下空间环境的宜居性，提高地下空间的综合开发利用效益。

6.1　城市地下空间环境概述

6.1.1　地下空间环境的基本特点

城市地下空间环境的特点主要是与地上建筑的特点相对比而言，并且是从人本位的角度分析得来的。地下空间的特点中既有有利于人活动的因素，也有不利的一面。地面建筑的环境可以依靠自然调节，如天然采光、自然通风等，来保持良好的建筑环境，这样做既节省能源，也可获得较高质量的光线和空气；而地下建筑，包括地面上无缝建筑的密闭环境，则更多地要依靠人工控制。

地下空间的建筑物或构筑物建造在土层或岩层中，直接与岩土介质接触，其空气、光、声及空间等环境有别于地面建筑环境，使得地下空间环境具有以下特点：

1. 空气环境

（1）温度与湿度。由于岩土体具有较好的热稳定性，相对于地面外界大气环境，地下建筑室内自然温度在夏季一般低于室外温度，冬季高于室外温度，且温差较大，具有冬暖夏凉的特点。但由于地下空间的自然通风条件相对较差，因此通常又具有相对潮湿的特点。

（2）热、湿辐射。地下建筑直接与岩土或土壤接触，建筑围护结构的内表面温度既受室内空气温度的影响，也受地温的作用。当内表面温度高于室温时，将发生热辐射现象；反之则出现冷辐射，温差越大，辐射强度越高。岩体或土中所含的水分由于静水压力的作用，通过围护结构向地下建筑内部渗透，即使有隔水层，结构在施工时留下的水分在与室内的水蒸气分压值有差异时，也将向室内辐射，形成湿辐射。如果结构内表面达到露点温度而开始出现凝结水，则水分将向室内蒸发，形成更强的湿辐射现象。

（3）空气流速。通常，地下建筑中空气流动性相对较差，直接影响人体的对流散热和蒸发散热，影响人体舒适感。因此，保持适当的气流速度，是使地下空间环境舒适的重要措施之一，也是衡量舒适度的一个重要指标。

（4）空气洁净度。空气中的 O_2、CO、CO_2 气体的含量、含尘量及链球菌、霉菌等细菌含量是衡量空气洁净度的重要标准。地下建筑通常室内潮湿，容易滋生蚊、蝇害虫及细菌，部分地下空间设施如地下停车场、地下道路等易产生废气、粉尘，因此应设置相应的通风和灭菌措施。此外，受地下空间围岩介质物理、化学和生物性因素影响，以及建筑物功能、材料、经济和技术等因素制约，地下空间还可能存在许多关系到人体健康和舒适的环境特点。例如，组成地下空间的围岩和土壤存在一定的放射性物质，不断衰变产生放射性气体氡；建筑装饰材料也会释放出多种挥发性有机化合物，如甲醛、苯等有毒物质；人们在活动中也会产生一些有害物质或异味，影响室内空气质量。

2. 光环境

地下空间具有幽闭性，缺少自然光线和自然景色，环境幽暗，给人的方向感差。为此，在地下空间环境处理中，对于人们活动频繁的空间，要尽可能地增加地下空间的开敞部分，使地下与地面空间在一定程度上实现连通，引入自然光线，消除人们的不良心理影响。

色彩是视觉环境的内容之一，地下空间环境色彩单调，对人的生理和心理状态有一定影响，和谐淡雅的色彩使人精神爽适，刺激性过强的色彩使人精神烦躁，比较好的效果是在总体上色调统一和谐，在局部上适当鲜艳或有对比。

3. 声环境

地下空间与外界基本隔绝，城市噪声对地下空间的影响很小。在室内有声源的情况下，由于地下建筑无窗，界面的反射面积相对增大，噪声声压级比同类地面建筑高。在地下空间，声环境的显著特点是声场不扩散，声音会由于空间的平面尺度、结构形式、装修材料等处理不当，出现回声、声聚焦等音质缺陷，使得同等噪声源在地下空间的声压级超过地面空间 5～8 dB，加大了噪声污染。

4. 内部空间

地下空间相对低矮、狭小，由于视野局限，常给人幽闭、压抑的感觉。空间是地下空间环境设计中最重要的因素，它是信息流、能量流、物质流的综合动态系统。地下空间中的物质流，在整个空间环境中是最基本的，它由材料、人流、物流、车流、成套设备组成；能量流由光、电、热及声等物理因素转换和传递；信息流由视觉、听觉、触觉及嗅觉等构成，它们共同构成了空间环境的物质变化、相互影响与制约的有机组成部分。

6.1.2　地下空间环境对人的心理和生理影响

地下空间的内部环境主要依靠人工控制，在很大程度上是一种人工环境，它对人的心理和生理都有一定的影响。

地下空间相对比较狭小，在嘈杂、拥挤的环境中停留，缺乏熟悉的环境、声音、光线及自然景观，会使人心理上对陌生和单一的环境产生恐惧和反感，并有烦躁、感觉与世隔绝等不安反应。受到不同的生活、文化背景的影响，以及对地下空间的认知不足，不少人可能会产生幽闭恐惧症。在地下空间中采用人工照明设施，虽然能满足日常的生活和工作的需要，但是无法代替自然光线给人们的愉悦感，人长时间在人工照明中生活和工作，会反感和疲劳，从而影响生活情绪和工作效率。因此，地下空间易使人在心理上产生封闭感、压抑感，从而影响地下空间的舒适度。

在地下空间环境中缺少地面的自然环境要素，如天然光线不足、空气流动性差、湿度较大、空气污染等，因此对生理因素的影响很复杂。天然光线不足是一项影响生理环境的重要因素，外界可见光与非可见光的某些成分对生物体的健康是必不可少的，如天然光线照射会使皮肤下血管扩张、新陈代谢加快，增加人体对有毒物质的排泄和抵抗力，紫外线还具有杀菌、消毒的作用。由于地下空间环境封闭、空气流动性差，新鲜空气不足，空气中各种气味混杂会产生污染，且排除空气污染较为困难。此外，地下空间中湿度很大，容易滋生细菌、促进霉菌的生长、人体汗液不易排出或出汗后不易被蒸发掉。在这种环境下滞留过久，人容易出现头晕、胸闷、心慌、疲倦、烦躁等不适反应。

环境心理与生理的相互作用、相互影响，会使得人们在地面建筑空间中感觉不到的生理影响被夸大，而这又反过来夸大了人们在地下的不良心理反应。表 6-1 是美国学者 John Carmody 通过系统研究后所做的总结，清晰明了地指出了地下建筑空间存在的主要问题。因此，在进行地下空间环境设计时需要考虑多方面的因素，减少人的不适感，降低人产生的负面心理影响，最大程度改善地下空间环境，创造舒适宜人的地下空间环境。

表 6-1　地下建筑空间主要问题分析

问题分类	具体描述
与心理相关的因素	（1）由于地下建筑空间大部分情况下无法让人观察到，所以难以给人留下明显的印象； （2）由于地下建筑空间往往没有建筑体量，所以入口往往难以发现，会让人感到有些混乱； （3）进入入口后，人是往下运动，因此容易产生负面的心理感受，让人感到不适； （4）地下建筑空间在视觉上没有建筑体量和外观，加之没有窗户，缺乏外界参照物，所以在地下建筑空间内，往往缺乏方位感； （5）由于没有窗户，所以无法与自然和地面环境互动； （6）由于没有窗户，容易产生幽闭恐惧感； （7）地下空间一般容易与黑暗、冷漠、潮湿联系起来； （8）地下空间一般容易与乏味、低矮等概念联系起来； （9）地下空间容易使人产生不安，尤其担心受到火灾、洪水、地震等影响
与生理相关的因素	（1）不少人工光源缺乏天然光的特点，让人感到与阳光隔绝； （2）地下空间有时存在通风不佳、空气质量不良的问题； （3）湿度高，对人体健康不利

6.1.3 地下空间环境心理舒适性营造

在现阶段地下空间的环境设计中，往往重视对物理（生理）环境要素如通风、光照、温湿度的控制，而容易忽视对人的心理舒适性因素的调节。此处参考国内学者束昱教授的研究工作，对地下空间环境心理舒适性营造的相关问题进行介绍。地下空间环境心理舒适性主要表现在方向感、安全感和环境舒适感这三方面。其中方向感和安全感不难理解，而环境舒适感主要包括方便感、美感、宁静感、拥挤感、生机感等诸方面。

1. 地下空间环境心理舒适性营造对象

（1）空间形态。地下空间是由实体（墙、地、棚、柱等）围合、扩展，并通过视知觉的推理、联想和"完形化"形成的三度虚体。地下空间形体由空间形态和空间类型构成，形式、尺度、比例及功能是其构成的要素，合理规划地下空间形态，可以改善地下空间环境，创造人性化、高感度的地下空间环境。

（2）光影。地下空间环境内的光影主要依靠灯光效果产生，也可以通过自然光引入。不同的光影效果可以给人带来不同的心理效果，好的光影效果不仅可以突出空间的功能性，还可以消除地下空间带给人的封闭感和压抑感等不良感受。

（3）色彩。色彩构成有色相、明度和纯度三个要素。色相是色彩相貌，是一种颜色明显区别于其他颜色的表象特征。明度是色彩的明暗程度，是由色彩反射光线的能力决定的。纯度是纯净程度，或称彩度、饱和度，反映出本身有色成分的比例。根据实验心理学研究，人们在色彩心理学方面存在着共同的感应，主要表现在色彩的冷与暖、轻与重、强与弱、软与硬、兴奋感与沉静感、舒适感与疲劳感等多个方面。感官刺激的强与弱可决定色彩的舒适感和疲劳感，因此可以利用色彩刺激视觉的生理和心理所起的综合反应来调节人的舒适感和疲劳感。在公共交通导向系统的设计中，采用易见度高的色彩搭配不仅能提高视觉传播的速度，还能利用其较高的记忆率，增强导向系统的导向功能。

（4）纹理。纹理主要通过视觉、知觉及触觉等给人们带来综合的心理感受。例如：纹理尺度感对改善空间尺度、视觉重量感、扩张感都具有一定影响，纹理的尺度大小、视距远近会影响空间判断；纹理感知感是对视觉物体的形状、大小、色彩及明暗的感知，通过接触材料表面对皮肤的刺激产生极限反应和感受；纹理温度感通过触觉感知材料的冷热变化，物体的形状、大小、轻重、光滑、粗糙与软硬；纹理质感通过人的视觉、触觉感受材质的软与硬、冷与暖、细腻与粗糙，反映出质感的柔软、光滑或坚硬，达到心理联想和象征意义。

（5）设施。地下空间设施以服务设施为主，由公共设施、信息设施、无障碍设施等要素构成。其作用除了为地下空间提供舒适的空间环境外（使用功能），其形态也对地下空间起着装饰作用，两者都对人的心理感受起着一定作用。

（6）陈设。陈设指的是地下空间内的装饰，一般由雕塑、织物、壁画、盆景、字画等元素构成，是营造地下空间环境的重要组成部分，直接决定了地下空间带给人们的心理感受。

（7）绿化。绿化由植物、水及景石等元素构成。随着地下空间的发展，地下商业、地下交通的增多，越来越多的人停留在地下空间，人们更渴望拥有绿色地下空间，满足高质量的环境，提高舒适度。

（8）标识。地下空间的标识效应通过功能传达体现，具体包括：地下空间中标识具有社会功能，直观地向大众提供清晰准确信息，增强地下空间环境的方位感；地下空间中标识传达一定的信息指令，指引人群快速、安全完成交通行为，满足人群的心理安全感；语音、电子及多媒体，提供多种信息语言交换更替的导向，如声音的传播、手的触摸和视觉信息等方面，展示、观看相关的资讯，改善封闭、无安全感的地下空间环境；标识系统创造地下空间的方向感、安全感，满足视觉传达功能的可达性、方向性。

2. 地下空间环境心理舒适感营造效果

（1）方向感。方向感就是通常所说的"方向辨知能力"。在地面上我们可以通过各种参照物进行方向的辨别，在地下空间中没有地面上那么多参照物，主要利用标识系统来进行地下空间方向的引导。除此之外，还可以利用空间、色彩、明暗的引导性来增强地下空间的方向感。一个信息不明、方向感混乱的环境往往会使人产生很大的精神压抑感和不安定感，严重时还会产生恐慌的心理感受；一个易于识别的环境，则有助于人们形成清晰的感知和记忆，给人带来积极的心理感受。

（2）安全感。安全感是一种感觉，具体来说是一种可让人放心、可以舒心的心理感受。地下空间让人产生的不安全的感觉主要来自人们对地下潮湿、阴暗、狭小、幽闭等不良印象和地下空间带给人的不良心理体验。好的地下空间环境设计会使人变得安心，丝毫感受不到身处地下，更不会觉得不安。

（3）环境舒适感。环境舒适感其实可以认为是良好的空间环境与人文艺术带给人的积极心理感受，可以是宁静、安详，也可以是欢快、愉悦。地下空间环境心理舒适性营造其实就是要营造这种让人感到舒适的环境氛围。

6.1.4　地下空间环境设计的基本原则

城市地下空间环境设计，具体来说就是通过地下空间环境对人们产生的心理和生理两方面的影响进行分析，用室内设计和景观设计营造出舒适、具有空间感的地下空间环境。在城市地下空间环境设计中，应满足的一些基本原则如下：

1. 安全原则

为了让人们在地下空间感觉安全、舒适，在进行地下空间环境设计的时候，必须营造出具有安全感的环境氛围。设计时要注意以下几个方面的要点：

（1）肌理变化。采用不同肌理材质的建筑材料进行铺装有助于对人们的提醒、警示。如地下空间高差有变化的区域，可以对材质不同的建筑材料进行一定的装饰，或者可以利用颜色以及图案等互不相同的建筑材料进行装饰，吸引人们对空间高差的注意。

（2）色彩引导。日常生活中人们观察出来的颜色在很大程度上受心理因素的影响，它往往与心理暗示有着很紧密的联系。色彩还具有引导提示的作用，这点已经在地下交通空间中广泛运用。例如，红色表示禁止、蓝色表示命令、绿色表示安全。

（3）照明设置。地下空间的一个很大局限性就是无法直接受到阳光的照射，因此地下主要的采光手段就是灯光照射，所以在设置灯光时一定要考虑到人们的生理以及心理等双重反应，对光源进行合理的布置和组织，能够让地下空间的路面有比较适宜的亮度，照明效果比较均匀，避免出现强光或者是闪烁给人们的活动造成不适感。此外，灯光的设置还需要考虑到视觉上的诱导特性。

2. 舒适性原则

（1）声环境与噪声的控制。由于地下空间具有一定的封闭性，因此机械运动发出的噪声造成的分贝强度要高出地面很多，如果人体长时间处于这种环境里，将会对生理方面产生很大的影响。此外，地下空间还有一定的隔绝性，因此有些空间里不会出现人们日常生活中的一些声响，会有一种过分安静的感觉，很容易使人产生不适感。为了使人们在地下空间感觉舒适，需要采用各种先进的技术控制方法，合理控制噪声强度。

（2）光环境与自然光的引入。由于人们对自然阳光、空间方向感、阴晴变化等自然信息感知的心理要求，在地下空间中，必须要涉及自然光的引入。自然光在地下空间中充分使用既对人体健康有益，更是低碳环保生活方式的体现。通过自然采光的方式能够将地下环境的通风进行有效的改善，还能够使地下空间的层次感更加立体性，避免出现封闭以及阴暗等现象。总之，地下空间中必须有序地引入自然光，这对改善地下空间景观环境氛围有着极其重要的作用。

（3）热环境、温度及湿度的环境控制。由于地下空间具有热稳定性，受到温度的影响比较小，因此在调节地下空间温度时只需要根据地下空间的主要用途以及需求来操作即可。调节地下空间内的湿度则是一个非常重要的问题，由于地下空间湿度通常较大，必须设有控湿和除湿的设备，如空调、除湿机等。

（4）空气环境与空气整体质量的控制。地下空间由于其自身的一些特点，容易产生明显的阴暗潮湿现象，而且空气交换难度比地面建筑大，因此会产生更多的污染物。人长时间置身于污染气体浓度过大的环境中必定会影响身体健康，因此必须采用相关技术措施增强其空气的流通性，改善环境，获得宜人的空气质量。

3. 艺术性原则

每一种社会形态都有与其相适应的文化，它是人类为使自己适应其环境和改善其生活方式的努力的总成绩。所以地下空间环境的创造与设计，不仅要为人们带来生活上的便捷，还要能够满足人们在文化审美上提出的要求，在设计过程中能够表现出更多的艺术文化色彩。

4. 人性化原则

在地下空间的开发利用设计的过程中，需要体现遵循人性化原则，设计方式大体有以下3种：

（1）无障碍设计。为了方便视障人士的出行，现今的地下空间中基本都设置了盲道，此外对于其他很多行动不方便的人来说，在地下空间相互转换的地方还需要设置一些辅助设施确保他们的安全。

（2）信息导向系统设计。在地表下无法跟地面上一样分辨方向时可以参考相对的参照物，无法对方向进行准确的辨别。因此，在进行地下空间环境的设计过程中，就需要专门设立信息系统进行导向。目前我国各大城市地铁站的信息导向系统虽然还有很多方面需要继续改进，但相比其他一些类型的地下空间设施来说，其设计水平相对来说比较成熟。

（3）配套服务设施设计。在不同的地下空间里，人们会从事不同的工作、行动及休息等。为了方便人们在地下空间活动，地下空间中必须设置必要的休息设施及配套服务设施，如座椅、报刊亭、电子显示屏、洗手间、服务站等，同时这些设施设计应该满足人性化的需求。

5. 和谐性原则

在对城市整体设计的过程中，要将地下设计和地上设计看成一个整体，体现出整个城市的统一性，保持地上、地下的协调性。尤其是在设计地下空间的出入口时，要使其与周围环境相协调，采用色彩的过渡、植物景观的过渡等手法，来降低人们进入地下空间时的一些不适感。

6.2　城市地下空间的物理环境设计

营造舒适的地下建筑空间，需要设计良好的地下空间物理环境，主要包括：光环境、空气环境、声环境、嗅觉环境和触觉环境，其中光环境和空气环境尤其具有重要意义。

6.2.1　光环境

光是地下建筑和室内设计的重要组成元素，人的信息感知的主要手段还是依靠视觉系统。所以，塑造地下空间内部良好的光环境，对于创造地下空间室内环境具有重要作用。光环境设计既涉及物理内容，也涉及心理内容。这里仅介绍其技术性能方面的内容，例如：光源选择、光源颜色、照度对比、照明标准、眩光控制等相关内容，与心理舒适性营造相关的光环境设计内容，将在本书第 6.3.1 节中介绍。

1. 光源选择

光源选择应综合考虑光色、节能、寿命、价格、启动时间等因素，常用的光源有白炽灯、荧光灯、高强气体放电灯、发光二极管、光纤、激光灯等。

白炽灯是将灯丝加热到白炽的温度，利用热辐射产生可见光的光源。常见的白炽灯有普通照明白炽灯、反射型白炽灯、卤钨灯等。考虑到节能的要求，目前已经严格控制使用白炽灯，仅使用于一些对装饰要求很高的场所。

荧光灯是一种利用低压汞蒸气放电产生紫外线，激发涂敷在玻管内壁的荧光粉产生可见光的低压气体放电光源，具有发光效率高、灯管表面亮度及温度低、光色好、品种多、寿命长等优点。荧光灯的主要类型有直管型、紧凑型、环形荧光灯等 3 大类。

高强气体放电灯（HID）的外观特点是在灯泡内装有一个石英或半透明的陶瓷电弧管，内充有各种化合物。常用的 HID 灯主要有荧光高压汞灯、高压钠灯和金卤灯 3 种。HID 灯发光原理同荧光灯，只是构造不同，内管的工作气压远高于荧光灯。HID 灯的最大优点是光效高、寿命长，但总体来看，有启动时间长（不能瞬间启动）、不可调光、点灯位置受限制、对电压波动敏感等缺点，因此多用作一般照明。

发光二极管（LED）具有省电、超长寿命、体积小、工作电压低、抗震耐冲击、光色选择多等诸多优点，被认为是继白炽灯、荧光灯、HID 灯之后的第四代光源，目前已经普遍用于普通照明、装饰照明、标志和指示牌照明。

光纤照明是利用全反射原理，通过光纤将光源发生器所发出的光线传送到需照明的部位进行照明的一种新的照明技术。光纤照明的优点：一是装饰性强、可变色、可调光，是动态照明的理想照明设施；二是安全性好，光纤本身不带电、不怕水、不易破损、体积小、柔软、可挠性好；三是光纤所发出的光不含红外/紫外线，无热量；四是维护方便，使用寿命长，由于发光体远离光源发生器，发生器可安装在维修方便的位置，检修起来很方便。光纤照明的缺点：传光效率较低，光纤表面亮度低，不适合要求高照度的场所；使用时须布置暗背景方可衬托出照明效果；价格昂贵，影响推广。

激光是通过激光器所发出的光束，具有亮度极高、单色性好、方向性好等特点，利用多彩的激光束可组成各种变幻的图案，是一种较理想的动态照明手段，多用于商业建筑的标志照明、橱窗展示照明和大型商业公共空间的表演场中，可有效渲染商业气氛。

2. 光源色温

色温是光照明中用于定义光源颜色的物理量，是指将某个黑体加热到一定的温度所发射出来的光的颜色与某个光源所发射的光颜色相同时，黑体的温度称之为光源的颜色温度，简称色温，单位为开尔文（K）。色温低的光偏红、黄，色温高的光源偏蓝、紫。自然光的色温是不断变化的，早晚的色温偏低，而中午的色温偏高。另外，晴天的色温要比阴雨天的色温明显偏高。

光源的色温不同，光的颜色也不同，带来的视觉感觉也不相同。低色温的光源可以营造温馨浪漫、温暖、热烈的气氛，高色温的光源有利于集中精神、提高工作效率。光源的色温是选择光源时需要考虑的重要内容，不同的色温能形成不同的空间氛围，适用于不同的场合，如表 6-2 所示。

表 6-2　光源色表特征及适用场所

色表特征	相关色温/K	适用场所
暖	<3 300	客房、卧室、病房、酒吧、餐厅
中间	3 300～5 300	办公室、教室、阅览室、商场、诊室、检验室、实验室、控制室、机加工车间、仪表装配
冷	>5 300	热加工车间、高照度场所

3. 光源照度

光的照度一般用勒克斯（lx）作为强度单位。自然光源的照度随季节、天气、光照角度和时间的变化而极不稳定，从中午的最高 10 000 lx 到傍晚室内的 20 lx 快速变化着。进入夜间后自然光源几乎没有了，就必须依靠人工光源。

一般情况下，室内空间既有一般照明，又有局部照明，两者配合使用可以获得较好的空间氛围和节能效果。当然，从安全的角度出发，还应设置安全照明。为了避免照度对比太强而引起人眼的不舒服，工作面照度与作业面邻近区域的照度值不宜相差太大。

此外，还需要考虑避免眩光。对于直接型灯具（灯具可以分为直接型灯具、半直接型灯具、漫射型灯具、半间接型灯具、间接型灯具）而言，在选择灯具时应控制其遮光角。同时，内部空间的表面装饰材料应尽量选用亚光或者毛面的材料，不宜选用表面过于光滑的材料，以避免产生反射眩光。

4. 照明标准

照明标准是进行照明设计的重要依据。不同功能的空间,有不同的照明设计标准。表 6-3 选取了地下建筑空间中最常见的商业空间和展览空间的照明标准,以供参考。

表 6-3 商业和展厅的照明标准值

建筑类型	房间或场所	参考平面及其高度	照度标准值/lx	UGR	U_o	R_a
商业建筑	一般商业营业厅	0.75 m 水平面	300	22	0.60	80
	高档商业营业厅	0.75 m 水平面	500	22	0.60	80
	一般超市营业厅	0.75 m 水平面	300	22	0.60	80
	高档超市营业厅	0.75 m 水平面	500	22	0.60	80
	收款台	台面	500	—	0.60	80
会展建筑	一般展厅	地面	200	22	0.60	80
	高档展厅	地面	300	22	0.60	80

注:收款台的照度标准是指混合照明照度;UGR:统一眩光值;U_o:照度均匀度;R_a:显色指数。

6.2.2 空气环境

衡量和评价地下建筑的空气环境有两类指标,即舒适度和清洁度。每一类中又包含若干具体内容,如温度、湿度、二氧化碳浓度等。

1. 空气质量标准

地下建筑空间的空气环境质量涉及很多内容,如温湿度、空气流速、新风量、各类有害物质含量等,其中不少指标直接影响人体健康和舒适度,必须在设计中严格执行。《室内空气质量标准》(GB/T 18883)对住宅和办公建筑的室内空气质量提出了明确的无毒、无害、无异常嗅味要求,具体见表 6-4,其他类型的建筑可参照执行。

表 6-4 室内空气质量标准

序号	参数类别	参数	单位	标准值	备注
1	物理性	温度	°C	22~28	夏季空调
				16~24	冬季采暖
2		相对湿度		40%~80%	夏季空调
				30%~60%	冬季采暖
3		空气流速	m/s	0.30	夏季空调
				0.20	冬季采暖
4		新风量	$m^3/(h \cdot 人)$	30[①]	
5	化学性	二氧化硫 SO_2	mg/m^3	0.50	1 h 均值
6		二氧化氮 NO_2	mg/m^3	0.24	1 h 均值
7		一氧化碳 CO	mg/m^3	10	1 h 均值

序号	参数类别	参数	单位	标准值	备注
8	化学性	二氧化碳 CO_2		0.10%	日平均值
9		氨 NH_3	mg/m³	0.20	1 h 均值
10		臭氧 O_3	mg/m³	0.16	1 h 均值
11		甲醛 HCHO	mg/m³	0.10	1 h 均值
12		苯 C_6H_6	mg/m³	0.11	1 h 均值
13		甲苯 C_7H_8	mg/m³	0.20	1 h 均值
14		二甲苯 C_8H_{10}	mg/m³	0.20	1 h 均值
15		苯并[a]芘 BaP	mg/m³	1.00	日平均值
16		可吸入颗粒物 PM10	mg/m³	0.15	日平均值
17		总挥发性有机物 TVOC	mg/m³	0.60	8 h 均值
18	生物性	菌落总数	cfu/m³	2 500	依据仪器定[2]
19	放射性	氡²²²Rn	Bq/m³	400	年平均值（行动水平）[3]

注：① 新风量≥标准值，除温度、相对湿度外的其他参数要求≤标准值。
②见《室内空气质量标准》（GB/T 18883—2002）中的附录 D。
③达到此水平建议采取干预行动以降低室内氡浓度。

2. 空气环境调节

在工程实践中，通常通过通风改善地下空间内的小气候，净化空气，并排出空气中的污染物，同时防止有害气体从室外侵入地下空间。常见的通风方式有自然通风、机械通风及混合式通风。

（1）自然通风：是指以自然风压、热压及空气密度差为主导，促使空气在地下空间自然流动的通风方法。在地下建筑中，自然通风一般以热压为主，自然风压和密度差较小，常见的自然通风形式为通风烟囱＋天井/中庭，一般适合于埋深、规模和洞体长度不大的地下空间，但受季节气候的影响较大。

（2）机械通风：是指利用通风机械叶片的高速运转，形成风压以克服地下空间通风阻力，使地面空气不断进入地下，沿着预定路线有序流动，并将污风排出地表的通风方法。根据风机安设的部位，机械通风方法可分为抽出式、压入式和抽-压混合式。当地下空间轴向长度较大或大深度时，为了达到通风效果，主要采用机械通风。

（3）混合式通风：是指利用自然通风和机械通风相结合的通风方法，适用于一些不能完全利用自然通风满足人的热舒适性和通风要求的地下建筑，尤其是位于温差较大的地区或深部地下空间的地下建筑。可在进风口设计空气净化设备，而在排风口设计能量回收装置，以利于节能。可调控的机械通风与自然通风相结合的混合式通风系统由于适应性强且具有较好的节能特性，在地下空间通风中广为采用。

6.2.3　其他环境

地下建筑空间的声环境、嗅觉环境和触觉环境对营造舒适的内部环境也有很大的影响，需要设计师充分重视，协调各方面的因素，创造良好的使用环境。

1. 声环境

人在室内活动对声环境的要求可概括为三个方面：一是声信号（语言、音乐）能够顺利传递，在一定的距离内保持良好的清晰度；二是背景噪声水平低，适合于工作和休息；三是由室内声源引起的噪声强度应控制在允许噪声级以下。此外，有一些建筑，如音乐厅、影剧院、会堂、播音室、录音室等，对声环境有更高的要求，如纯度、丰满度等。室内声源发出的声波不断被界面吸收和反射，使声音由强变弱的过程称为混响，反映这一过程长短的指标称为混响时间。为了满足一般的要求，主要的措施是保持室内适当的混响时间，并对噪声加以有效的控制。

在一般的建筑设计和室内设计中，声环境设计主要包括降低噪声和保持适当的混响时间。此外，在公共场所还需要适当布置电声设备，以供播放音乐和紧急疏散时使用。在地下建筑空间中，有时也会使用一些自然界的声音，如水流声、鸟鸣声等，配合自然景观，营造富有自然气息的环境，满足人们向往自然的心理需求。

地下空间的声学环境涉及背景噪声、声压级的分布特点及不同条件下混响时间的变化规律等方面。为了把地下空间室内噪声控制在容许值以下，地下空间声学环境调节的主要方法是隔声、吸声、减振并对地下空间的形状进行合理规划。表 6-5 为地下空间内部形成良好声环境的主要对策。

表 6-5　营造地下空间声学环境对策

措施	原因	主要对策
减少噪声	地下建筑空间埋于地下，可以有效屏蔽来自地面的噪声，因此地下建筑空间的噪声主要来自内部，如机器设备的噪声、车辆运行的噪声、人流活动产生的噪声、各类工作产生的噪声等	（1）可以采取一些隔绝措施，降低噪声对人们的影响，如地铁车站采用的屏蔽门，既有助于节能、安全，同时也有助于降低车辆运行噪声对人们的影响。 （2）可以将产生噪声的房间，如设备房等集中布置，对其采取隔音措施和吸音拱措施，降低对其他功能区域的影响。 （3）可以通过选择优质设备降低噪声的产生
适当的混响时间	由于地下建筑空间的结构特征和消防要求，一般硬质材料较多，因此容易引起声音的多次反射，导致混响时间增长，不利于形成良好的声学环境	在满足消防要求的前提下，布置一些吸声材料，使得混响时间保持在合适的范围内。对于有特殊声学要求的房间（如地下剧院、地下音乐厅等），则需要与专业的声学工程师配合进行声学专项设计

2. 嗅觉环境

为了保持室内良好的嗅觉环境，首先要解决通风问题。通过加强通风设施，增加新风量和换气次数，一方面可以降低地下环境空气中的污染物含量和消除异味，同时清新的空气也能使人感到心旷神怡。

此外，影响室内嗅觉环境的另一个重要因素是室内的各种不良气体，如厨房内的油烟、因不完全燃烧产生的一氧化碳、装饰材料的气味、人体呼出的二氧化碳及自身产生的味道等都不利于人体健康。为保持地下空间良好的嗅觉环境，在工程使用中还应经常性地进行除臭净化工作，常用措施有物理除臭、化学除臭等。

在有些场合下，还需要考虑气味对人们的影响。在地下空间环境中采用与自然环境相关的香味，如柠檬、茉莉花、薰衣草等香味，也是嗅觉环境设计的一个重要方面。

3. 触觉环境

在室内空间中如何处理好触觉环境也是需要考虑的问题。一般情况下，人们偏爱质感柔和的材料，以获得一种温暖感，因此在家庭室内环境中，常常使用木、藤、竹等天然材料。在地下建筑空间中，考虑到安全要求，一般使用具有不燃或难燃性能的人工材料，触感偏冷。因此，在符合安全要求的前提下，尽量选择触感较为柔软、较为温馨的材料、仿天然纹理的材料，以满足人们的触觉舒适感。此部分的工作，通常结合在地下空间的室内设计中进行。

6.3 城市地下空间的心理环境设计

城市地下空间的心理环境设计，主要体现在地下空间的室内设计、标识系统设计、服务设施设置等方面，营造出舒适的、具有美感的室内空间，并使地下空间具有灵动的空间感、生动的视觉感，来综合提高人的心理舒适性。

6.3.1 地下空间室内设计

室内设计是建筑设计的一个分支，建筑设计是室内设计的基础和前提，室内设计则是建筑设计的细化和深化。通俗来讲，建筑设计就是人的骨骼、肌肉等主体构造，室内设计就是人的服装、化妆品等。地下空间建筑设计考虑的是建筑与环境的空间关系、建筑的空间造型、建筑的内部功能空间布局等，而地下空间室内设计考虑的是建筑和内部空间、内部空间与人的关系，着重考虑的是室内空间的二次分割、色彩、光照、材质、人体工学等方面如何适应人的生理和心理要求等。

1. 室内空间设计

室内空间设计，是对建筑设计所划分的内部空间进行二次分割，是对建筑物内部空间进行再组织、再调整、再完善和再创造的过程。地下建筑的室内空间设计，是对地下建筑进行空间的二次设计，进一步调整空间的尺寸和比例，重新组织新的秩序，满足地下建筑在内部功能使用及流线上的要求，并决定空间的虚实程度，解决空间之间的衔接、过渡、对比、统一的问题，为人们提供安全、舒适、方便、美观的室内活动空间。

地下建筑的室内空间设计，通常需要进行二次空间限定，它是在一次空间的基础上，根据建筑的功能需求，合理组织空间与流线，创造不同的空间。通常借助实体围合、家具、绿化、水体、陈设隔断等方式，创造出一种虚拟空间，也称为心理空间。地下建筑二次空间的形态构成有以下几种方式：绝对分隔，即根据功能要求，形成实体围合空间；局部分隔，即在大的一次空间中再次限定出小的、更合乎人体尺度的宜人空间；象征性分隔，即通过空间的顶、底界面的高低变化及地面材料、图案的变化来限定空间；弹性分隔，即根据功能变化可以随时调整分隔空间的方式。对于不同的建筑功能类型，不同的空间需求，可以灵活选择合适的空间分隔方式。

2. 界面设计

在地下建筑的二次空间分割中，必然会涉及围合空间的要素实体，主要包括底面（楼、地面）、侧面（墙面、隔断）和顶面（平顶、顶棚），通过实体构件如地面、墙面、柱、梁、天花板、隔断、楼梯等实现空间的分隔。在空间布局和组织确定后，界面处理就显得尤为突出，界面的造型、材质选择、色彩搭配、灯光渲染、风格统一、整体城市形象的凸显是表现地下空间品质的重要环节，而界面本身的个性表达也要满足功能技术和空间审美层次的双重需求。

顶面设计是地下空间界面设计中最重要的工作。由于各专业的设备及管道大多经顶部铺设，这也导致顶面在地下空间的室内设计中考虑的因素较为复杂。顶面的造型根据空间主次关系进行分隔，具有一定的视觉引导性，如地铁车站站厅的中庭式顶面设置，让乘客定位自己身处的位置。地下空间室内顶面根据造型通常分为平面式、坡式、拱式、穹隆式、井格式、凹凸式、不规则式等。国内地铁车站最常见的是金属悬挂式的平面顶，顶面造型整体而富有变化。

墙体作为地下建筑空间最基本的构成元素，根据造型可分为直线式、曲线式、不规则式等。墙体不仅充当着承重、分隔空间、视觉装饰效果的作用，还影响着人员动态流线。地下建筑结构的墙面设计可以结合地下空间的装饰风格，更好地表现空间的主题。

地面是乘客直接接触的界面部分，应注重与顶面和墙面装饰的呼应关系。除了考虑地面的物理属性（防滑等），也应注意运用色彩、纹理等元素把地面与其他界面装饰空间和谐地结合起来，使得地面与其他界面形成很好的呼应关系，达到整体空间的艺术美感。

楼梯是地下空间的立体风景线，连接上下空间的纽带，良好的楼梯设计可以提升整个空间的品质和氛围感。楼梯形式大体分为弧形微旋向上式楼梯、直线倾斜向上式楼梯、螺旋向上式楼梯等。在地铁车站中，考虑到较大的客流量，以直线倾斜向上式楼梯为主。

柱体是地下建筑空间不可缺少的结构构件，现代柱式根据形态可以分为几何式、弧形式、不规则式等。柱体本身的形态设计在空间中尤为重要，应注意空间形式与柱子的形态协调性，如柱形的线条、肌理、色彩、灯光等，展现空间整体性或凸显的关系。

界面的个体呈现，应在视觉上和结构上相互衬托有一定秩序，使地下空间给人以整体感。所以在设计的过程中，不宜把界面单独分开设计直至最后拼合成成品空间环境，应在明确设计主题的前提下，根据主题概念构成的设计要素，在保证整体空间装置统一性的同时，兼顾局部的个性化设计。通过个性与共性设计元素在立体空间中的相互呼应，最终使得立体环境变得整体柔和。

3. 色彩设计

地下空间内的色彩对人的心理有很大的影响，对于塑造良好的空间感、气氛、舒适度和提高空间使用效率有重要作用。良好的色彩搭配，能引起不同的心理感受，影响人的情绪。

色彩设计既有科学性，又有很强的艺术性。从室内空间的色彩构成而言，主要分为背景色彩、主体色彩和强调色彩。背景色彩主要是指顶面、侧面、地面等界面的色彩，一般常常采用彩度较低的沉静色彩，发挥烘托的作用；主体色彩主要是指家具、陈设中的中等面积的色彩，是表现室内空间色彩效果的主要载体；强调色彩主要指小面积的色彩，起到画龙点睛的作用，一般用于重要的陈设物品。

物体的色彩包括了明度、色相和纯度三个属性，在这三个属性中，明度是最重要的一个属性。明度高的色彩搭配会让人产生活泼、轻快的感受，明度低的色彩搭配会让人产生稳重、厚重、压抑的感觉。色彩搭配明度差比较小的色彩互相搭配，可以塑造出优雅、稳定的室内氛围，让人感觉舒适、温馨。反之，明度差异较大的色彩互相搭配，会得到明快而富有活力的视觉效果。地下空间适合选择明度高一些的色彩，既能起到色彩更多的反射光线，增加光照，减少照明能耗，也能减少人们在地下空间中的压抑、沉闷的感受，让人产生愉快、轻松的心情。

人们基于对物理世界的感受和经验积累，会对色彩产生冷、暖等感受，比如红、橙、黄等色彩会让人产生与火焰、阳光的关联而产生温暖的感受，这样的色彩划分为暖色；而蓝、青等色彩会与水、冰等产生心理关联，会让人产生凉爽、冰冷的心理感受，这类色彩称之为冷色。在进行地下空间的色彩设计时要充分考虑地下空间所在的气候区域、地理位置，选择适合的主色调。例如在寒冷的地方，室内空气温度低，适合选择暖色调，这让人心理上感觉到温暖，甚至一定程度上能起到节能减排的作用。色彩对人的心理影响的运用还有很多深入的研究，比如蓝色、绿色让人感觉干净整洁，橙色、红色让人感觉活力等。

4. 材质选择

空间设计、界面设计的效果最终都离不开材料，选择恰当的材料是获得良好空间效果的必要一环。材料的外观质感往往与人的视觉感受、触觉感受有关，同时也与视觉距离有关。

材料给人们的质感常常体现为粗糙和光滑、软与硬、冷与暖、光泽感、透明度、弹性、肌理等。在三维空间中，合理材质材料的运用常会比线条和图案的运用产生更高的视觉趣味性，例如天然粗糙材质的表面可以产生复杂的光影效果和由于触觉所带来的温暖感等。有时，局部暴露的岩石墙壁与由木材装饰的天花、墙壁结合使用，加上间接光源的使用，会产生一种特殊的效果。

围合地下建筑内部空间的表面处理，可以结合色彩、线条、图案以及材质进行灵活运用，这些要素的合理组合有助于强化空间的宽敞感，丰富视觉感受，创造一种高质量的室内空间环境。

5. 室内家具与陈设设计

地下空间的室内设计还包括家具、陈设、织物和绿化等"软装设计"，它有助于帮助实现内部空间的功能、提升内部空间的品质、营造内部空间的氛围，是室内设计整体的一个重要部分。

（1）家具。家具是人的活动必需的器具，也是满足室内空间使用功能的重要部分。家具的种类繁多，按照风格来分，可以分为中式家具、欧式家具等；按照材质来分，可以分为木制家具、金属家具、藤编家具、塑料家具等；按照使用人的类别来分，可以分为公共家具、家居家具等。在选择地下空间室内家具时要考虑使用功能、安全、室内空间的大小、色彩、表面肌理以及耐久度等因素。例如对于地铁站厅的家具，一般采用简洁大方、安全、方便清洁、耐久的金属、木制、高分子塑料家具。家具的设计、选择和摆放，对室内空间来讲也是再一次的空间组织、空间分割和空间丰富的过程。

（2）织物。织物包括地毯、窗帘、台布、工艺品等，在室内环境中除了实用价值还具有较强的功能性、装饰性，是室内设计重要的设计元素。用于室内空间的织物可以分为实用性织物和装饰性织物两大类。各种织物的内容、功能和特点见表 6-6。

（3）陈设。室内的陈设的定义界限很模糊，大致分为功能性陈设和装饰性陈设两类。功能性陈设具有一定的使用价值，同时也有装饰性，如自动售货机、自动售票机、垃圾桶、饮水机等；装饰性陈设主要以满足审美需求为主，具有较强的精神功能，如绘画、雕塑、壁画、各类装饰工艺品等。陈设的种类很多，总体而言，在陈设的选择时，需要满足空间功能的需要、考虑所处室内空间对陈设品的要求以及周边环境的需要。

表 6-6　各种织物的内容、功能和特点

类别	内容、功能、特点
地毯	地毯给人们提供了一个富有弹性、降低噪声的地面，并可创造象征性的空间，但需要注意其清洁、防污、防虫的处理
窗帘	窗帘分为纱帘、绸帘、呢帘 3 种，又分为平拉式、垂幔式、挽结式、波浪式、半悬式等多种，它的功能是调节光线、温度、声音和视线，同时具有很强的装饰性
家具蒙面织物	包括布、灯芯绒、织锦、针织物和呢料等，功能特点是厚实、有弹性、坚韧、耐拉、耐磨、触感好、肌理变化多等
陈设覆盖织物	包括台布、床翠、沙发套（巾）、茶垫等室内家具和陈设品的覆盖织物，其主要功能是发挥防磨损、防油污、防灰尘的作用，同时也起到空间点缀的作用
靠垫	包括坐具、卧具（沙发、椅、凳、床等）上的附设品，可以用来调节人体的坐卧姿势，使人体与家具的接触更为贴切，同时其艺术效果也不容忽视
壁挂	包括壁毯、吊毯（吊织物），其设置根据空间的需要，有助于活跃空间气氛，有很好的装饰效果
其他织物	包括天棚织物、壁织物、织物屏风、织物灯罩、布玩具、织物插花、吊盆、工具袋及信插等，在室内环境中除了实用价值外，都有很好的装饰效果

6. 绿植、水体

绿化、水体等自然景观元素是自然环境中最普遍、最重要的要素之一。人在地下空间活动时，只有感觉到与外部世界保持着联系，人们才能感到安心。把绿化、水体等自然景观元素引入地下空间中，是实现地下空间自然化的不可缺少的手段，可以让人联想到外部自然空间，消除潜意识中不良的心理状态，具有生态、心理、美学等方面的意义，而且对于改善地下空间环境质量有显著的效果。

在地下空间内部布置绿植，有利于环境的美化，满足人们亲近自然的心理需求。随着种植技术、采光技术的发展，越来越多的绿色植物进入到地下空间中，为地下空间带来了生机。在地下空间布置绿植，可以提供部分的氧气，吸收部分的二氧化碳，改善空气质量；可以吸收部分的噪声，在提高声学效果上起到一定的作用；可以起到空间限定的作用，丰富了空间层次；植被轮廓线条的多样性是增加空间趣味性的方法之一。

构成地下空间室内庭院景观效果的元素中，除了绿化外，山石、水体一样是建筑空间的重要组成部分，具有美化空间、组织空间、改善室内小气候等作用。水体不仅具有动感、富于变化，更能够使空间充满活力。它在改善人们的空间感受、增强空间的意境、美化空间造型等方面，都具有极其重要的作用。设计中常用的水体有瀑布、喷泉、水池、溪流等，这些水体与水生植物、石叠山、观赏鱼等共同组景，除了能带来视觉上的吸引力，将无形的水赋予人为的美的形式，还能够唤起人们各种各样的情感和联想。

研究表明，创造能直接欣赏水景、接近水面的亲水环境，可以使人们在视觉、触觉、听觉上都能感受水的魅力，以增强人们与自然的联系。同时，在地下空间环境设计中，绿化和水体山石常常相互组合搭配，共同创造出和谐、舒适的自然环境。同时，地下空间水体的营造也要注意避免其负面的影响，如地下水体的营造、运维需要不菲的资金投入，地下水体会增加地下空间空气的湿度等。

7. 照明设计

光是建筑设计和室内设计中非常重要的元素，除了满足物理要求（视觉、健康、安全等方面）外，还需要充分考虑人的心理和情绪要求。室内空间的照明，可以起到装饰元素的表达、空间环境氛围渲染、空间环境内容丰富、基于地域文化的归属感共鸣等作用，对于创造良好的室内环境和心理舒适性营造具有重要的作用。

（1）光线的种类

光线包括自然光和人工光。太阳光经大气层过滤后到达地球表面，并在地面产生漫反射，这种直射的阳光和经过漫反射的光线混合后，就形成了自然光。与自然光相对应的是"人工光源"，主要是指我们平时用的各种照明设备。

（2）采光方式

① 天然采光。在地下建筑中，应尽可能透过侧窗与天窗，为建筑物提供自然光线。天然采光不仅仅是为了满足照度和节约采光能耗的要求，更重要的是满足人们对自然阳光、空间方向感、白昼交替、阴晴变化、季节气候等自然信息感知的心理要求。同时，在地下建筑中，天然采光的形式可使空间更加开敞，并在一定程度上改善通风效果，而且在视觉心理上大大减少了地下空间的封闭、压抑、单调、方向不明、与世隔绝等不良心理感受和负面影响。此外，由于太阳光中紫外线等的照射作用，天然采光对维护人体健康也是有益的。因此，天然采光对于改善地下建筑空间环境具有多方面的作用。常见的天然采光的地下建筑形式有半地下室及地下室采光井、天窗式地下建筑、下沉庭院式（天井式）、下沉广场、地下中庭共享空间式等。此外，目前也发展出了主动太阳光系统，将自然光通过孔道、导管、光纤等传递到隔绝的地下空间中。

② 人工照明。在地下建筑中，很难完全依靠天然采光，即使可以通过天然采光，也很难使自然光到达建筑内部的所有空间。因此，人工照明作为自然光的补充是必不可少的，也是地下空间中最主要的采光方式。在本书的 6.2.1 小节中已经对人工照明的一些技术要求做了说明。

（3）照明环境设计

在进行室内人工照明设计时，应综合考虑照度、均匀度、色彩的适宜度以及具有视觉心理作用的光环境艺术等，从整体考虑确定光的基调及灯具的选择（包括发光效果、布置上的要求、自身形态），争取创造出符合人的视觉特点的光照环境。

照明的设计需要符合室内空间的功能需求。不同的用途、不同的功能、不同的空间、不同的对象要选择适合的照度、适合的灯具和照明方式。会议室的照明设计要求亮度均匀、明亮，避免出现眩光，一般适合采用全面性照明；商业展示的照明设计，为了突出商品，吸引顾客，适宜采用高照度的聚光灯重点照射商品，突出显示商品来提高商品的感染力，以强调商品的形象。

同时，照明设计也是室内设计所运用的重要手段，起到了装饰美化环境和营造艺术气氛的作用。灯具的造型可以对室内空间进行装饰，增加空间的层次、渲染空间的气氛。照明设计师通过选择灯具的造型、材质、肌理、色彩、尺度，控制灯光的照度、照明方式、色温等，采用投射、反射、折射等多种投光手段，创造出适合不同场景、不同人群需要的艺术气氛，为人们的心理需求添加丰富多彩的情趣。

6.3.2　地下空间导向标识系统

相比于地上空间，地下空间往往比较封闭、缺少空间参照物、缺少自然元素，因此人们在地下空间中非常容易迷失方向，随之产生紧张、恐慌等不良心理感受，不利于高效使用地下建筑空间。所以，地下空间的导向就显得尤为重要，目前通过在各类地下空间内设置完善的导向标识系统来解决或改善此问题。

1. 导向标识的概念及分类

导向标识系统是设置在特定的环境中，以安全、快捷为前提，并通过各种类型的符号、文字、标识牌以一定形式或者顺序关系组成的一个视觉信息系统。在导向标识系统中，包含了多种形式的设计，如标志、标识牌、告示板、图形、符号等，是环境信息的载体，将空间信息传递给地下空间内的人群，使他们安全、顺利地完成各项活动及行为。

根据导向标识系统中不同标识牌的具体功能，可将导向标识系统分为五类。

（1）引导类标识。此类标识是将地下空间中组织人流进出以及引导人们行为发生的最直接要素。它一般通过箭头等指示来实现其引导的手法，通常标识方向（进、出）及特定场所信息等。此类信息在内容的表现形式上，除了惯用的文字信息外，通常还会运用到象征性的图形符号以及色彩系列标识等。

（2）确认类标识。此类标识一般用于对空间功能、位置等的确认。在地下空间功能分区中，需要有明确的信息指引与确认。对此类标识通常采用识别性高、简单明快的方式表现，此外还需要结合具体的结构形式从而表现出整体的统一性。

（3）信息资讯类标识。此类标识一般用于提供出行必要的相关信息，如路线、站点、周边信息等。标识放置的位置会根据需要有所不同，但在流线设计的节点部位都会设置。这类标识信息的内容应满足大多数人群的多样化需求，同时在设计的编排上应简单明了并结合多种形式表现，如示意图、文字等的综合表达。

（4）宣传说明类标识。此类标识旨在说明相关事物主题的内容、操作方法以及在地下空间环境中所需遵守的相关法律法规，或者有关活动内容等。

（5）安全警示类标识。为方便人们安全、快捷地活动于地下空间场所中，通常会设置不同项目的安全警示标识，用以提醒人们对地下空间中诸多设施及设备的使用方法及注意事项，从而提高便利与安全保障。

2. 导向标识系统布置原则

设置导向标识系统要达到的效果是：在标识系统完善的情况下，标识系统能"主动"地指挥人群的合理流动，而不是"被动"地等待人们来寻找、发现。要达到这样的要求，对于导向标识系统的布置应当遵循以下的一些原则：

（1）位置适当。标识系统应该设置在能够被预测和容易看到的位置，以及人们需要做出方向决定比较集中的地方，如出入口、交叉口、楼梯等人流密集之处，以及通道对面的墙壁、容易迷路的地方等。

（2）连续性原则。连续性作为形式的重复与延续，加强了人的知觉认知记忆的程度和深度，所以标识系统应连续地进行设置，使之成为序列，直到人们到达目的地，其间不能出现标识视觉盲区。但要注意的是，标识之间距离要适当，过长则视线缺乏连贯及序列感，过小会造成视觉过度紧张，可视性差。

（3）一致性原则。标识设置在一致的位置上，这样人们不需要搜寻整个空间，而只需注视特定部分固定的区域即可找到方向标识。

（4）特殊处理。一般的出口标识可设置在出口的上方，但是如果考虑到出现意外的情况，如火灾、烟雾向天花板聚集，出口上方的标识可能被挡住，则需要在主要疏散线路的出口附近的较低的位置处，设置出口标识。例如疏散指示灯的安装位置，一般设在距离地面不超过1 m的墙上。

3. 导向标识系统设计原则

导向标识系统具有较强的专业性，一般由视觉传达设计或相关专业的人士负责设计。建筑设计及室内设计人员应该与之配合，提出相应的要求，使之既符合标识物的要求，又符合室内空间的需求，取得完整的整体效果。此处仅简要介绍相关的设计原则。

（1）醒目性。标识系统在视觉上一定要醒目，重要的标识要能达到对人的视觉有强烈的冲击效果。如简单的标识图形和大面积的背景色，突出了标识的强烈视觉效果，有效地、快速地抓住了人们的注意力，使人们印象深刻。醒目的另外一个方面是标识上的文字、符号等要足够大，以便人们能从一定的距离以外就能看到。但需要指出的是，不能只强调一个"大"，而忽视标识自身尺寸与所在空间尺度的协调，因为标识另外的一个功能是对地下空间环境起着美化和点缀作用。另外，标识及其所用文字、符号的大小要与人们的阅读距离相协调，还要考虑人们是处于静止还是运动的识别状态，视具体情况而定。

（2）规范性和国际化。标识系统设计的规范性是指用以表达方向诱导标识信息内容的媒体，如文字、语言、符号等，必须采用国家的规范、标准以及国际惯用的符号等，使人们易于理解和接受。另外，对同一类型的地下空间设施，其方向诱导标识的设计风格也应保持一致，形成一个较为稳定一致的体系，以免引起人们的误解。对于可能有外国人出入的地下空间，还应考虑到采用外文作为信息传递的媒介。

（3）区别性。方向诱导标识必须和其他类型的标识，诸如广告、告示、宣传品、商业标志和其他识别标志等区别开来，以免人们混淆而影响到方位、方向的判断。

（4）简单便利。简单是指方向标识上的词句必须简洁明确，尽可能地去掉可有可无的文字，让人一目了然。便利是指人们在正常流动的情况下就能方便地阅读和理解标识上的内容，而不必停下来驻足细看，从而影响人流的连续移动，造成不必要的人流阻塞。

（5）内容明确性。内容的确切性是指方向诱导标识上的内容应该采用众所周知的专门用语和正确的内容，所指内容尽可能具有唯一的理解性，以免引起人们的误会。

（6）满足无障碍需求。无障碍导向标识是一种专用的方向诱导标识，它采用专门的方式和特定的符号，以特殊的布局要求进行设计，完善无障碍的导向标识不仅为残障人士出行、活动提供了保障，同时也是一个城市精神文明与现代化的具体体现。

4. 导向标识系统色彩

标识色彩应该按照统一的规定制作，做到设置醒目、容易识别，迅速指示危险，加强安全和预防事故的发生。根据相关规范的规定，采用红色、蓝色、黄色、绿色作为基本安全色，其含义和用途如下：红色——禁止、停止，用于禁止标志、停止信号、车辆上的紧急制动手柄等；蓝色——指令、必须遵守的规定，一般用于指令标志；黄色——警告、注意，用于警告警戒标志、行车道中线等；绿色——提示安全状态、通行，用于提示标志、行人和车辆通行标志等。各种色彩的颜色表征见表6-7。

地下公共空间的标识设计一般委托专门的视觉设计部门，提供系统的视觉识别设计，包括造型和色彩设计。

表 6-7　各种色彩的颜色表征

色彩	颜色表征
红色	传递禁止、停止、危险或提示消防设备、设施的信息
蓝色	传递必须遵守规定的指令性信息
黄色	传递注意、警告的信息
绿色	传递安全的提示信息
黑色	用于安全标志的文字、图形符号和警告标志的几何边框
白色	用于安全标志中红、蓝、绿的背景色，也可用于安全标志的文字和图形符号
白色、红色相间条纹	表示禁止或提示消防设备、设施位置的安全标记
黄色、黑色相间条纹	表示危险位置的安全标记
蓝色、白色相间条纹	表示指令的安全标记，传递必须遵守规定的信息
绿色、白色相间条纹	表示安全环境的安全标记

5. 导向标识系统布置形式

按布置形式和设置位置，导向标识系统可以分为如下几种：

（1）吊挂式（吸顶式）标识。地下空间中的吊挂式标识多采用灯箱式。这种标识的特点是能够用在光线较弱的环境中使用，尤其是吊挂的"紧急出口"标识，在非常状态下，断电时仍可清晰、明显地为乘客指出逃生方向。这类标识系统主要悬挂于室内，如商场、超市或一些规模较大的办公场所等，其特点决定了它能够满足使用者处于运动识别状态中的瞬间认知。

（2）看板式（地图）标识。看板式标识系统主要置于室内建筑物内的交叉口处，如商场、超市或一些规模庞大的办公场所等。看板式标识系统在地下空间（超市、商场等）中多安置于交叉口处，是为了满足使用者处于静态识别的认知需求。这种地下空间中的人流聚集点，人们在此处需要进行方向选择决定，希望标识系统能够提供相对比较详细的信息，多嵌有地下空间的地图。

（3）墙壁式（粘贴式）标识。墙壁式标识也称作平面式或粘贴式标识。从人体物理学角度来看，粘贴式标识视觉范围小，适合近距离查看，但可以拥有大的信息量，使用者在此类标识上一般目光滞留时间相对较长。墙壁式标识系统主要用于车站、码头等候车（船）区，也用于超市、商场等室内建筑物内出口处。在地下环境中，墙壁式标识系统多用于地下与地上的衔接点，也就是地下空间的出口位置。如果使用者在陌生的地下空间能够看到比较熟悉的地上空间的标志性建筑，找到正确的出口也就变成很轻松的事情。

（4）屏幕标识。屏幕标识的设计最能够体现信息现代化、自动化的水平。屏幕标识多用于站台上显示等待列车所需时间。个别的屏幕标识还播放一些服务信息，为使用者提供更多的方便。新型的屏幕信息标识基于计算机技术的发展，用触摸系统实现了人与查询平台间的互动，使用者可以根据查询平台的提示，选择自己需要的信息。

（5）卷柱式标识。在站台上、柱子上的标识可以补充悬挂标识显示不足的位置。在狭长或面积很大的地下空间中，利用柱子来张贴标识，直观明确，易于实施。

6.3.3　地下空间服务设施

如前所述，地下空间内布置的服务性设施，一方面是为满足建筑功能的需要，同时也能起到一定装饰和美化空间环境的作用，两方面都对人在地下空间中的心理感受起着一定的作用。目前在地下空间中布置的服务设施，主要包括无障碍设施、公共服务设施和人性化设施等。

1. 无障碍设施

无障碍设施是指保障残障者、老年人、孕妇、儿童等社会成员通行安全和使用便利，在建设工程中配套建设的服务设施。在地下空间的无障碍设计中，不但需要考虑在地下空间内部设置完善的无障碍设施，还需要在出入口等口部范围内也设置相应的无障碍设施，以提高使用地下空间的便利性。

（1）无障碍设施的种类

无障碍设施通常包括无障碍通道（路）、电（楼）梯、平台、房间、洗手间（厕所）、席位、盲文标识和音响提示以及通信设备，在生活中更是有无障碍扶手、沐浴凳等与其相关的设施。在地下空间中，经常会遇到的无障碍设施主要有轮椅坡道、盲道、无障碍出入口、无障碍楼梯和台阶、无障碍电梯和升降平台、无障碍厕所、扶手等。

（2）无障碍设计的原则

为减少特殊需求群体进出及使用地下空间的不便所造成的心理负担，地下空间中应设置合理、完善的无障碍设施，通常需要满足的设计原则包括：

① 安全性。安全是公共空间必须考虑的一个关键元素，地下空间也不例外。对于残障人士等弱势群体的特殊情况而言，由于生理机能或心理上存在缺陷，对危险的应变能力也比较有限，即使已经感知危险，也很难快速选择避开，所以在地下空间无障碍环境中，必须把安全放于第一位。具体的一些措施包括设置能简洁快速传达信息的导向设施、设置方便轮椅使用者和使用手推车的残疾人顺利进出的通道等。

② 便捷性。无障碍设计的便捷性是力图让使用地下空间的所有人，都能够简单明了、方便快捷地操作使用地下空间环境中的各类设施。设施要满足残障人士的身体尺度和行为活动的特殊要求，同时也应该考虑老年人和儿童等设计对象，并且减少他们对其他人的依赖性。

③ 适用性。与健全人相比，残障人士在身体机能上存在某些方面的缺陷，需要辅助工具来生活，所以在地下空间的设计中应充分考虑残障人士行动力的空间尺度以及他们在视力、听力、触觉上的感应。在开发无障碍环境及设施时考虑特殊的尺寸、材质、布置方式等均需要依据残障人士的生理心理需求特征，做出适用性的设计，以便残障人士使用。

④ 公平性。地下空间中的设施设备不仅是为残障人士提供便利，还要兼顾其他使用人群，例如携带重物行李的乘客、儿童推车、妇女、心情抑郁者等。为健全人也要提供人性化的便利空间，在满足残障人士特殊要求的同时，兼顾健全人的使用要求。

⑤ 可及性。无障碍可及性是指残障人士能够方便地感知、到达并使用各种环境设施，以完成自己的行为和目的。可及性原则的基本要求，就是要使残障人士能够到达建筑环境中的任何地方，像健全人一样能够安全方便地使用设施。

（3）无障碍标志

国际通用的无障碍标志牌是用来帮助残障人士通过视觉确认与其有关的环境特性并引导其行动的符号，于 1990 年由国际康复协会在爱尔兰首都都柏林召开的国际康复大会上表决通过。其标志牌为白底黑色或黑底白色轮椅图，轮椅方向向右，当所指方向为左时则轮椅面向左（图 6-1）。

图 6-1　通用无障碍标志

在地下空间中应系统性、全方位体现信息源，以适应各类型残障人士和普通乘客的不同需求，例如各种符号和标志引导行动路线，可帮助其到达目的地；以触觉和发声体帮助视残者判断行进方向和所在位置；使残障人士最大限度地感知其所处环境的空间状况，消除引起其心理隐忧的各种潜在因素等。凡符合无障碍标准的通道空间，能完好地为残障人士的通行和使用服务并易于残障人士识别，都应在显著位置安装国际通用无障碍标志牌。根据需要，标志牌的一侧或下方可同时辅以文字说明和方向指示，使其意义更加明了（图 6-2）。

图 6-2　部分无障碍标志

2. 公共服务设施及人性化设施

根据地下空间的使用功能需求，需要在地下空间环境中布置一些公共服务设施，如自动售票机、自动充值机、资讯台等。随着人性化实践的逐步推进，满足人们多样化需求的设施也逐步多样化，如休息座椅、垃圾桶、直饮水机、储物箱、自动售货机等（图 6-3），同时这些设施也往往兼具了空间环境中艺术小品的审美功能，在满足使用功能的前提下，给空间环境带来了诸多乐趣。

（a）自动售票机　　　　　　　　　　（b）休息座椅

图 6-3　公共服务设施及人性化设施实例

6.4　城市地下空间环境设计案例

本节以成都地铁的几座车站为例，介绍地下空间环境设计及文化艺术的打造。

1. 熊猫大道站

成都地铁在 3 号线熊猫大道站打造了以"熊猫故乡·文明旅游"为核心理念的特色文化车站。熊猫大道西起川陕路，经青狮路止于成都市大熊猫基地大门，全长约 4 300 m，是通往熊猫基地的主干线，熊猫大道站坐落于这条道路的起点。作为全线网距离大熊猫繁殖基地最近的一个地铁站，熊猫大道站担负着展现成都特有大熊猫文化的重任。车站内大量升级硬件设备，设置"爱心服务台""物品交换柜""动物座椅""大型主题墙"等，以代表环保的绿色为主色调，通过易懂的宣传语、宣传画，向社会公众传递安全文明出行理念，号召广大市民共建成都文明品牌，如图 6-4 所示。

　　方案以"熊猫文化"为原点，通过"竹子"的空间演绎，将竹子的肌理附着于部分柱体和站厅至站台垂直电梯的外表面，让乘客置身于"竹林"之中，且如同竹子的个性一样，空间充满张力，一派生机；同时以竹子为背景，再配合熊猫拟人化卡通形象的专属艺术作品《熊猫大使》，表现大熊猫在栖息环境竹林中憨态可掬的各种形象，使整个熊猫大道站充满谐趣、绿色自然，营造出"竹林深深深几许，竹丛深处有熊猫"这样一个充满意味的空间，如图 6-5 所示。

图 6-4　成都地铁熊猫大道站的熊猫名片

图 6-5　成都地铁熊猫大道站的"竹林"风光

2. 春熙路站

　　成都春熙路历经 83 年的岁月洗礼，现已经成为成都魅力的代名词。作为"百年金街"，春熙路是成都的时尚公告牌，一个世纪的商业人气都流经这里，全国乃至全世界的潮流和品牌在这里跳动着同一脉搏，成为成都的时尚之心。

　　春熙路站是成都地铁 2 号线、3 号线的换乘站，该站方案力求表现传统商业沉淀与现代商业时尚的相互交融，设计元素选取中国传统吉祥图案"路路通"作为形式构架进行铺砌，将其元素运用在天、地、墙之中，寓意路路通达、财源广进、百年商圈、恒久弥新。其中，墙面采用了现代商业展示设计的手法，底框为镜面处理，面层则采用玻璃材质，加上图案肌理的覆盖，光影在此界面相互叠加，对客流进行多角度、一定程度的反射，更好地表现众人熙熙的空间感觉；天花界面以暖色为主，烘托着春熙路蒸蒸日上的商业环境，寄托了人们对"百年金街"经久不衰的美好祝愿，如图 6-6 所示。

图 6-6　成都地铁春熙路站

3．驷马桥站

7 号线作为成都的首条环线地铁，把成都周边的交通进行了一次大串联。在带给市民周到服务的同时，成都更注重服务质量的提升，因此在站点的规划设计上做出了大胆的文化点染。全线按艺术设计划分为三个层级，设 8 座重点艺术站、5 座艺术站，同时按照春夏秋冬四种色系对应划分地铁四段，通过太阳神鸟的造型灯具以及祥云图案作为共性文化元素贯穿全线共性区天花，把 7 号线建设成为了一条流动的文化大环线。

"及乘驷马车，却从桥上归。名共东流水，滔滔无尽期"。驷马桥站的主题艺术品《上林赋》，以司马相如的代表性汉赋《上林赋》以及据此绘制的《上林图卷》为创作素材，将陶瓷艺术独特的表现力、汉代独具的磅礴大气以及中国传统书画卷轴之美有机结合在一起，不仅还原了《上林赋》的无尽风流，也还原了驷马桥历史上多次被"入诗"的辉煌一页。

驷马桥站为成都地铁 3 号线、7 号线换乘站，其建筑空间呈 T 字形，较大的站厅空间以及柱跨，为装修效果的塑造提供了优越的条件。借鉴"汉阙"的建筑形式，柱头装饰将汉代建筑中的"斗拱"简化，支撑起整个空间的构造关系，整体空间恢宏大气；天花、柱面附着的"回形纹样""涅槃纹案""驷马高车图"以及专题艺术品对"驷马高车"的演绎，无不增强了情景带入感，让乘客充分感受到这一历史遗址曾经的辉煌与荣耀，如图 6-7 所示。

图 6-7　成都地铁驷马桥站

【习　题】

1．城市地下空间环境主要包括哪些方面？分别有什么基本特点？

2．城市地下空间环境心理舒适性营造对象有哪些？能起到什么营造效果？

3．城市地下空间环境设计的基本原则是什么？

4．城市地下空间的物理环境设计主要包括哪些方面？常见措施有哪些？

5．城市地下空间的心理环境设计主要包括哪些方面？常见措施有哪些？

6．导向标识包括哪些类型？布置形式分为哪几种？

7．无障碍设施设计原则是什么？

8．请举例说明城市地下空间中常见的公共服务设施及人性化设施。

第 7 章　城市地下空间综合防灾规划

◎　本章教学目标

　　1. 熟悉城市地下空间灾害的类型、防灾特性及防护方法。
　　2. 熟悉城市综合防灾的概念与范畴、城市综合防灾规划的体系和内容，掌握地下空间开发与城市综合防灾规划的结合方式。
　　3. 熟悉地下空间常见灾害类型（火灾、内涝、震害）的特点，了解地下空间常见灾害类型的技术对策和规划内容。

　　近年来，地下空间灾害呈现多发性和突发性、多样化和严重化等特点和趋势。随着城市地下空间大规模、深层化的开发利用，地下空间的内部环境日趋复杂，需要重视地下空间开发利用中的防灾减灾工作。此外，城市地下空间综合防灾也是城市综合防灾体系的重要组成部分，通过地下空间综合防灾能力的提升，推动现代化城市综合防灾减灾体系的完善，提升城市整体的防灾减灾能力。

7.1　城市地下空间防灾概述

7.1.1　地下空间的灾害类型

　　在成因上，地下空间灾害分自然灾害和人为灾害两类。自然灾害是以自然变异为主而产生的并表现为自然态的灾害，又可以分为气象灾害、地质灾害及生物灾害，通常包括地震、洪水、风暴、海啸等。人为灾害是人为因素给人和自然社会带来的危害，又可分为主动灾害和被动灾害，包括火灾、恐怖袭击、战争灾害等。实际上，有些灾害是自然界客观事物本身发展与演化叠加人类开发活动负面作用而形成的，有时很难准确地划清两者之间的界限。此外，有些灾害产生的原因可能是自然原因，也可能是人为原因，也有可能是自然原因与人为原因共同作用而引发的。

　　一方面，由于地下空间对外部灾害具有先天的防灾优势，如对地震、风灾、雪灾、战争空袭等城市灾害都有很强的防护特性，构成了城市地下空间防灾设施。但另外一方面，地下空间对内部灾害则具有明显的易灾劣势，如火灾、内涝、恐怖袭击、空气污染等。由于地下环境的特点，使城市地下空间内部防灾问题更为复杂、更加困难，因防灾不当所造成的危害也更加严重。因此，城市地下空间规划应综合考虑外部和内部灾害的影响，建立城市地下空间的综合防灾体系。

在地下空间各种灾害中，火灾发生频率是最大的。内涝灾害则因为地下空间的天然地势缺陷，在地下空间灾害中所造成的损失也是尤为突出。虽然地下比地上的抗震性能好，但因地震灾害破坏性大，施救困难，也被作为地下防灾的重要部分。

7.1.2 地下空间的防灾特性

发生在地下空间内部的灾害多是人为灾害，具有较强的突发性和复合性。地下空间内部环境的特点使得因防灾不当造成的危害更为严重。但同时，地下空间也具有一些抗灾优势，妥善加以利用，则可以综合提高城市的整体防灾能力。

1. 地下空间的易灾性

（1）地下空间的封闭性

地下环境的最大特点是封闭性，除有窗的半地下室外，一般只能通过少量出入口与外部空间取得联系，给防灾救灾造成许多困难。

在封闭的室内空间中，容易使人失去方向感，极易迷路。在这种情况下发生灾害时，心理上的惊恐程度和行动上的混乱程度要比在地面建筑中严重得多。内部空间越大，布置越复杂，这种危险就越大。

在封闭空间中保持正常的空气质量要比有窗空间困难得多，进、排风只能通过少量风口，在机械通风系统发生故障时很难依靠自然通风补救。此外，封闭的环境使物质不容易充分燃烧，在发生火灾后可燃物发烟量大，对烟的控制和排除相当复杂，不利于内部人员疏散和外部人员进行救援。

（2）地下空间处于地面高程以下

地下环境的另一个特点就是处于城市地面高程以下，人从楼层中向室外的行走方向与在地面建筑中相反，这就使得从地下空间到开敞的地面空间的疏散和避难都要有一个垂直上行的过程，比下行要消耗体力，从而影响人员的疏散速度。

同时，自下而上的疏散路线，与内部的烟和热气流的自然流动方向一致，因而人员的疏散必须在烟和热气流的扩散速度超过步行速度之前进行完毕。由于这个时间差很短暂，又难以控制，所以给人员疏散造成很大困难。

此外，这个特点使地面上的积水容易灌入地下空间，难以依靠重力自流排水，容易造成内涝；如果地下建筑物处在地下水的包围之中，还存在工程渗漏水和地下建筑物上浮的可能。

还有，地下结构中的钢筋网及周围的土或岩体对电磁波有一定的屏蔽作用，妨碍无线通信，如果接收天线在灾害初期遭到破坏，将影响内部防灾中心的指挥和通信工作。

2. 地下空间的防灾性

由于地下空间相对封闭、周围有岩土体介质隔离等特点，对一些灾害尤其是外部灾害又具有天然的防灾优势。

（1）对于抗爆来说，覆盖在地下空间结构上部和周围的岩土介质发挥了重要的消波作用。核爆炸产生空气冲击波遇到地面建筑时，迎爆面将会形成比入射超高压提高 2~8 倍的反射压力峰值，而对地下结构来说，经过一定深度的覆盖层后，冲击波的动荷效应会被大大减弱。岩土的覆盖层对核爆的光辐射、早期的核辐射、放射性污染等杀伤因素也都具有屏蔽功效。

（2）地下空间具有抗震特性，在同一震级下，跨度小于 5 m 的地下建筑物的抗震能力一般要比地上建筑物提高 2~3 个烈度等级。在发生地震时，地下建筑被岩土介质所包围，对其结构自振具有阻尼作用，并为结构提供了弹性抗力以限制其位移的发展。因而，地下建筑埋设越深，抗震性能越高，只要通往地面的出入口不被破坏或堵塞，人员在这样的地下空间内是安全的。

（3）有毒化学物泄露及核事故造成的放射性物质的泄露，对城市居民的危害十分严重。在现代的战争中，如果有核袭击和大规模使用化学和生物武器的情况，对于地面上的人员防护非常困难，但对于地下封闭的空间，只要采取必要的措施防止有毒气体的进入，其中的人员是安全的。

（4）地下空间的介质具有一定厚度，地下建筑结构的覆土具有一定的热绝缘，具有天然的防火性能，地下建筑的防护设计满足早期核辐射的要求以后，城市大火对其内部人员基本没有伤害。

（5）地下空间由于有地面覆盖物的保护，风只能从地下空间吹过对地下空间影响极小，很明显，地下空间具有极强的防风能力。

（6）地下空间在自然状态下并不具有防洪的能力，遇到城市局部或者全部遭到水淹时，时常有向地下空间灌水的现象发生，成为地下空间内部的一种灾害。因而，地下空间防内涝能力差是其防灾特征的缺陷，但是可以利用地下空间进行储水或者修建水库来调节水势和用水，减少城市内涝和缺水的问题。

7.1.3　地下空间灾害的防护方法

地下空间灾害防护的基本方法主要可分为单灾种防护、多灾种防护、主动防灾、综合防灾。

1. 单灾种防护

单灾种防护，是指对自然灾害或人为灾害中的单一灾害类型进行的灾害防护。单灾种防护通常是根据防护范围内孤立灾害的单一性或根据灾害发生种类、特点、频次及规模等，对其中的主导灾害进行的一种防护，其特点简单、功能单一，对并发灾害防护的适应性差。

2. 多灾种防护

多灾种防护，是指同时对多种自然灾害进行防护。其特点是可在防护范围内同时对多个灾种或主要灾种进行防护，能满足灾害链式演化系统的需要，是综合防灾的初级形式。

3. 主动防灾

主动防灾，是指在灾害发生前，采取一定的技术措施对灾害进行预防以减少灾害发生，变被动抗灾为主动防御的一种方法。在地下空间灾害防护中，主动防灾还包括另外两方面的含义：一是为了满足平时需要，开发利用地下空间要主动兼顾防灾；二是将地下空间作为防灾工程的重要和必要组成部分，主动利用地下空间防灾。其特点是能充分发挥主观能动性，在充分利用地下空间防灾特性的同时，对地下空间自身的潜在灾害进行预防。

4．综合防灾

综合防灾，是指在防护范围内将地面、地下各潜在灾种综合考虑，采用的一种融主动防灾、救灾为一体的灾害防御方法。综合防灾的特点是能对多灾种进行综合考虑，形成统一的防灾系统，共享防灾资源。通过综合防灾，可实现防灾组织管理、信息及资源的整合，实现防灾一体化。

综合防灾通常包括：① 防灾贯穿于灾前预防、灾中救助和灾后恢复重建的全过程；② 包括防护范围内潜在的各灾种；③ 防灾有实体机构实行统一的组织管理，有完善、畅通的灾害信息共享机制、灾害评估及辅助决策系统。它要求建立大安全观，在制定各单项防灾减灾规划时，从大系统出发，考虑城市全局及灾害的多发性与连锁效应，实现各类灾害的应急预案、应急管理与防灾规划的综合，全过程优化，信息共享，社会与政府防灾行为联动，防灾规划与城市总体发展规划相结合，防灾救灾硬件与软件结合。

7.2 城市综合防灾规划

7.2.1 城市综合防灾体系的组成

1．城市综合防灾的范畴

城市综合防灾是为应对地震、洪涝、火灾及地质灾害、极端天气灾害等各种灾害，增强事故灾难和重大危险源防范能力，并考虑人民防空、地下空间安全、公共安全、公共卫生安全等要求而开展的城市防灾安全布局统筹完善、防灾资源统筹整合协调、防灾体系优化健全和防灾设施建设整治等综合防御部署和行动。

城市综合防灾主要包含两层含义：一是为了应对自然灾害与人为灾害、原生灾害与次生灾害，要全面规划，制定综合对策；二是要针对灾害发生前、发生时、发生后的避灾、防灾、减灾、救灾等各种情况，采取配套措施。因此，可以将城市综合防灾的特点概括为三点：多灾种、多手段和全过程。

针对灾害各阶段，所采取的综合防灾措施的目的为：

（1）防灾：防御灾害的发生和防止灾害带来更大的损失和危害。

（2）减灾：减少或减轻灾害的损失。

（3）抗灾：为了抵御、控制、减轻或降低灾害的影响，最大限度地减轻或减少损失而采取的措施。

（4）救灾：运用经济技术手段，通过有效的组织和管理，减少灾害的经济损失和人员伤亡，尽快恢复生产及社会活动的正常秩序。

（5）灾后重建：包括重建家园和恢复生产。

以往的城市防灾工作比较倚重工程手段，随着人们对灾害规律认识的深入，现在已越来越认识到非工程性手段的重要作用。目前对城市综合防灾的认识来说，可以将城市防灾的手段概括为三种：工程防灾、规划防灾和管理防灾。所谓城市综合防灾应是这三种手段的综合应用。

2. 城市综合防灾体系的构成

城市综合防灾体系是人类社会为了消除和减轻自然灾害对生命财产的威胁，增强抵御、承受灾害的能力，为灾后尽快恢复生产生活秩序而建立的灾害管理、防御、救援等组织体系与防灾工程、技术设施体系，包括灾害研究、检测、信息处理、预报、预警、防灾、抗灾、救灾、灾后援建等系统，是社会、经济可持续发展所必不可少的安全保障体系。

城市综合防灾涉及的灾害种类多，因此城市综合防灾体系是一个综合的管理系统，应该包括软件系统和硬件系统两个部分。软件系统包括城市灾害危险性评估及区划、综合防灾减灾规划、灾害应急预案、防灾减灾宣传和培训、减灾立法以及综合减灾示范系统。硬件系统包括城市综合减灾管理系统、各单灾种（如地震、洪涝、台风等）检测和预报系统、建筑抗震加固工程、火灾监视与消防系统、医疗紧急救护系统、市政工程抢修系统、交通安全管理系统以及应急通信、运输、救济等后勤保障系统等。

一般而言，城市综合防灾体系的主要系统包括：

（1）防灾研究、监测与预警系统：是城市综合防灾体系的根基，是基础也是最重要的组成部分。该系统是全社会科研精英，运用最先进的科技，研究灾害发生、发展的客观规律，掌握监测灾害、预报灾害的基本技术，为组织指挥、防灾设施、生命线工程与防灾支持等顺利开展提供理论支撑与科学指导。该系统一般以国家级研究中心、研究机构为核心，联合大学团队与高科技企业协同攻关，产学研一体化。

（2）防灾组织指挥系统：是城市综合防灾体系的灵魂和大脑，是其他体系得以正常运转的指挥棒，包括领导机构、咨询机构和指挥设施。防灾组织指挥系统是灾害应对的组织、协调中枢，对防灾专业设施与防灾生命线系统做出决策，并对防灾支持系统提出要求。对应不同政体与政府组织形式，组织指挥系统亦有不同的架构方式。

（3）防灾专业设施系统：是城市综合防灾体系中最直接的防灾专业设施，其他系统通过该系统来发挥防灾救灾的直接效用，包括消防、防洪防涝、抗震防灾、防风防潮、人防等专业设施。由于灾害的不同类型，该系统对应着不同的实施主体，由不同的部门分头负责实施。

（4）防灾生命线系统：是城市综合防灾体系中与防灾专业设施并重的防灾专业支持设施，包括交通运输系统、水供应系统、能源供应系统和信息情报系统。其对于救灾、灾后安置与恢复具有重要作用，一方面支持组织指挥系统的实施，另外一方面支持防灾专业设施效能的发挥，还是灾民生活的必备生存物质。

（5）防灾支持系统：是以上各大系统得以正常运转的催化剂，包括治安系统、储运系统、社会保障与福利系统、医疗救护系统、市政工程抢修系统、法律体系及宣传教育系统等。在城市综合防灾体系中，将不属于以上四方面的所有部分纳入该系统，在经济、社会、法律、教育等领域进行与综合防灾相关的建设，统筹城市全力，完善防灾体系。

7.2.2　城市综合防灾规划的体系

1. 城市综合防灾规划与城市规划的关系

城市综合防灾规划是指城市在面临多样化、复杂化的灾害类型时，通过风险评估明确城市的主要灾种和高风险地区，针对灾害发生的灾前预防、灾时应急、灾后重建等不同阶段，制定包括政策法规、管理、经济金融保险、教育、空间、工程技术等全方位对策，对城市灾害管理体制进行整合，全社会共同参与规划的编制与实施过程，并对单灾种城市防灾规划提出规划的基本目标和原则的纲领性计划。因此，城市综合防灾规划体现出全社会、全过程、多灾种、多风险、多手段的特征。

从体系范畴角度，城市综合防灾规划可以分为全方位的城市综合防灾规划和城市规划中的城市综合防灾规划两个类型，两者的规划内容和侧重点各有不同。全方位的城市综合防灾规划是城市范围内防灾工作的综合安排，一般由城市政府防灾应急管理部门为主体组织编制。城市规划中的城市综合防灾规划是城市规划领域内要考虑的城市防灾问题，一般由城市规划管理部门为主体组织编制，是城市规划与城市综合防灾规划的交集（图 7-1）。

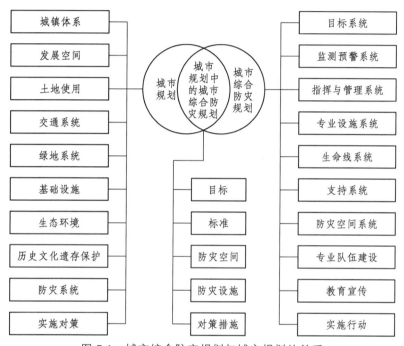

图 7-1　城市综合防灾规划与城市规划的关系

2. 全方位的城市综合防灾规划

全方位的城市综合防灾规划是在单灾种城市防灾规划基础上编制的，是一种覆盖不同灾种、不同防灾阶段、不同防灾手段的防灾规划形式。全方位的城市综合防灾规划，可以看作是城市规划体系外的城市综合防灾规划，也就是城市综合防灾专项规划，一般由所在城市具有统一权威的政府防灾应急管理部门牵头，开展组织编制工作。

城市中各灾种防灾规划主要针对各单项灾种制定相应的对策，而全方位的城市综合防灾规划主要针对城市中的主要灾害类型，提出全方位的系统性对策措施。全方位的城市综合防灾规划与各单项城市防灾规划的交集体现在目标、对策、资源整合和实施保障方面。

全方位的城市综合防灾规划的编制体系包括：目标系统、监测预警系统、指挥管理系统、专业设施系统、生命线系统、支持系统、防灾空间系统、专业队伍系统、教育宣传、实施行动等。从空间层面讲，全方位的城市综合防灾规划中的防灾空间系统又包括市域综合防灾规划、城市综合防灾规划、各企事业单位的防灾业务规划、防灾空间与设施的紧急运营规划、防灾社区规划，以及家庭的防灾计划等。

3. 城市规划中的城市综合防灾规划

城市规划中的城市综合防灾规划，可以称为是城市规划体系内的城市综合防灾规划，是指在一定时期内，对有关城市防灾安全的土地使用、空间布局，以及各项防灾工程、空间与设施进行综合部署、具体安排和实施管理。城市规划中的城市综合防灾规划，一般由该城市的城市规划主管部门牵头，开展组织编制工作。其规划内容体现出明显的规划防灾和空间策略的特征，例如重视土地使用、空间布局、设施规划、灾前预防，体现出城市规划法规体系与防灾法规体系的良好结合（图 7-2）。

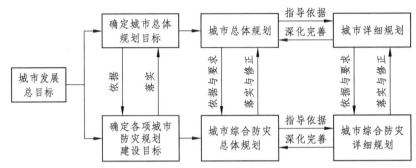

图 7-2　城市规划中城市综合防灾规划与城市规划的关系

从城市规划的法定规划体系和空间层面来分，城市综合防灾规划可以分为总体规划层面和详细规划层面两个层次，分别对应城市规划体系中的城市总体规划和城市详细规划。其中，城市综合防灾总体规划包括针对市域的综合防灾规划和针对中心城区范围的城市综合防灾规划；城市综合防灾详细规划包括城市综合防灾控制引导和防灾设计与空间规划设计（图 7-3）。

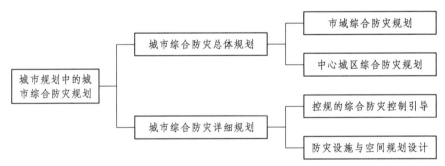

图 7-3　城市规划中城市综合防灾规划的编制体系构成

7.2.3　城市综合防灾规划的内容

1. 全方位的城市综合防灾规划编制内容

对全方位的城市综合防灾规划而言，其规划内容体现出工程性措施和非工程性措施并重的特征。

在工程性措施方面，与单灾种规划相同，同样都很重视各专业领域内的工程防灾技术标准，但是全方位的城市综合防灾规划更加注重宏观、全局性的关键性指标参数的设定。在非工程性措施方面，其侧重点体现在制定综合性防灾的法规政策，完善综合防灾管理体制，建立区域防灾协调联动机制，实施灾害观测与预警，制定综合防灾研究计划、新技术开发应用计划，开展综合防灾的宣传教育、志愿者培训、专业防灾队伍的建设，各单位企业和基层社区的防灾要求，灾前、灾中、灾后的衔接，与各单灾种规划的协调，重点项目优先计划、规划实施策略和年度推进计划等方面。

2. 城市规划中的城市综合防灾规划编制内容

如图 7-3 所示，城市规划中的城市综合防灾规划包括城市综合防灾总体规划和城市综合防灾详细规划两个层次。

（1）总体规划

城市综合防灾总体规划的主要任务是通过收集大量城市现状资料，对灾害风险形式进行科学分析，找出城市综合防灾工作中的问题和不足，通过调整土地利用、空间和设施布局，形成良好的城市防灾空间设施网络，制定工程性和非工程性防灾措施，提升城市的综合防灾能力，以降低灾害风险，减少潜在灾害对城市造成的损害。其规划范围是城市行政管辖的地域范围，与城市总体规划的规划范围一致。

① 市域综合防灾规划

市域综合防灾规划是从市域范围考虑市域、流域的防灾问题的解决，防灾空间设施的布局以及市域防灾管理联动机制的建立，其规划更具有宏观性、战略性和政策性。其任务是结合市域的自然环境特点、行政区划、空间形态与结构、道路交通系统、重大基础设施布局等要素，科学布局市域性防灾空间和设施据点，形成高效的市域综合防灾网络，建立市域防灾快速联动与支援机制，提升市域的综合防灾能力。

市域综合防灾规划包括市域交通网络、市域避难设施系统、市域供水系统、市域供电系统、市域通信系统、市域救灾物资储存网络、市域防灾快速联动机制等。其中重点内容包括：

a. 形成市域防灾交通网络：以区域的空间结构为基础，规划区域交通轴，联系各防灾据点，保证防灾据点对外界多样化的交通联系手段，以及通往受灾核心区域的灵活多样的交通手段。

b. 规划设置市域防灾轴：在区域范围内形成高效的防灾轴线网络，划分规模较大的防灾单元区块，由区域性交通网络、区域性绿带、河流等要素组成。

c. 规划设置市域防灾据点：指能够开展重要防救灾活动的市域性城市公园等场所，功能包括救灾物资的转运、分配，支援部队的集结、宿营，器材储备，日常休憩等，一般在人口稠密的市区周边、交通枢纽地区布置。

图 7-4 为日本神户市域的防灾绿地轴和防灾据点分布示意图。

② 中心城区综合防灾规划

在中心城区，综合防灾规划的主要任务是通过收集大量城市现状资料，对灾害风险形势进行科学分析，找出城市综合防灾工作中的问题和不足，通过调整土地利用、空间和设施布局，形成良好的城市防灾空间设施网络，采取工程性和非工程性防灾措施，提升城市综合的防灾能力，以降低灾害风险，减少潜在灾害对城市造成的损害。

在城市总体规划层面，中心城区的城市综合防灾规划主要内容包括：现状调查与问题研究、城市现状综合防灾能力评估、城市灾害综合风险评估与潜在损失预测、规划目标与原则、城市总体防灾空间结构、防灾分区、疏散避难空间系统规划、防救灾公共设施布局规划、市政基础设施系统防灾规划、重大危险源和次生灾害防治规划、特定地区的综合防灾规划、实施建议等。其中部分内容的相关概念和要求介绍如下：

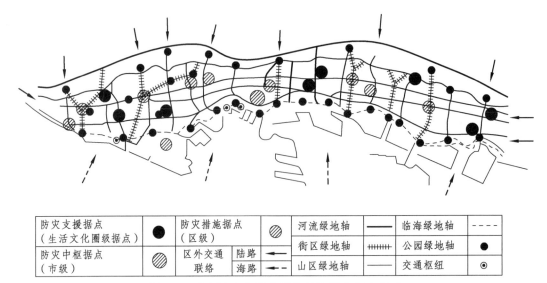

| 防灾支援据点
（生活文化圈级据点） | ● | 防灾措施据点
（区级） | ◪ | 河流绿地轴 | —— | 临海绿地轴 | - - - - |
| 防灾中枢据点
（市级） | ◪ | 区外交通
联络 | 陆路 ←
海路 ← - | 街区绿地轴
山区绿地轴 | ┼┼┼┼┼
—— | 公园绿地轴
交通枢纽 | ●
◉ |

图 7-4　日本神户市防灾绿地轴和防灾据点构成

a. 城市总体防灾空间结构：是指城市中各类各级防灾空间和防救灾设施布局的形态与结构形式，主要由"点、线、面"构成。"点"指避难场所、防灾据点、重大基础设施、重大危险源、重大次生灾害源、防灾安全街区、防灾公园绿地系统、开发空间系统等；"线"主要指防灾安全轴、避难道路与救灾通道以及河岸、海岸等线状地区等；"面"主要指防灾分区、土地利用防灾计划、土地利用方式调整、各类防灾社区防灾性能的提升，以及城市旧区的防灾计划等。

b. 城市总体防灾分区：合理划分城市区域为各等级防灾分区，有利于城市防灾资源整合和分配，可分为一级、二级、三级防灾分区，总体规划层面重点是一级防灾分区。一级防灾分区：分区隔离带不低于 50 m，利用隔离带或天然屏障（如河流、山川）防止次生灾害，具备功能齐全的中心避难场所、综合性医疗救援机构、消防救援机构、物资储备、对外畅通的救灾干道。二级防灾分区：分区隔离带不低于 30 m，以自然边界、城市快速路作为主要边界，具备固定的避难场所、物资供应、医疗消防等救灾设施。三级防灾分区：分区隔离带不低于 15 m，以自然边界、绿化带、城市主次干道为主要边界，以社区为单位，紧急避难场所的半径约为 500 m。

c. 城市防灾轴：在灾前，防灾轴能提供灾害防护空间和生态调节空间；在灾时，能提供多种应急空间，例如灾时紧急避难场所、指挥中心、信息中心、应急医疗救护、物资储备、交通干道、救援通道、疏散通道、外援中转空间等。城市防灾轴可以分为防灾主轴和防灾次轴：防灾主轴宽度在 30 m 以上，连接区域性避难中心和区域性防灾据点，是城市、城际的主要交通联络通道，以重要河川、主要道路为轴心；防灾次轴宽度在 24 m 以上，依靠城市次干道设置，支撑在中等规模街区层次上开展避难、消防等应急活动。城市防灾轴实例如图 7-5 所示。

d. 城市疏散通道系统：分为救灾干道、疏散主通道、疏散次通道、一般疏散通道，在总体规划阶段以前三项为主。救灾干道是指在大灾、巨灾下需保障城市救灾安全通行的道路，主要用于城市对内对外的救援运输，有效宽度不小于 15 m。疏散主干道是指在大灾下保障城市救灾疏散安全通行的城市道路，主要用于城市内部运送救灾物资、器材和人员的道路，有效宽度不小于 7 m。疏散次干道是指在中灾下保障城市救灾疏散安全通行的城市道路，主要用于人员通往固定疏散场所，有效宽度不小于 4 m。一般疏散通道指用于居民通往紧急疏散场所的道路，有效宽度不小于 4 m。每个二级防灾分区至少有一条救灾干道，绝大多数二级防灾分区至少有一条疏散主干道，每个防灾分区在各个方向至少保证有 2 条防灾疏散通道。

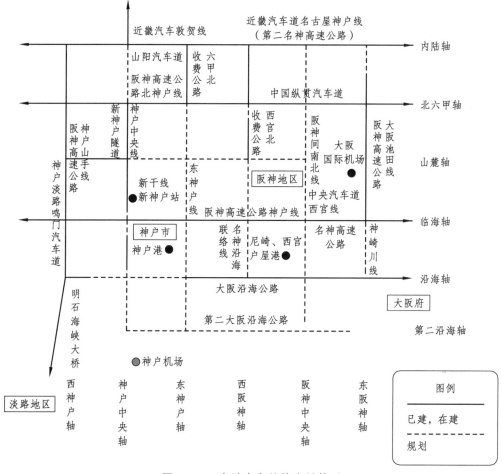

图 7-5　日本神户市的防灾轴体系

　　e. 城市避难场所系统：包括中心避难场所、组团避难场所、紧急避难场所。中心避难场所面积在 50×10^4 m² 以上、人均有效避难面积不小于 4 m²，疏散半径为 3 km 左右，是功能较全的固定疏散场所，主要包括全市性公园、大型开放广场等，由城市抗震救灾指挥部集中掌握使用。组团避难场所面积在 10 000 m² 以上，人均有效避难面积不小于 2 m²，疏散半径为 2~3 km，主要包括人员容量较多的较大型公园、广场、中高等院校操场、大型露天停车场、空地、绿化隔离带等。紧急避难场所面积在 1 000 m² 以上，人均有效避难面积不小于 1 m²，疏散半径为 500 m 左右，主要作为附近居民的紧急避难场所或到中心避难场所去的中转地点。

　　f. 城市危险源：是指在城市中长期或临时生产、搬运、使用或贮存危险物品，且危险物品的数量等于或超过临界量的场所和设施，可以分为生产场所危险源和贮存区危险源两种。

（2）详细规划

① 城市控制性详细规划的综合防灾控制引导

在控制性详细规划层面，城市综合防灾规划的规划范围是城市局部地区，用地规模从十几公顷到几千公顷不等，小到城市街区、大到城市分区。需要重点解决的问题是在局部地区，对城市综合防灾总体规划中确定的重要防灾空间和设施项目落到具体地块上，规划社区级的防灾空间和设施，对各防灾分区中存在的问题进行深入研究，提出解决办法，并为下阶段的城市规划和项目建设提供防灾依据。

城市控制性详细规划的综合防灾控制引导的主要内容包括如下四个方面：

a. 明确规划目标与策略。充分分析规划地区现状存在的综合防灾问题，确定该地区的综合防灾规划目标，确定该地区的防灾策略。

b. 防灾空间结构的优化。落实上位规划，将第一层级、第二层级防灾分区的界线进行明确，将总体规划中确定的防灾空间设施进行落地和细化，并划分第三层级防灾分区。

c. 防灾分区的规划对策。在合理确定防灾规划第三层级分区的基础上，确定各防灾分区的控制内容和指标，提出分地块的控制指标，完成规划管理图则，便于规划管理。制定土地利用防灾计划，特别是特定地区的防灾规划，需要提出土地利用调整和空间布局的规划控制措施，使规划更有针对性。在第三级防灾分区中继续进一步细分地块，判断每个地块的风险程度，制定规划策略。

d. 划定防灾安全线。

② 防灾设施与空间规划设计

城市防灾设施与空间规划设计的规划对象主要是具体的空间、地段、街区和场地，侧重各类防空空间的规划与设计，其规划的地域空间范围更小、内容更具体、任务更明确。规划任务主要解决具体空间地段上的综合防灾问题，提高该地段的综合防灾能力，进行具体空间地段的防灾规划设计等。根据空间的功能性质来分，综合防灾规划的类型包括：避难场所详细规划、疏散通道详细规划、防灾公园规划设计、防灾安全街区规划与防灾社区规划等。

7.2.4　城市综合防灾规划与地下空间的结合

在城市综合防灾规划中，应结合地下空间的开发利用，因地制宜地设置相应的地下防灾设施，综合提高城市的防灾能力。

（1）城市应急避难场所规划与地下空间相结合。设置位于地下空间内的应急避难场所，可以解决地面应急避难场所防灾配套设施空间不足以及地面场地条件不适宜建设的情况。此外，由于地下空间具有比地面空间更好的防灾掩蔽效果，对一些严酷自然灾害、高危人群宜采用地下空间进行掩蔽。

（2）城市抗震规划与地下空间相结合。城市地下公共防灾工程一般选址于城市公共绿地、广场等区域，容易结合城市避震规划疏散场所进行规划设置。城市主要的避震疏散通道，宜主要考虑地下化立体交通设施。

（3）城市消防规划与地下空间相结合。城市消防规划的任务是对城市总体消防安全布局和消防站、消防给水、消防通信、消防车通道等城市公共消防设施和消防装备进行统筹规划。加强地下空间规划与城市消防规划的衔接，强化对地下空间建设的指导，完善地下空间的防灾设计。

（4）城市防洪规划与地下空间相结合。要充分考虑地下空间的防洪、防涝功能，结合城市防洪规划从防洪规划的原则、防洪规划标准及城市防洪体系确定等方面，与城市防洪规划协调。此外，可以在城市地下修建深层排水隧道等排水蓄洪设施，缓解城市丰水期内涝和枯水期缺水的问题。

7.3　城市地下空间防灾规划

城市地下空间综合防灾应贯彻"平战结合、平灾结合、以防为主和防、抗、避、救相结合"的原则，在提升地下空间自防灾能力的基础上，完善现代化城市综合防灾减灾体系。本节主要结合城市地下空间灾害的发生频次和损失程度，主要介绍城市下空间防火灾、内涝、震灾的相关规划要求。

7.3.1　地下空间防火灾规划

由于地下空间封闭性的环境特点，地下空间的防火应以预防为主，火灾救援以内部消防自救为主。

1. 地下空间火灾的特点

地下空间建筑发生火灾时，具有以下特点：

（1）烟气量大，高温且散热难。地下空间具有密闭性，空气流通不畅，燃烧不充分，会产生大量烟气，不易扩散，温度达 800 ℃ 甚至超过 1 000 ℃。

（2）换气受制约，烟气控制难。在地下空间，自然补风受到限制，需依赖风机强制性换气和排风，且易形成负压，造成烟气无法排出，导致疏散门开启困难。

（3）易形成烟囱效应，高温烟气迅速扩散蔓延。

（4）人员疏散难。一方面，烟气量大、高温、有毒气体使人易缺氧、窒息和灼伤，且能见度低，刺激性气体使人无法睁眼，找不到方向；另一方面，人流方向与烟气方向一致，人群疏散速度低于烟气扩散速度，若烟气得不到控制，无法疏散，容易造成混乱。

（5）灭火救援困难。救援人员无法直接观察到火灾的具体位置和情况，难以进行有效阻止，只能通过有限的出入口进入火场，难以迅速到达发火位置；信号受屏蔽效应干扰，难以与地面及时联络。

2. 地下空间防火灾的技术对策

常用的地下空间防火技术对策如下：

（1）设置防火防烟分区及防火隔断装置。为防止火灾的扩大和蔓延，使火灾控制在一定的范围内，地下建筑必须严格划分防火及防烟分区，相对于地面建筑要求更严格，并根据使用性质不同加以区别对待。防烟分区不大于、不跨越防火分区，且必须设置烟气控制系统控制烟气蔓延，排烟口应设在走道、楼梯间及较大的房间内。当地下空间室内外高差大于 10 m 时，应设置防烟楼梯间，在其中安置独立的进风排烟系统。

（2）设置火灾自动报警和自动喷水灭火系统等消防设施。地下空间火灾主要依靠其自身的消防设施控制并扑灭，应全面设置火灾报警系统，并利用联动响应的灭火设施和排烟设备，控制火势蔓延和烟气扩散。

（3）保证人员安全疏散。地下商业空间安全疏散时间不超过 3 min，因此必须设置数量足够、布置均匀的出入口。地下商业空间内任何一点到最近的安全出口的距离不应超过 30 m，每个出入口所服务的面积大致相当。出入口宽度要与最大人流强度相适应，以保证快速通过能力。地下空间布局要尽可能简单、清晰、规则，避免过多的曲折。同时，发挥消防电梯在地下空间尤其是相对深层地下空间的疏散作用。结合残疾人无障碍出入口的设置，做好消防机器人和轻型消防装备及灭火救援通道的预留。

（4）设置可靠的应急照明装置和疏散指示标志。可靠的应急照明装置和完整的疏散指示标志能够大大提高火灾时人员的安全逃生系数，并应采用自发光和带电源相结合的疏散标志。应急照明装置除有保障电源外，还应使用穿透烟气能力强的光源。此外还应配有完善的广播系统。

（5）内部建设与装修选用阻燃材料及新型防火材料。城市地下空间装修材料应选用阻燃、无毒材料，禁止在其中生产或储存易燃、易爆物品和着火后燃烧迅速而猛烈的物品，严禁使用液化石油气和闪点低于 60 °C 的可燃液体。

3．地下空间防火灾规划的主要内容

（1）确定地下空间分层功能布局。地下商业设施不得设置在地下三层及以下，地下文化娱乐设施不得设置在地下二层及以下。当位于地下一层时，地下文化娱乐设施的最大开发深度不得深于地面下 10 m。具有明火的餐饮店铺应集中布置，重点防范。

（2）防火防烟分区。每个防火防烟分区范围不大于 2 000 m²，不少于 2 个通向地面的出入口，其中不少于 1 个直接通往室外的出入口。各防火分区之间连通部分设置防火门、防火闸门等设施。即使预计疏散时间最长的分区，其疏散时间也须短于烟雾下降的时间。

（3）地下空间出入口布置。地下空间应布置均匀、足够的通往地面的出入口。地下商业空间内任何一点到最近安全出口的距离不得超过 30 m。每个出入口的服务面积大致相当，出入口宽度应与最大人流强度相适应，保证快速通过能力。

（4）核定优化地下空间布局。地下空间布局尽可能简洁、规整，每条通道的折弯处不宜超过 3 处，弯折角度大于 90°，便于连接和辨认，连接通道力求直、短，避免不必要的高低错落和变化。

（5）照明、疏散等各类设施设置。依据相关规范，设置地下空间应急照明系统、疏散指示标志系统、火灾自动报警系统、应急广播视频系统，确保灾时正常使用，保证人员安全疏散。

7.3.2　地下空间防内涝规划

由于地下空间的地势特点，内涝的防治一直是重点和难点。地下空间内涝主要由地下水、地表水及气象降雨造成，严重时将会引起洪水倒灌进入并淹没地下空间形成内涝。一般性洪涝灾害具有季节性和地域性，虽然很少造成人员伤亡，但一旦发生，就会波及整个连通的地下空间，造成巨大的财产损失。

1. 地下空间内涝的特点

我国城市中不少过去修建的民防工程，由于缺乏必要的规划设计，加上建筑防水质量很差，在一些地下水位高的地区，不少工程平时就浸在水中，不但不能使用，而且对附近的环境卫生也有很大影响。一到雨季，或遇地下水管破裂，则灌水现象更为普遍，严重的会造成地面沉陷，使地面上的房屋倒塌。

随着城市地下空间规模的扩大，功能、结构和相邻的环境呈现多样性和复杂性，导致地下空间的内涝呈现风险大、不确定性、难预见性和弱规律性等成灾特性。

（1）成灾风险大。地下空间具有一定的埋置深度，通常处在城市建筑层面的最低部位，对于地面低于洪水位的城市地区，由洪涝灾害引起的地下空间内涝成灾风险高。

（2）灾害发生具有不确定性和难预见性。根据已发生的地下空间受内涝的众多案例进行分析，其受灾因素多样化，有自然因素也有人为因素，灾害原因具有多样性，灾害发生前难以预料。

（3）灾害损失大、灾后恢复时间长。随着大型地下综合体和大型城市公用设施（如地下变电站、城市综合管廊等）的出现，加上地下空间规划的连通性，以及地下空间自身防御洪涝灾害的脆弱性，一旦内涝灾害发生，地下空间内的人员、车辆及其他物资难以在短时间内快速转移和疏散，导致损失严重，甚至产生相关联的次生灾害。同时，一些日常运行管理的配套设备淹水后造成损坏，进一步加剧灾害的损害程度和恢复难度。为排出地下空间内的积水，往往需要临时调集排水设备或等外围洪水退去方可救援，造成灾损无法控制和灾后恢复时间延长。

2. 地下空间防内涝的技术对策

地下空间防内涝可采取下列对策：

（1）地下空间的出入口、进排风口和排烟口都应设置在地势较高的位置，出入口的标高应高于当地最高洪水位。

（2）出入口安设防淹门，在发生事故时快速关闭，堵截暴雨洪水或防止洪水倒灌。另外，一般在地铁车站出入口门洞内预留门槽，在暴雨时临时插入叠梁式防水挡板，阻挡雨水进入；在大洪水时可减少进入地下空间的水量。

（3）在地下空间入口外设置排水沟、台阶或使入口附近地面具有一定坡度，直通地面的竖井、采光窗、通风口，都应做好防洪处理，有效减少进水量。

（4）设置泵站或集水井。侵入地下空间的雨水、洪水和触发火警时的消防水等都会聚集到地下空间的最低处。因此，应设置排水泵站，将水量及时排出，或设集水井暂时存蓄洪水。

（5）通常采用双层墙结构等措施，并在其底部设排水沟、槽，减少渗入地下空间的水量。

（6）在深层地下空间内建成大规模地下储水系统，不但可将地面洪水导入地下，有效减轻地面洪水压力，而且还可将多余的水储存起来，综合解决城市在丰水期洪涝而在枯水期缺水的问题。

（7）及时做好洪水预报与抢险预案。根据天气预报及时做好地下空间的临时防洪措施，对于地铁隧道遇到地震或特殊灾害性天气，及时采取关闭防淹门、中断地铁运营、疏散乘客等措施，从而使灾害的危害程度降到最低。

3. 地下空间防内涝规划的主要内容

（1）确定地下空间防洪排涝设防标准。城市地下空间防洪排涝设防标准应在所在城市防洪排涝设防标准的基础上，根据城市地下空间所在地区可能遭遇的最大洪水淹没情况，来确定各区段地下空间的防洪排涝设防标准，确保该地区遭遇最大洪水淹没时，洪（雨）水不会从出入口倒灌入地下空间。

（2）布置确定地下空间各类室外洞孔的位置与孔底标高。地下空间防水灾规划应首先确定所有室外出入口、采光窗、进排风口、排烟口的位置，然后根据该地下空间所在地区的最大洪（雨）水淹没标高，确定室外出入口的地坪标高和采光窗、进排风口、排烟口等洞孔的底部标高。室外出入口的地坪标高应高于该地区最大洪（雨）水淹没标高 50 cm 以上，采光窗、进排风口、排烟口等洞孔底部标高应高于室外出入口地坪标高 50 cm 以上。

（3）核查地下空间通往地下建筑物的地面出入口地坪标高和防洪涝标准。地下空间还应确保与之连通的地上建筑的出入口不进水，因此需要核查与其相连的地上建筑地面出入口地坪是否符合防洪排涝标准，避免因地上建筑的地面出入口进水漫流造成地下空间水灾。

（4）地下空间排水设施设置。为将地下空间内部积水及时排出，尤其及时排出室外洪（雨）水进入地下空间产生的积水，通常在地下空间最低处设置排水沟槽、集水井和大功率排水泵等设施。

（5）地下储水设施设置。可在深层地下空间内建设大规模地下储水系统，或结合地面道路、广场、运动场、公共绿地建设地下储水调节池，综合解决城市丰水期洪涝和枯水期缺水的问题，确保城市地下空间不受洪涝侵害。

（6）地下空间防内涝防护措施制定。为确保水灾时地下空间出入口不进水，在出入口处安置防淹门或出入口门洞内预留门槽，以便遭遇难以预测的洪水时及时插入防水挡板。此外，还需加强地下空间照明、排水泵站、电气设施等的防水保护措施。

7.3.3　地下空间防震灾规划

地下空间结构包围在围岩介质中，地震发生时地下结构随围岩一起运动，受到的破坏小，人们普遍认为地震对于地下空间的威胁较小。但由于城市地下空间主要位于浅层地下位置，受到震害的影响仍然不可忽视，因此需要重视地下空间的抗震防灾。

1. 地下空间震灾的特点

（1）地下空间周围岩土可以减轻地震强度。地下空间建筑处于岩层或土层包围中，岩石或土体结构提供了弹性抗力，阻止了结构位移的发展，对结构自振起到了很好的阻尼效果，减小了振幅。因此，相比于地上建筑来说，灾害强度小，破坏性小。

（2）地下空间深度越深震害越小。地震发生时，地下空间周围土体会受到竖直和水平两个方向的压力作用产生破坏，这种压力会随着深度的加大其强度和烈度会逐渐减弱。基于国内外诸多隧道和地下工程震害的调研分析结果，也证实了这一规律。

（3）地下结构在震动中各点相位差别明显。地下空间结构振动形态受地震波入射方向的变化影响很大，在震动中各个点的相位差别十分明显，因此会造成结构关键受力部位的弯曲破坏、剪切破坏及弯剪联合破坏。

2. 地下空间防震灾的技术对策

地下结构抗震的技术对策主要包括以下方面：

（1）结构抗震设计。地震区地下结构的抗震设计应贯穿设计的整个过程，首先应在场地选择上避开对结构抗震不利的地段，其次是在结构设计上应根据抗震设防标准采取合适的设防措施。常见的抗震设计主要包括抗震设防部位的确定、结构抗震设计和结构抗震构造设计等方面的内容。

（2）结构减震措施。地下结构在地震作用下主要是追随周围土层的运动，其自身的振动特性表现不明显，周围地层的变形大小和结构变形能力是决定地下结构抗震安全性的关键因素。目前常用的地下结构减震措施主要包括以下几类：第一类是通过地基加固等手段降低周围地基变形的大小；第二类是通过调整结构参数降低结构的刚度，增强其变形能力；第三类是设置减震装置，在结构中设置特殊构造来降低地震时的结构内力。

3. 地下空间防震灾规划的主要内容

（1）场地选择应合理。需要避开对地下结构抗震不利的地段，如易液化土等，当无法避开时，应采取适当的抗震设防措施。不应建造在危险地段，即地震时可能发生地陷、地裂，以及基本烈度为 8 度和 8 度以上、地震时可能发生地表错位的发震断裂带地段。

（2）确定合理的抗震设防标准。地下建筑物结构设计应按所在地区的地震烈度进行设防，选择对应的设计地震动参数进行结构的设计。对防护级别较高的地下结构，应相应提高其抗震设防标准。在进行地下结构设计时，还应考虑由于建筑物的倒塌而增加的超载。

（3）地下空间的口部设计应满足防堵塞的要求。地下空间通往室外的出入口应满足防震的要求，其位置与周围建筑物应按规范设定一定的安全距离，防止震害发生时出入口的堵塞。

（4）设置防治次生灾害的设施。地震时，地下空间内部的供电、供热、易燃物容器易遭受破坏引起火灾等次生灾害，因此应在地下空间内部设置消防、滤毒等防次生灾害的设施。

7.4 城市地下空间综合防灾规划案例

本节以长沙市为例，介绍城市综合防灾及城市地下空间防灾规划。

1. 长沙市面临的主要灾害

（1）地震灾害。周边发生 6 级地震的可能性较大。

（2）城市气象巨灾。城市暴雨内涝灾害、雷电灾害、城市大气公害等。

（3）城市信息安全与高技术犯罪。

（4）火灾与爆炸。火灾次数及损失进一步上升、公共场所火灾隐患严重且群死群伤风险高。

（5）交通事故。陆地、水上、航空、轨道、地铁等交通事故。

（6）特殊场所（超大地下空间、超高层建筑等）综合事故。

（7）城市生命线系统事故（断水、断电、断气等）。

（8）城市流行病及生物灾害等。

（9）城市工业化灾害与重大危险源。

（10）恐怖袭击、战争威胁、核辐射风险等。

2. 长沙市综合防灾规划

（1）建设功能多元化的防灾空间节点

① 开发利用现有人防工程

长沙市人防工程利用率已达到 50%，对尚未开发利用的，要本着因洞制宜、科学可行的原则，有计划、有重点地尽力开发。主要规划项目如下：

a. 改造和完善现有干道，重点是修复南北干道损毁段，使之恢复原有的贯通功能；其次是处理未完工的口部或竖井，确保干道整体防护功能；再次是选择有利地段，开发具有良好效益的临街口部；配套修建湘春路人防主干道等 3 处排溃泵房。

b. 改造和完善湖南制药厂、汽车零部件厂、湖南橡胶厂、长沙水泵厂等单位工程，共计建筑面积 1.5 万 m²，平时为生产、生活服务，战时转为生产急需的药品，汽车零部件，风、水、电配件，橡胶制品等。

c. 改造和完善中南大学湘雅医学院及附一院、附二院、附三院，湖南中医学院，市一医院等单位工程，平时为病房、药库、办公用房等，战时迅速转为地下中心医院、急救医院救护站、血库等。

② 加强新建或已建防灾空间功能多元化的建设

以城市防洪建设的沿江大道建设为例，通过建设绿化带、停车场、商场等配套设施，一方面大量增加绿化面积，另一方面充分利用滨水资源，较好地解决防洪堤与亲水近水之间的矛盾。

（2）加强地下防灾空间建设

① 充分利用城市广场，修建平战两用、人防与城建同受益的大型骨干工程。芙蓉广场地下车库，建筑面积 1.8 万 m²，平时为社会停车场，战时为治安等专业队工程；火车站西广场地下街，建筑面积 2 万 m²，平时为商业、文娱等综合体和车站路过街地道，战时为人员掩蔽工程；火车站东广场地下街，建筑面积 1 万 m²，平时为社会停车场，战时为消防等专业队工程；滦湾镇广场地下工程，建筑面积 3 000 m²，平时为过道兼文娱综合体，灾时为人员掩蔽和物资库。

② 结合城市基础设施建设，修建平灾两用的地下交通、管线工程，诸如在建的地铁工程，平时发挥交通作用，战时可作为人员掩蔽工程；芙蓉路、人民路地下电缆隧道，平时为电力管道，战时为疏散干道。

③ 结合各专业单位基建，修建平灾两用地下粮油库、物资库等工程。省机电公司附建式物资库，建筑面积 0.6 万 m²，平时为汽车交易场，灾时为物资库；长沙面条厂车间，建筑面积 0.3 万 m²。

④ 结合民用建筑修建防空地下室。该项建设是人防建设与城市建设相结合的长期的重要组成部分，既开发了地下空间，节约了城市用地，又能增强平时抗震、战时抗毁的能力。

（3）形成复合立体的城市防灾空间系统

长沙市现有防灾空间的缺陷主要为分布不均，各防灾空间功能单元或地上、地下防灾空间之间各自为政、缺乏联系，不能形成防灾空间资源的合力。因此，以形成复合立体的城市防灾空间网络为目的，对长沙市防灾空间整合提出以下建议：

① 在水平层面加强城市分散的防灾空间单元之间的联系。建立以快速路、主干路为骨架，交通轴向明确、次级道路健全、支路完善的城市道路网，拉通被单位用地或胡同式小道隔离的防灾空间单元，形成布局合理、联系通畅的城市防灾空间体系。

② 在垂直层面加强地上、地下防灾空间的联系。在城市中心区、建筑密集区等存在地下空间的区域，通过加强地上、地下空间的联系，改善城市交通状况及生态环境，同时将人流引向地下以发掘地下空间的经济效益。例如，东塘地下商业街进一步向北延伸与东塘立交桥下地下过街通道相连，并使其出入口与路口周边的几大商场结合，一方面为商业区积聚人流，另一方面缓解立交桥下混乱的交通。再如，长沙春天百货商圈为步行街衔接，在步行街一端，人流量与车流量都很大，交通状况很差，也带来很多安全隐患（如交通事故、消防通道不畅通等问题），如果能采用立体化交通方式分离人流和车流，同时保证其连通状况，方便人们离开或进入各商业空间（商业空间之间连通、步行街与机动车道连通），还可以为这一区域密集的人口提供避难空间。

📝【习 题】

1. 地下空间灾害类型有哪些？
2. 请说明地下空间的防灾特性具有哪两方面的特征？
3. 地下空间灾害的防护有哪些？什么是综合防灾？
4. 什么是城市综合防灾？具有什么特点？
5. 城市综合防灾体系的主要系统有哪些？各自起到什么作用？
6. 请简述城市综合防灾规划与城市规划的关系。
7. 市域综合防灾规划中的重点内容有哪些？
8. 中心城区综合防灾规划包括哪些主要内容？
9. 城市综合防灾规划如何与地下空间的开发相结合？
10. 城市地下空间综合防灾的原则是什么？
11. 城市地下空间防火灾、内涝、震灾的技术对策及规划的主要内容有哪些？

第8章 城市中心区与居住区地下空间规划

@ **本章教学目标**

1. 熟悉城市中心区与居住区的概念、职能或功能，了解城市中心区规划设计的趋势及城市居住区地下空间开发利用的必要性。

2. 熟悉城市中心区地下空间的规划原则和功能层次，掌握城市中心区地下空间的形态类型及规划方法。

3. 熟悉城市居住区地下空间规划的主要内容，掌握城市居住区地下空间的开发模式。

城市中心区和居住区，是城市地下空间规划中的常见和重要区域，对于城市形态、城市发展来说也有着直接的影响。因此，正确估计城市的需要和可能，合理地进行城市中心区和居住区的规划设计，是非常有必要的。

8.1 城市中心区与居住区概述

8.1.1 城市中心区的概念和职能

1. 城市中心区的概念

城市中心区作为城市结构中的一个特定的地域概念，目前国内外还没有明确的定义。各类研究人员在讨论城市中心区时都侧重于自身的角度，导致了城市中心区概念上的多义性和模糊性。

城市中心区是一个综合的概念，是城市结构的核心地区和城市功能的重要组成部分，是城市公共建筑和第三产业的集中地，可能包括城市的主要商业零售中心、商务中心、服务中心、文化中心、行政中心、信息中心等等，集中体现城市的社会经济发展水平，承担经济运作和管理功能。通常理解，城市中心区包括两个方面的基本内容：一是包含着城市的商业活动，是商业活动的集聚之所；二是包含着城市的社交活动，大部分公共建筑集中于此。这两个方面都是城市的基本功能和主要功能，是城市内人与人社会关系最主要的表现场所，是城市的心脏。

在不同的历史发展时期，城市中心区有不同的构成和形态。首先，古代城市的中心区主要由宫殿和神庙组成，符合当时的社会状态。其次，在工业社会中，零售业和传统的服务业是城市中心区的主要功能，Downtown 是当时城市中心区的代称。第三，城市中心区发展到现在，地域范围逐渐扩大，并出现专门化的倾向，如 CBD（Central Business District）的兴起，但城市中心区的本质仍是一个功能混合的地区。同时，不同规模和区域地位的城市中心区的功能构成和形态是有差异的。

但是，城市中心和城市中心区是两个不同的概念，城市中心是指城市中心区内最核心的部分，而且按主要功能的不同可能有不同的中心，如政治中心、行政中心、文化中心、商业中心、交通枢纽等。

2. 城市中心区的职能

城市中心区是城市发展进程中最具活力的地区，可以这样说，当代城市的大部分高级服务职能设施都相对集中在城市中心区内。城市中心区作为服务于城市和区域的功能聚集区，其功能也必然要适应和受制于城市自身的要求和城市辐射地区的需要。不同功能的分区组合形成城市中心区不同的景观和活力。城市中心区在服务职能上主要包括以下几方面：

（1）商务职能。商务功能是城市中心区的基本功能，它承担着城市及其辐射区域经济的运作、管理和服务，其商务设施包括诸如公司总部办公（生产和经营管理）、国际国内贸易（商品流通）、银行、证券、保险（货币投资和信贷）等。城市商务功能增多与城市经济发展、产业结构升级有着直接的关系。在不同规模和等级的城市中，其商务中心功能的构成比例有很大的差异。

（2）信息服务职能。信息服务业是使用信息设备进行信息搜索、加工、存储、传递等信息服务，提供高度专业化信息的产业，是城市中最具活力和生长力的产业。信息服务中心主要包括会计、法律服务、审计、广告策划、信息咨询、技术服务等功能。它们的外在物质表现多以办公楼为载体，对城市经济的发展、城市文明与城市景观的形成都具有重要意义。

（3）生活服务职能。生活服务业是与居民生活密切相关的行业，包括餐饮服务、商业服务、旅游服务等。其中，商业零售业是城市中心区重要的组成部分，而旅游产业的上升势头使其成为城市经济的新贵，与旅游相关的一系列配套服务设施如宾馆服务等在城市中心区内应占有一席之地。

（4）社会服务职能。社会服务业主要包括文化活动、教育培训、医疗保健、社会福利等服务行业。科学研究、文化的创作和传播及全民终身教育将是 21 世纪信息城市的重要功能。在未来的城市中心区发展中，文化娱乐功能的地位会越来越重要。文化娱乐所生产和交换的是文化产品或无形商品，而且它作为地方性文化的代言者和传播者具有独特的价值。因此，剧场、博物馆等文化建筑在城市中心区占有越来越重要的位置。就业培训及继续教育培训是在未来知识经济条件下经济发展和企业组织变化的必然产物，随着知识周期的缩短，培训功能将是未来城市中心区功能的重要组成。

（5）行政管理职能。行政管理功能历来是城市中心区的功能之一，行政管理部门作为宏观管理和政策制定的实施者，是城市功能正常运转的重要保证。

（6）居住职能。居住是城市中心区的传统职能，在未来经济全球化和一体化的趋势下，人员流动将趋于加快，中心区内办公式公寓将逐渐增多。适量的公寓和住宅以及与此相配套的公园绿地等开放空间，能够避免城市中心区成为夜间无人的"办公区"，因而在世界上许多城市中心区内都配置有一定比例的住宅和公寓。

8.1.2　城市中心区规划设计的新趋势

随着城市现代化的发展及人们物质、精神需求的提高，城市中心区的形式也呈现出多样化的形态，其规划的新趋势主要体现在步行化、立体化、多心化和专业化几方面。而城市中心区地下空间的开发利用，也伴随这些新的趋势，逐步得到了重视和强化，与地面空间一起充分整合、协调，为城市中心区的更新和发挥综合效益起到重要作用。

1. 步行化

城市中心区是人们社会活动集中地区，购物、游览、文娱等活动的区域以步行交通为主。因此，这一环境应尽可能结合步行化的需要，改善环境质量。在交通上采取封锁或部分封锁、定时封锁车流，开辟步行街，把商业中心从人车混流的交通道路中分离出来。

步行化目前有以下几种方式：

（1）全步行式。有呈一条街布置，也有呈片状布置。为方便交通联系，呈一条街布置的步行街一般辅有平行的机动车通行道路，片状布置的步行区应有外环机动车路。

（2）半步行式。允许转为本中心区服务的慢速车辆流通。车辆有专门设计的小型公共电车、汽车，也有古老的、仿古的慢速车，与步行人流关系协调而安全。在道路方面有特设的弯曲道路或狭窄道路，以求车辆缓慢通行，并扩大了步行面积。

（3）定时步行式。城市中心区在交通管理上限定白天步行，夜间通车、货运，或每周几次通车。在旧城区改造利用中，常常采用此法。

图 8-1 所示为香港城市中心区步行化的两个示例。

（a）全步行式（维港星光大道）　　　　　　（b）定时步行式（旺角通菜街）

图 8-1　城市中心区步行化实例

2. 交通立体化

交通运输繁忙的城市中心区，把车辆完全隔离在外又存在严重不便。为此，人车共存、立体交叉的形式（图 8-2），从 1960 年起在欧洲各国就广为采用。

形式之一是地下交通，铁路、公路、车站、停车场等交通运输设施均设在地下，地面上是步行道路及绿植和人造湖泊等，如法国巴黎德方斯新区中心等。形式之二是地下商业街，如日本东京"虹"地下街等。形式之三是步行架空道和架空平台系统等。此外，建立综合立体化交通系统，也是一种常见形式。

（a）机动车道路地下化　　　　　（b）地下街　　　　　　　（c）步行架空道

图 8-2　交通立体化形式

3. 多心化

随着世界各国城市化过程的推进，不仅增加了大量的新城市，而且原来的城市也在扩展中。有的城市中心在建筑容量和道路容量上都逐渐难以满足需要，单一的市中心已难以适应。除发展多级中心（分区中心、居住区中心、小区中心）外，又出现性质明确的专业中心，诸如科研中心、文娱中心、体育中心、购物中心等。

为了分散人流，有的城市建立新的综合中心，成为与原始中心可以抗衡的"亚中心"（次中心），这在大城市以及某些带状布局的城市中多有采用。这种次中心，有的在市内扩建而成，有的从原中心区"拉"出来建立，由于新的购物、服务设施的完善而仍然吸引人们前往，如法国巴黎的德方斯新区。

4. 专业化

随着社会经济的发展，第三产业的扩大，购物优选性和出行机动性的提高，商业、服务业、文化娱乐活动丰富多彩以及城市的扩大，人们更乐于认同专业性的活动中心，购物中心（街区）、游乐中心、体育中心等得到了新的发展。当然专业性中心并非纯粹绝对的，各类专业中心也不可能排除商业、饮食服务业。

中心专业化有利于选择各自需要的适宜地段。例如，文化教育中心可组织在城市边隅风景优美的幽静地段，或靠近城市公园、水面地域。而体育中心，需要布置在交通干道附近利于集散的地段，要有充足的停车场地面积。商业中心，为保持舒适、安全、效益及良好环境，许多国家在商业中心步行街上罩以采光顶盖，形成了室内化的专业中心。有的城市还发展郊区专业中心，如郊区购物中心等，由于改善了交通条件、停车场地以及可舒适步行的购物空间，从而保证了客源。

8.1.3　城市居住区地下空间的功能

城市居住区是人类聚居在城市化地区的居住地，是城市的主要构成部分，也是人类物质、文化、精神的重要承载空间。城市居住用地在城市用地中占有较大的比重（平均约占45%），因此居住区地下空间在整个城市可供合理开发与综合利用的地下空间资源中也占有重要的地位。总的来看，这部分资源对于扩大城市地下空间容量有很大的潜力和很好的开发利用前景。

对于城市居住区来说，通常应包括如下的功能，可以根据各居住区的情况和需求，配置对应的地下空间资源。

（1）停车空间。居住区每个组团内在适当位置安排一集中的自行车地下停车库，既便于居民停放和管理，又避免停车占用地面空间，其节约的地面空间可以进行绿化。汽车停放则考虑地面停车和地下停车相结合的方式，少量地面停车场以分散为主，另外一部分建于公共绿地下，以满足日益增长的居民私家车停车需求。

（2）休憩娱乐空间。中心绿地为居住区的视觉中心和焦点，同时也是居住区最主要的公共活动空间，结合地面功能可进行地下空间资源的开发利用，如健身房、棋牌、卡拉 OK 活动室等一部分功能放入地下，这样可节约大量地面空间资源，这部分地面空间可种植绿化，美化环境。

（3）购物、服务空间。居住区内诊所、邮局、银行以及理发、美容、礼品店、花店、超市等共同组成的综合性中心，建造在地下空间，既可增加服务面积，又可为小区居民日常生活服务。

（4）公用设施空间。在居住区内规划布置配电房、水泵房、垃圾收集点等市政设施。配电房和水泵房等可以置于地块地下，地上种植绿化，增加绿地面积，改善居住区环境。垃圾收集点均匀分布于居住区内，以方便住户使用。

（5）市政管道地下空间集中排布。居住区内市政管道地下空间集中排布，有利于维护管理，以及降低噪声、粉尘对居民的影响。

（6）通道及商业空间。对于和附近地铁能连通的小区，设置地下连通通道和附属的地下商业设施，以提高小区效率，增加居住区开发价值。

（7）平战结合的地下民防设施。我国新建居住区需按比例建造一定面积的人防地下室，如能规划好，并充分利用好这一部分的空间，使之平时发挥功能效益、灾害时可行使防灾功能。

8.1.4　城市居住区地下空间开发利用的必要性

居住区地下空间与其他类型城市地下空间有所不同，由于利用内容受到一定的局限，故应在对不同情况做具体分析后，才可能对居住区地下空间资源开发利用做出比较符合实际的必要性分析与评价。

1. 居住区地下空间开发的综合效益需求

在现代城市居住区建设中，开发地下空间所产生的经济效益，是在不减少总建筑面积、不提高人口密度的情况下实现的，因此必然同时表现出多方面的综合效益，能够使居住区（城市社区）的管理机构、社会生活服务设施配置等更加完善，生态环境更美好。只有实现居住区用地的节约，才有可能在保持城市用地基本平衡的条件下，继续提高城市的居住水平和改善居住环境，这种社会效益和生态环境效益难以靠其他途径产生。

如果按一定规模开发利用地下空间，可使每个居民所拥有的地下防灾空间比现行防护标准高 2～3 倍，不但使居住区具备了足够的防灾能力，对提高整个城市的总体抗灾能力也有重要意义。地下建筑相对于地面建筑来说，抗震能力也要强很多。如果有足够的地下空间作为居民在地震发生前后的避难所，不但可以减少震害损失，还可增强居民平时的安全感。

开发利用地下空间使居民区的交通安全得到加强,为老年人和青少年增加了活动场所,使居住区内保持适当的建筑密度和人口密度,增加公共绿地面积等,这都是地下空间利用的社会和生态环境等综合效益的体现。

2. 居住区地下空间开发可以完善居住区公共服务能力

实践表明,建在居住建筑下的地下室,由于结构和建筑布置上的一些特殊要求,较难安排一些公共活动,以致利用效率不高。随着城市化进程的加快,城市人口剧增,住宅建设用地的需求量越来越大。受到城市土地价格的制约,位于城市中心城区的居住区不得不压缩公共建筑和配套服务设施的用地面积,甚至忽略了一些必需的配套功能,造成居住区公共服务配套设施不完善,弱化了城市居住区的公共服务功能,很大程度上影响了居住区的综合环境质量。

《城市居住区规划设计规范》(GB 50108)明确城市居住区公建用地占居住区用地的比例为 15% ~ 25%,居住小区公建用地占居住区用地的比例为 12% ~ 22%。过去,我国城市居住区的公共建筑很少附建地下室,在公共建筑用地范围内也很少开发地下空间,而少量的地下空间的利用多分散在一些多层居住建筑下的地下室,当有高层居住建筑时,又多集中在高层建筑地下室中,导致居住区公共空间的严重缺乏。为了缓解城市建设用地不足的矛盾,在城市居住区将公共服务和配套设施(如社区服务、商业购物、金融邮电、文化娱乐、体育健身、变电站、垃圾收集处理等)适当地下化,成为专家居住区用地功能,获得更多绿地空间,提高城市居住区公共服务效率的重要措施。

3. 居住区地下空间开发可以优化步行与车行交通

居住区的动态交通设施有车行道路(包括干道和支路)、步行道路、立交桥等,静态交通设施有露天停车场、室内停车场、自行车棚,大型的还有地铁车站。采用立体分流的系统进行人车分离,可以实现居住区交通环境的改善,具体做法上可以有以下方式:

(1)车走地下,人行地面。人在地面行走感到方便、舒适;车行地下,用坡道引导,直接入库,甚至可以直达本户的底层附近,和电梯口相连接。这样可以节约出一定的地面空间用于布置绿化、休闲娱乐空间,改善居住区环境。

(2)车走地面,人上行,走天桥。车行畅快,可以直达各楼门口,停车泊位可以安排在建筑底层,用车最为方便;人们步行进出社区,需要先上(下)一层楼,略感不方便;可以在地面局部做人车混行系统,把人行道布置好,保证步行的舒适和安全,同时使上部成为"步行天堂",诱导上行,做到关心人们的步行环境。

建立"人车分行"动态交通组织体系的目的在于保证住宅区内部居住生活环境的安静与安全,使住宅区内各项活动能正常舒适地进行,避免区内大量私人机动车交通对居住生活质量的影响,如交通安全、噪声、空气污染等,是一种针对住宅区内存在较大量的私人机动车交通量的情况而采取的规划措施(图 8-3)。

4. 居住区地下空间开发可以增强防灾抗灾能力

在居住区和住宅类人防重点城市应根据人防规定,结合民用建筑修建防空地下室,应贯彻平战结合的原则,战时能防空,平时能民用,如用作居民存车或第三产业用房等,并将其使用部分分别纳入配套公建面积或相关面积之中,以提高投资效益。

（a）地下停车库入口　　　　　　　　　　（b）地面休闲娱乐空间

图 8-3　人车分行交通组织实例

8.2　城市中心区地下空间规划

8.2.1　城市中心区地下空间规划的原则

城市中心区地下空间开发利用的目的在于承担城市中的部分职能，解决城市中心区存在的种种问题。在对城市中心区地下空间进行开发的过程中，应当按照以下几点原则进行规划。

1. 以地铁建设为依托

交通便捷是城市发展有利的促进因素，在城市地下空间的开发与利用中，首先应选择交通相对便利和商业繁华的中心区作为重点开发对象。在城市中心区的改造中，交通往往是最突出的问题：人流量大、道路狭窄、交通堵塞的情况时有发生。在城市中心区地带，通过结合全市范围的地铁建设设置站点的方法，可以达到及时疏散人流、减少人流在中心区无效滞留的目的。

因此，城市中心区地下空间规划的第一要点就是考虑城市地铁修建的可行性和在可行前提下的选线以及站点选择。地铁车站具有客流量大的优势，在中心区地下空间的开发中，结合地铁车站的建设开发其周边地区的地下空间，通过地下街联系各大型公共建筑的地下空间，形成环网状的城市地下综合体。这种开发方式的技术可行性是最大的，投资回收效益也往往是最好的，而且这类开发方式最适合于商业和其他公共建筑设施发达的中心区域修建地铁车站的情况。同时，地铁作为城市地下空间形态的骨架，连接城市其他地区的地下空间设施，从而形成完整的城市地下空间体系。

2. 城市上、下部空间的协调发展

城市的上、下部空间是有机联系在一起的，不可能分割和独立地进行发展。地下空间作为城市上部空间的补充和延续，是上部空间的发展与建设的基础。当城市立体化再开发时，地下空间的"基础"作用从简单的建筑结构概念引申到了更为广泛的城市综合发展的范围，

具体表现在通过地下空间的开发缓解了城市上部空间诸多难以解决的矛盾，促进了城市发展。城市是一个整体，地下空间和地上空间的联系还表现在功能对应互补、共同产生集聚效应上，同时城市地下空间的开发在平面布局上还应与地面主要道路网格局保持一致，达到功能分布上的对应互补。

因此，城市中心区地下空间开发利用遵循协调的原则，它包含两个方面的含义：一是地下空间开发的功能应与城市中心区的职能相协调；二是各种地下空间设施的功能应与其所处的城市中心功能区以及周围建筑物的职能或规划功能相协调。地下空间开发的协调原则是城市地下、地上空间资源统一规划的基础和必然结果。

3. 保持规划总体布局在空间和时间上的连续性和发展弹性

任何城市规划都应是一个动态的连续规划，在规划工作中对现状以及未来的发展方向的分析预测不可能都是百分之百充足而精确的，随着时间的延续，会有新的情况发生变化。因此在城市中心区地下空间的规划中，应尽量考虑这些不可知的因素，在保持总体布局结构、功能分区相对稳定的情况下，使规划在实施的过程中具有一定的应变能力，成为具有一定弹性的动态规划。

4. 适用性和可操作性

城市中心区地下空间开发的功能应当与地下空间的特点相适应，甚至比地面空间更为有利，如与地下空间的热稳定性、环境易控性等特点相适应。地下空间的开发只有与地下空间的特点相适应，才能发挥出巨大的经济、社会和环境效益，否则不但无助于城市空间的扩展，还会造成地下空间资源的浪费以及不良的社会经济后果。同时，城市中心区地下空间的开发还必须与城市的客观现实相结合，才能为城市建设提供管理依据和发展方向。

8.2.2 城市中心区地下空间的形态规划

城市形态是由结构（要素的空间布置）、形状（城市外部的空间轮廓）和相互关系（要素之间的相互关系和组织）所构成的一个空间系统。其中，城市形态的构成要素可概括为道路网、街区、节点、城市用地和发展轴，是一种人工与自然相结合的连续分布的空间结构。城市地下空间的形态，则是由构成要素在地下的空间布置所形成的各种地下结构、城市地下空间开发利用的整体空间轮廓及其相互关系所构成的地下空间系统。与城市形态不同，城市地下空间形态是一种非连续性的人工空间结构，这种非连续性表现为平面的不连续与竖直方向的不连续，并且城市地下空间几乎完全是一种人工空间。

1. 点状地下空间形态

点状地下空间是指相对于城市总体形态而言，在城市中占据较小平面范围的各种地下空间设施。点状形态是城市中心区地下空间的重要组成部分，承担着城市功能并发挥显著作用，多建于城市节点，如站前广场、地下车站、停车场、地下室及地下综合体等。这些城市节点，既是构成城市形态的重要组成部分，又是城市中人流、车流等集聚的特殊地段。

与城市节点相协调的各种点状地下空间设施，不仅使中心区的空间达到三维的立体化，解决城市节点的人、车分流与动、静态交通设施拥挤等问题，保持了交通的畅通，同时节点地区又是中心区内可用地下空间资源的最适宜的位置，因此城市节点往往是城市上、下部空间的结合点，也是点状地下空间设施与城市形态保持协调的方法之一。

2. 线状地下空间形态

线状地下空间相对于城市整体形态而言，呈线状建设分布，如地铁、地下道路、地下街、综合管廊等，多建于城市节点之间或节点内部，是点状地下空间的纽带。线状地下空间一般分布于城市道路下部，城市的道路网构成了城市形态的基本骨架，线状地下空间则构成了城市地下空间形态的基本骨架。没有线状地下空间设施的连接，城市中心区的地下空间开发利用在城市形态中仅仅是一些分布散乱的点状设施，不可能形成整体轮廓，并且在总体上使用效益不高。

主要的线状地下空间设施——地铁，不仅是现代化的城市交通工具，也是城市现代化更新与改造过程中，城市空间资源综合开发利用的发展轴。在我国城市中，随着地铁网络的形成和完善，地铁还将起到城市发展轴的作用。地铁作为城市地下空间的发展轴，是由若干地铁车站及区间隧道所构成的一个有机整体。地铁车站是城市中重要的点状地下空间设施，其作用不仅是地铁与城市上部空间结构的结合点，而且也是地铁人流的集聚和疏散点。地铁车站的设置，既要考虑交通流量，还要考虑车站设置于可用地下空间资源的范围内，其综合开发在形态上的可行性，使其发挥更大的运输能力，发挥与城市各种功能综合利用的效益。

3. 由点状、线状形态构成的面状地下空间形态

面状地下空间形态是由若干点状地下空间设施，通过地下联络通道相互连接，并直接与城市中心区的线状地下空间设施（主要是地铁）连通的一组点状地下空间设施群。

城市中面状地下空间设施主要具有交通功能、商业功能和防灾功能，与城市中的区位密切相关。从区位构成上，面状地下空间设施应分布于城市交通繁忙、商业发达的区位，在功能和规模上，面状地下空间设施应有较为发达的线状地下空间设施作为支撑和生长源，否则其功能无法得到充分发挥，同时巨大的规模会使其功能产生负面效应。

在面状地下空间开发利用的过程中，交通功能的需求是其产生和发展的动力，而商业功能则是更好吸引人流到地下空间的手段，也是中心区交通治理后，商业区位得到改善的具体表现。在中心区面状地下空间的规划中，在功能上应注意交通与商业功能的均衡，在形态上则应根据人流的集中与分散来合理布局，由于面状地下设施由点状地下空间设施以及线状地下空间设施所构成，所以应使具有集中和分散功能的点状地下空间设施达到均衡与统一，并与中心区的环境相协调。

4. 地下空间发展轴

地下空间发展轴一般是指具有离心作用的地下空间设施中的城市快速轨道交通系统（通常为地铁）。当城市地下空间的开发利用沿发展轴滚动发展时，其综合效益最高，发展速度也最快。当城市地下空间发展轴与城市发展轴重合时，其综合效益最高。点状、线状、面状地下空间设施以及地下空间发展轴可以有不同的功能，也可以是各种功能的综合体。

图 8-4 展示了城市地下空间各种基本形态与发展轴之间的关系。

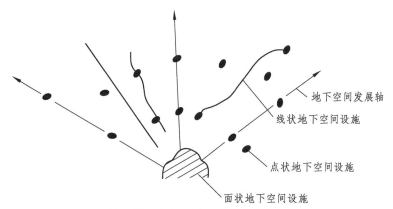

地下空间发展轴

线状地下空间设施

点状地下空间设施

面状地下空间设施

图 8-4 城市地下空间形态与发展轴的关系示意图

5. 城市中心区地下空间的形态规划方法

城市地下空间的开发利用规划是在城市总体规划的指导下，以城市地下空间开发利用为主要目标的一种三维空间的城市空间资源规划。城市地下空间的开发利用是城市功能从地面向地下的延伸，是城市空间的三维式扩展。在形态上，城市地下空间是城市形态的映射；在功能上，城市地下空间是城市功能的延伸和扩展，也是城市空间结构的反映。因此，城市中心区地下空间的形态规划，往往也应与城市发展形态相协调。

城市中心区的地下空间规划，首先需要对中心区上部空间和下部空间现状进行详细的调查分析，发现中心区交通最为拥挤、人流量最为集中及环境质量最差的地区，通过对这些区域情况的研究后确定可以进行地下空间改造的地区，以此缓解城市交通与环境问题。同时结合地铁建设，将地铁线路围合区域作为中心区面状地下空间开发的对象，并且利用地下商业街和步行道将点状地下空间设施连接，从而形成片状的地下综合体，与地铁系统一起组成一个完整的地下交通商业一体化区域，以此组成一个完整的集交通、商业为一体，地下、地上相互协调的城市空间的有机系统。

8.2.3 城市中心区地下空间的功能规划

在城市发展过程中，对于地下空间开发利用都具有一定的目的性，有些设施为了解决城市中存在的各种问题而必须进入地下空间，有些设施（如防空防灾设施等）由于其可以充分利用地下空间的特性，故而选择设置在地下，同时也存在一些设施在目前的技术手段下不适宜放入地下，如住宅等。所以在城市中心区地下空间开发过程中，从功能的角度可分为三个层次。

1. 基础和重点层次

由于城市中心区地下空间开发的主要功能是交通功能，同时城市基础设施是城市赖以生存和发展的基础，因此开发利用中心区的地下交通设施，加强城市基础设施的功能，是城市中心区地下空间开发功能上的基础和重点层次。具体表现为各种地下交通设施和地下基础设施的建设。

（1）地下交通设施。城市中心区地下空间的开发利用在功能上以交通功能为主，交通功能是完成城市其他功能的基础，而地下交通设施则是强化交通功能的手段，包括动态交通设施（地铁、地下街道、各种交通隧道等）和静态交通设施（地下停车场、地下车库等）。

（2）地下基础设施。地下空间具有低耗能性、易封闭性、内部环境易控性等特点，结合这些特点进行地下空间的开发，把中心区内各种可以置于地下的基础设施，如供变电站、给排水设施等设置在地下，不仅有利于城市基础设施的现代化，保证城市中能量流、物质流和信息流的流畅，还能维持城市中心区各项功能的正常发挥。同时，中心区是城市人流量最为集中的地区，城市防灾在中心区尤为重要。利用地下空间的高防护性，进行具有防灾功能的地下空间设施建设，也是中心区地下空间开发利用中基础和重点层次建设的内容。

2．中间层次

城市中心区地下空间开发利用在解决中心区基础和重点层次后，其开发利用的功能应与城市中心区的主要职能相匹配，并由此构成了城市中心区地下空间开发的中间层次。在这一层次，城市中心区的地下空间资源，一般应作为城市地上空间资源的补充加以利用，并根据中心区职能的变化而变化。这一层次的开发主要体现在中心区第三产业开发商业服务功能设施的建设上，如大型地下综合体和地下商业街的建设。通过地下街道把地下公共空间串联起来，与地上部分形成完整的体系，相互协调，更大地发挥中心区的商业集聚效应。

3．发展层次

城市中心区地下空间开发功能上的发展层次，是在城市的基础设施能够满足城市的发展，以及中心区地下空间开发利用的总体功能与中心区的职能相匹配的基础上，根据可持续发展的观点，以建设生态型山水城市和低碳节能型城市为目标，逐步实现城市大部分设施的地下化，在功能上表现为城市其他地区的地下空间相互连接，构成完整的、设施发达的城市地下空间的有机系统。

城市中心区地下空间开发利用在功能上的三个层次，并不是同一过程的三个不同阶段，而是同一过程的三个发展目标，三个发展目标的综合构成了中心区地下空间开发利用功能的全体。

8.3　城市居住区地下空间规划

8.3.1　城市居住区地下空间规划的基本原则

城市居住区地下空间规划设计是为居民营造"居住环境"。因此，必须坚持"以人为本"的原则，注重和树立人与自然的和谐。由于社会需求的多元化和人们经济收入的差异，以及文化程度、职业等的不同，对住房与环境的选择也有所不同，特别是随着住房制度的改革，人们可以更自由地选择自己的居住环境，对住房与环境的要求将更高。

居住区地下空间规划，应从以人为核心的观念转变为以环境为核心的理念。居住区地下空间规划务必营造人与自然环境和谐共存、生态健康、富有特色、富有自然美的城市居住区。

8.3.2　城市居住区地下空间规划的主要内容

从居住区的基本功能要求来看，对建筑空间的需求大体上有三种情况：①有些功能必须安排在地面上，例如居住、休息、户外活动、儿童和青少年教育等；②某些需求只有在地下空间中才能满足，如各种市政公用设施和防灾设施等；③既可以设置在地面上，也可以安排在地下空间中，或者一部分宜在地面空间，另一部分适于在地下空间。适于③的内容较多，如交通、商业和服务行业、文化娱乐、医疗、老年和青少年活动、某些福利事业等。因此，居住区地下空间开发利用的适宜内容，可概括为交通、公共活动、公用设施和防灾设施等四个方面。

1. 地下交通设施

居住区内的动态交通设施有车行道路、步行道路、立交桥等，静态交通设施有露天停车场、室内停车场、自行车棚，大型的还有地铁车站。由于工程量大、造价高，在近期内实现大量居住区内动态交通的地下化是不现实的，但不排除采取适当的局部地下化措施。因此，在一定时期内，居住区交通设施的地下化应以满足居民停车需求为主，不占用土地和地面空间，节约用地效果明显，故已经广泛得到认同和推广。

2. 地下公共活动设施

实践证明，居住区地下空间开发的重点，应向公共建筑转移。居住区内公共建筑的面积一般占总建筑面积的 10%～15%，用地占总用地的 25%～30%，可以适当开发相应的地下空间，布设一些公共活动设施。

在居住区公共建筑中，一部分内容不应放在地下，如托幼设施、中小学等，其余大部分都有可能全部或部分安排在地下空间中，主要有商业、生活服务设施和文化娱乐设施等。在商业和生活服务设施中，除一部分营业面积可在地下室中外，还有一些设施，如仓库、车库、设备用房、工作人员用房等，与营业面积之比大体为 1∶1，其中约有 2/3 适于放在地下空间中，这样就可使公共建筑用地在总用地中的比重有所减少。关于文化娱乐设施，除大型居住区可能有电影院、图书馆等较大型公共建筑外，一般多以综合活动服务站为主，如青少年活动中心、老年活动中心等。这些活动多为短时，且人员不是非常集中，对天然光线要求不高，故在地下空间中进行较为适宜。

3. 地下公用设施

居住区内的公用设施有热交换站、变配电站、水泵房、煤气调压站等建筑物以及各种埋设或架设的管线。各种公用设施建筑物或构筑物均可布置在地下或半地下，既节省用地，也改善了居住区内的环境和景观。

4. 地下人防设施

除了按照我国现行政策规定的新建居住区内建造的人防地下空间以外，居住区内的地下空间应在可能条件下互相连通，这对于提高防灾系统的机动性和防护效率，是很重要的。结合地下交通和公用设施的布置，综合规划防灾设施的连接通道，解决通道在平时无法利用的问题。

8.3.3 城市居住区地下空间的开发模式

居住区地下空间开发模式与人们的生活水平，以及人们对居住区环境的要求有着密切的联系，根据开发水平的不同，大致可以分为附建式、单建式和系统式三类（图 8-5）。

1. 附建式地下空间

附建式开发是居住区地下空间开发利用的最初级阶段。在居住区房屋建设时，由于房屋基础要求，如要设箱型基础，可以将其改造为地下室加以利用。有时为了人防建设的需要，需配建防空地下室，就可以将防空地下室作为房屋的地下停车库使用，起到平战结合的作用。

2. 单建式地下空间

在附建式地下空间达不到居住区服务设施配建要求时，人们往往想到利用居住区的广场、绿地和道路修建地下空间，以满足居住区功能的要求。有时候也是为了改善居住区环境的要求，通过开发地下空间，使地面更开敞，环境更优美。

（a）附建式地下空间　　　　　　　　　　　（b）单建式地下空间

图 8-5　居民区地下空间开发模式示例

3. 系统式地下空间

附建式和单建式地下空间大多是点状地下空间，一般通过与地面功能的规划统一达到协调发展的目的。但是点状地下空间除了利用率较低外，由于各地下空间相对独立，因而需要设置许多各自独立的出入口，可能会侵占居住区地面道路和绿地，同时也给交通组织带来一些不便。因此，在点状地下空间的基础上，通过通道进行连接，实现地下空间的连通，使居住区地下空间形成系统，提高地下空间的使用效率。

当前，国内许多城市在城市居住区开发时，为了提高居住区环境，增强居住区的功能，在用地十分紧张的情况下，将整个居住区地下空间进行综合开发，将机动车道、停车（自行车、小汽车）和其他配套设施全部置于地下，充分利用居住区内地下空间为居民服务，将居住区地面空间留作绿化、休闲，营造居住区良好的生态环境。

8.4　城市中心区地下空间规划案例

北京商务中心区（CBD）位于北京城东朝阳区内，西起东大桥路，东至西大望路，南起通惠河，北至朝阳路之间，核心地区规划用地规模约 4 km²。北京商务中心区是北京六大高端产业功能区之一，是北京最具活力、国际化程度最高、现代服务业最为发达的地区之一，也是城市中开发强度最高、人流车流最密集的地区之一，因此对地下空间资源的合理利用显得尤为重要。

为使商务中心区尤其是公共设施最集中的区域形成有机的整体，规划要求在东三环路两侧的核心地带，各地块的地下公共空间要相互连通并形成系统，主要将地下一层连通作为人行系统，主要通道的宽度不小于 6 m。有条件的地段地下车库尽可能连通，以减少地面交通压力，同时进一步研究建设地下输配环的可能性。地下商业开发规模约 30 万 m^2 左右。

CBD 地下空间规划为一区、一轴、两点（远期实现三点）、三线。

一轴——地下公共空间发展轴：东三环路南北向地下空间发展轴线。

一区——地下空间核心开发区域：以地铁国贸换乘枢纽为带动，重点开发建设东三环路两侧、长安街与光华路之间的 CBD 核心区与国贸一、二、三期工程的地下空间。

两点——地下空间主要集散点：地铁 1 号、10 号线国贸换乘站，地铁 10 号线金台夕照站（远期有地铁 14 号线金台夕照站）。

三线——地下空间主要公共联络线：建国门外大街及建国路地下联络线，光华南路地下联络线，商务中心区东西街地下联络线。

CBD 地下空间分为四层，地下一层主要是商业设施；地下二层主要为内部管理停车及设备用房，并在通道的过街处，设置少量地下二层商业，以保持地下商业网络的连续；地下三层、四层主要为停车及设备用房，以满足商务中心区内较高的机动车停车位指标要求。具体结构如图 8-6、图 8-7 所示。

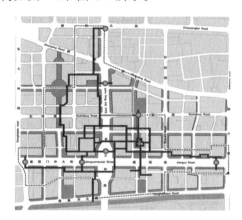

图 8-6　CBD 地下一层规划示意图

图 8-7　CBD 地下二层规划示意图

在地下一层设置人行系统，以地铁国贸换乘站及金台夕照站为核心，以 CBD 核心区和国贸中心为重点，步行线路总长度约 8 300 m，目前共连接 6 个地铁车站、5 个公交车站及 CBD 内主要的公共开放空间，涉及用地面积约 $186 \times 10^4 \, m^2$，覆盖了 CBD 内商务设施最集中、人流最密集、交通最繁忙的区域。

📝【习　题】

1. 城市中心区具有什么职能？
2. 城市中心区规划设计有哪些趋势？

3. 城市居住区的地下空间通常具有哪些功能？

4. 城市中心区地下空间规划的原则有哪些？

5. 城市中心区地下空间的形态有哪些种类？各自有什么特点？

6. 城市中心区地下空间的功能规划分为哪三个层次？

7. 城市居住区地下空间规划的主要内容有哪些？

8. 城市居住区地下空间的开发模式有哪几类？

第9章　城市地下街与地下综合体规划与设计

本章教学目标

1. 熟悉城市地下街与地下综合体的概念、类型、组成和地下综合体的发展模式，了解地下街的功能与特点。

2. 熟悉城市地下街的规划方法与要点，掌握地下街的平面组合方式和竖向组合设计方法。

3. 熟悉地下综合体的规划要求，掌握地下综合体的空间组织方法及路径构成。

地下商业街，也简称为地下街，是沿地下公共人行通道设置商业店铺等的地下建筑设施。伴随着地下街建设规模的不断扩大，将地下街同各种地下空间功能设施综合设置，如将地铁、综合管廊、地下道路、地下停车库、娱乐及休闲广场等与地下街有机相结合，形成具有大型综合功能的地下综合体，进一步则将发展成为地下城。地下街及地下综合体，正在越来越多地承担城市的整体功能，成为城市的重要节点甚至是城市的核心。

9.1　城市地下街与地下综合体概述

地下街的出现是因为与地面商业街相似而得名，它是由最初的地下室或地下通道改为地下商店，以及由某种原因单独建造地下商店而发展起来的。城市中心区的地下街是地上空间的延伸及功能的补充，并与地上协调发展。近年来，随着地下空间开发的推进，国内外一些大城市中心区地下街建设也进入到立体化再开发阶段，通过地铁站点及大型商业广场，逐渐形成集地铁站点、广场、高层建筑地下空间、购物中心于一体、功能综合的多层次地下综合体乃至地下城。

9.1.1　地下街的功能与特点

1. 地下街的功能

城市地下街设置的目标是改善地面交通环境，创造便捷、舒适和安全的环境，提高地下空间的商业价值，补充、延伸和完善地面功能，促进商业发展。地下街的城市功能主要表现在以下几个方面：

（1）地下街的城市交通功能，起到人车分流的作用；

（2）地下街对城市商业的补充作用；

（3）地下街在改善城市环境上的作用；

（4）地下街可以增强城市防灾功能。

在以上功能中，改善城市交通是最基本也是最主要的功能。地下街规模不同，功能有很大差异。小型地下街功能单一，往往只具有步行、商业及辅助用房等基本功能；大型地下街则通常与地下快速路、地铁、大型商业、停车系统、防灾及附属用房等联系在一起；超大型地下街则是人流、车流、停车、大型商业与文化娱乐等构成的地下综合体或地下城的重要组成部分。

2. 地下街的特点

地下街与地面街道相比，具有以下特点：

（1）不受自然气候直接影响。城市地下街所处的位置决定了其受到天气的影响较小，具有冬暖夏凉、自然调节的特点。

（2）与自然环境隔离，缺乏与外界环境的互动。地下空间与地面的沟通性较差，所以在规划设计时应重点考虑将外界环境引入地下街，如通过玻璃穹顶引入阳光等。同时调节地下街空气流动、温度、湿度等环境指数，营造舒适的地下环境。

（3）建设难度较大，且一般条件下具有不可逆性。地下空间的开发投资成本高、建设难度大，并且具有一定的不可逆性。

（4）形成完全步行的商业空间。地下街通过地下步行系统、地铁、快速通道来运输人流，与地下停车场、地下道路空间隔离，创造了人车完全分流的环境。

（5）地下空间具有封闭性，属于人工环境，通风条件不良，防火、防水等防灾困难。

9.1.2　地下街的类型

按不同的分类方法和标准，地下街可以划分为不同的类型。

1. 按规模分类

根据建筑面积的大小和商业规模，可以分为小型、中型和大型三种。目前，规模大小没有统一标准。

（1）一般来说，建筑面积小于 3 000 m^2 的地下街认为是小型地下街，其商店数量小于 50 个，多为车站地下街、大型商业建筑的地下空间，有地下通道相互连通。

（2）中型地下街的规模为 3 000 ~ 10 000 m^2，商店数量为 50 ~ 100 个，多为小型地下街的扩展或大型建筑地下空间的延伸。

（3）大型地下街建筑面积超过 10 000 m^2，商店数量也多于 100 个。

2. 按形态分类

根据地下街所在的位置和平面形态，可分为街道型、广场型、跨街区型和复合型。

（1）街道型地下街多位于城市主干道下，平面形态多为一字形或十字形，其特点是沿街道走向布置，在地面交叉口处设置相应的出入口，与地面街道及建筑设施相连接，同时也作为地下人行道或过街人行道使用，方便人流通过。

（2）广场型地下街多见于火车站的站前广场或城市中心广场地下。其特点是规模大、客流量大、停车面积大。与交通枢纽连通的广场型地下街，应做到与车站首层及地下层相连通。在中心广场或站前广场的地下街一般设置为下沉式，这是因为下沉式地下街空间开敞，阳光可以直接进入地下空间，通过室外楼梯连接地面，可用于休息和人流分配，空间层次感强。

（3）跨街区型地下街是街道型地下商业街扩大规模所衍生的形态。它将几个街区的地下商业街连为一体，形成了城市区域形态的地下步行系统，一般通过组团式或是网格式空间的形式表现出来。

（4）复合型地下街是指同时具有广场型和街道型两者特点的地下街，一般大型地下街多属于此类。在交通上，将车流与人流分隔开，与地面建筑相连接，同时连通地面车站、地铁、地下快车道、高架桥立体交叉口；在功能上，具有商业、文化娱乐、健身体育、宾馆等功能；在布局上，以广场为中心，沿道路向外延伸，通过地下通道与地下空间连通，形成一个整体。

3. 按作用分类

根据地下街的作用通常可将其分为通路型、商业型、副中心型和主中心型。

（1）通路型主要是在接驳地铁站体通道的两侧设商店，因地下街的主要功能还是为使用地铁的人群提供通行作用，多针对无目的性或快速通过性人群，因此贩卖的商品通常为一般生活用品或速食产品。

（2）商业型地下街主要是地面商业机能的延续与扩大，因为地面已有成熟的商圈，地下街的定位需要与地面有所区别，主要以独立的特色店或餐厅为主。

（3）副中心型地下街常设在车站与车站之间，因交通而产生的地下街，由于其上方与周边往往有大量的百货与商业建筑，并在入口或通道与其相连接，因此在经营和风格上需要与地面商圈具有统一性和延续性。

（4）主中心型地下街主要以各类精品及奢侈品为主，同时地下街本身的功能需要完备，综合衣食住行娱乐等以满足消费者的各项需要，这类型的地下街同时必须与综合体进行配合。

9.1.3 地下街的组成

地下街通常由地下步行系统、地下交通系统、地下商业系统、地下街内部设备设施系统及辅助系统等组成，如图 9-1 所示。

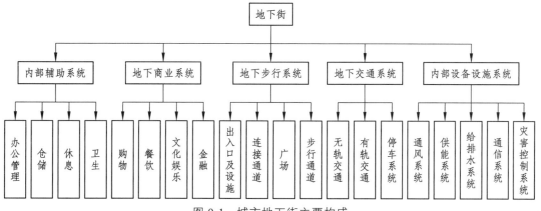

图 9-1 城市地下街主要构成

（1）在地下街中，地下步行系统是最基础也是最重要的构成，通常包括出入口、连接通道、广场、步行通道、垂直交通设施等。地下步行系统一般设置在城市中心的行政、文化、商业、金融及贸易等繁华地段或区域，这些区域应有便捷的交通与外相连，区域内各大型建筑物之间由地下步行道连接。地下步行系统按照功能的不同可分为交通型步行系统、商业型步行系统、复合型步行系统和特殊型步行系统。

（2）地下交通系统包括有轨交通、无轨交通和静态交通，其中有轨交通主要是指地铁、轻轨及有轨电车等，无轨交通包括机动车地下快速道、地下巴士等。

（3）地下商业系统主要包括购物、餐饮、文化娱乐等方面。

（4）地下街内部设备系统包括通风系统、供能系统、给排水系统、通信系统及灾害控制系统，其各部分具体构成如图 9-2 所示。

（5）内部辅助系统主要是指辅助用房，包括管理、办公、仓储、卫生及休息等地下建筑。

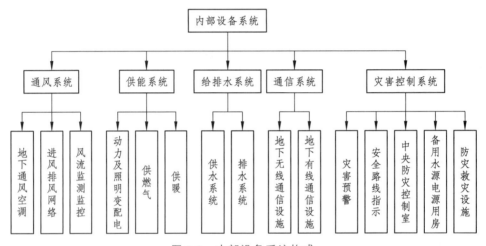

图 9-2　内部设备系统构成

9.1.4　地下综合体的发展模式

城市地下综合体是伴随城市集约化程度不断提高而出现的多功能大规模地下空间建筑，在伴随城市立体化再开发进程中，城市的一部分交通功能、市政公用设施与商业、娱乐等建筑功能综合在一起，被布置于城市地下空间中，从而成为地下综合体，具有高密度、高集约性、业态多样性及复合性的特点。地下综合体一般由车站、地下商业街、地下商城、文化娱乐服务设施、停车场、地下过街道、综合管廊及仓储物流等地下空间组成，根据综合体的开发程度，其包括的内容、开发的深度及规模有很大的变化。地下综合体主要分布于城市中心区、城市副中心及其市区，通常结合城市中心广场、城市高层建筑群、车站及大型住宅建筑群共同开发建设。由于地下综合体的内容和功能多样，在大型地下建筑中，根据所在地区条件的不同，可能有多种组合方式。

城市地下空间的开发利用，根据不同条件，通常有两种方式：一种是全面展开，大规模开发；另一种是从点、线、面的再开发做起，逐步完成整体开发。根据建设目的和所在点、线条件不同，可以划分为以下 4 种发展模式（图 9-3）。

（a）城市街道模式

（b）火车站型

（c）地铁车站型

（d）居住区型

图 9-3 城市综合体发展模式

（1）城市街道模式——地下商业街。城市街道型地下综合体是指在城市路面、交通拥挤的街道及交叉路口，以解决人行过街为主，兼做商业、文娱等功能，结合市政道路的改造而建成的中初级地下综合体，通常也称为地下商业街。城市街道型地下综合体可减少地面人流量，实现人车分离，减少交通事故的发生，同时可有效缓解城市交通拥堵问题。通过合理布置商业、娱乐、休憩及交通设施，可构建一个四通八达的立体交通体系，在一定程度上缩短交通设施与建筑物间的步行距离。地下商业空间对地面商业也是重要的补充，实践证明，地下商业街的建设对城市发展和改造具有重要的促进作用。

（2）火车站型。火车站型地下综合体是以火车客运站为主体，结合区域改造，将地面交通枢纽与地下交通枢纽有机结合，适当增设配套商业服务设施，集多种功能为一体的地下综合体。立体化交通组织是车站模式的显著特征。通常在大型车站地区，交通功能极为复杂，来往车流与人流混杂，停车困难，采用平面分流方式无法满足交通需求。因此，立体分流方式是解决大型交通枢纽区域交通问题的有效手段之一。通过火车站型地下综合体的建设，实行立体化交通组织，将地面上的大量客流吸引到地下，不同交通方式与交通线路之间的换乘在地下空间直接完成，减少地面人流量，避免人车混行、逆行和绕行等问题，使得车站区域秩序井然。同时，地下综合体内配备适合的商业设施和停车空间，极大方便旅客。在我国，火车站地下综合体建设已成为许多大城市车站改造、立体再开发的重点工程，是目前采用较多的一种模式。对比过去车站区域拥挤混乱的状况，火车站型地下综合体显示出高效、便捷、多功能等优势。

（3）地铁车站型。城市地铁车站型地下综合体是指在已建或规划建设地铁的城市，结合地铁车站的建设，将城市功能与城市再开发相结合，进行整体规划和设计，建成具有交通、商业、服务等多种功能的地下综合体。地铁车站型地下综合体的设计将对现代城市产生巨大的影响。实践证明，地铁建设会对沿线地带的地价级差、区位级差、城市形态与结构带来较大变化。另外，交通枢纽地带多重系统的重叠，聚集了大量的人流、物流，这两点都是城市改造、更新和调整的巨大动力。因此，建设以地铁为主体的地下综合体，充分发挥地下交通系统便捷、高效的作用，将促进所在地区的繁荣与发展，是提高地下交通整体效益的有效途径。

（4）居住区型。居住区型地下综合体是指在大型住宅内，以满足居住区需要的功能为主，将交通、娱乐、商业、公用设施、防灾设施等结合地铁车站建设而成的小型地下综合体。居住区型地下综合体的主要功能是提供居住区的多种需求，所以在规划时应避免盲目综合化导致居住区功能混乱进而影响居住区环境质量。居住区地下综合体开发不应局限于一定数量的防灾地下空间，应更多从节约土地和扩大空间容量的角度考虑，必要时发挥防灾作用，同时居住区地下综合体交通体系以静态交通为主。

9.2　地下街规划与设计

9.2.1　地下街的规划方法与要点

1. 地下街规划的基本原则

城市地下街规划应遵循以下基本原则：

（1）建在城市人流集散和购物中心地带。解决交通拥挤，满足购物或文化娱乐的要求，与地面功能的关系以协调、对应、互补为原则。

（2）与其他地下设施相联系，形成地下城。形成多功能、多层次空间（竖向和水平）的有机组合的地下综合体，是地面城市的竖向延伸。

（3）与城市总体规划相结合，考虑人、车流量和交通道路状况。地下街建设要研究地面建筑物的性质、规模、用途，以及是否拆除、扩建或新建的可能，同时考虑道路及市政设施的中远期规划。

（4）按国家和地方城建法规及城市总体规划进行。地下街规划应是城市规划的补充，应与城市规划相结合。

（5）考虑保护范围内的古物与历史遗迹。有价值的街道不能用明挖法建造地下街。

（6）考虑发展成地下综合体的可能性。地下街的建设是地下综合体的第一阶段，在此基础上有可能扩大规模，要求规划合理，否则造成灾害隐患。

通过对地下街的综合规划，形成地下综合体，达到对地面功能延伸和扩展的作用。在扩大功能、提高土地利用效率的同时，应建立完整的防灾、减灾、抗灾体系。加强灾害风险管理、灾害监测预警、灾害救助救援、灾害工程防御及灾害科技支撑等防灾、减灾、救灾体系建设。

2. 城市地下街规划的主要影响因素

城市地下街规划受到许多因素的影响和制约，在进行规划设计时，用充分考虑这些影响因素，发挥有利因素同时采取措施降低有害因素的影响。影响地下街规划的主要因素有以下几点：

（1）地面建筑、绿化、交通等设施的布置。

（2）地面建筑的使用性质、地下管线设施、地面建筑基础类型及地下室的建筑结构因素。

（3）地面街道的交通流量、公共交通线路、站台设置、主要公共建筑的人流走向、交叉口的人流分布、地下街交通人流的流向设计。

（4）该地段防护等级、防灾等级、战略地位。

（5）地下街的多种使用功能（如是否有停车场）与地面建筑使用功能的关系。

（6）地下街竖向设计、层数、深度及扩建方向（水平方向延长、垂直方向增层）。

（7）与附近公共建筑地下部分及首层、地铁或其他设施、地面车站、交叉口的联系。

（8）设备布置，水、电、风和各种管线布置及走向，与地面联系的进排风口形式等。

3. 地下街规划的要点

在地下街规划时，应重点考虑以下几个方面的内容：

（1）明确地上与地下步行交通系统的相互关系；

（2）在集中吸引、产生大量步行交通的地区，建立地上地下一体化的步行系统；

（3）在充分考虑安全性的基础上，促进地下步行道路与地铁站、沿街建筑地下层的有机连接；

（4）利用城市再开发手段，以及结合办公楼建造工程，积极开发建设城市地下步行道路和地下广场。

9.2.2 地下街的建筑空间组合

地下街的各种功能，需要通过一定的方式组织在地下建筑空间之中，建筑布置就是各组成部分在平面上和竖向上的组合。

1. 组合原则

（1）建筑功能紧凑、分区明确。需要根据建筑性质、使用功能、规模、环境等不同特点、不同要求进行分析，使其满足功能合理的要求。此时可以借助功能关系图进行设计（图9-4）。人流通行是地下街的主要功能，因此功能关系图中应主要考虑人员流线的关系，通常有十字形地下步行过街、普通非交叉口过街。步行街两侧可设置店铺等营业性用房，在靠近过街附近设水、电、管理用房，根据需要按距离设置库房、风井。

（2）结构经济合理。地下街结构主要有矩形框架、直墙拱顶和拱平顶结合三种形式（图9-5）。具体采用何种结构类型，应根据土质及地下水位状况、建筑功能、层数、埋深、施工方案来确定。

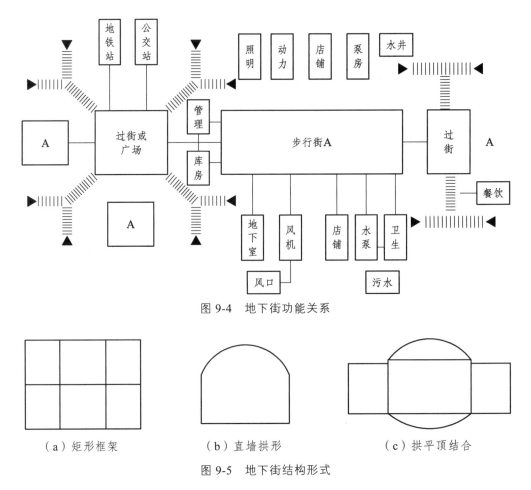

图 9-4　地下街功能关系

（a）矩形框架　　　　　（b）直墙拱形　　　　　（c）拱平顶结合

图 9-5　地下街结构形式

（3）管线及层数空间组合合理。要考虑管线的布置及占用空间的位置，确定建筑竖向是否多层，如有地下道路等也会受到影响。

2. 平面组合方式

根据地下街在平面与功能单元的布局方式，地下街的平面布局模式可分为步道式布局、厅式布局和混合式布局三种。

（1）步道式布局模式：以步行道为轴线，两侧组织功能单元的布局模式（图 9-6）。常用三连跨式，中间跨为步行道，两边跨为组合功能单元。该模式的特点是保证步行人流畅通，与其他人流交叉少，方便使用；方向单一，不易迷路；购物集中，不干扰通行人流，适用于宽度较小的街道下面。

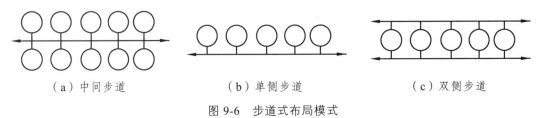

（a）中间步道　　　　　（b）单侧步道　　　　　（c）双侧步道

图 9-6　步道式布局模式

（2）厅式布局模式：是指在某方向各功能单元的分布并非严格按照一定规则安排，无明确步行道，通过内部划分出人流空间（图9-7）。这种模式下内部空间组织就显得尤为重要，其空间较大易迷失方向，所以要注意人流交通组织和应急疏散安全。

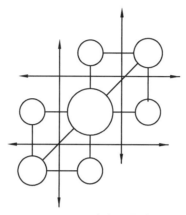

图 9-7　厅式布局模式

（3）混合式布局模式：是指将厅式、步道式合为一体的一种模式，也是地下街普遍组合方式（图9-8）。该模式的特点是可以结合地面街道与广场布置，规模大，功能多，可有效解决繁华地段的人、车流拥挤及人、车流立交问题，大多同地铁站、地下停车设施相联系，充分利用地下空间。

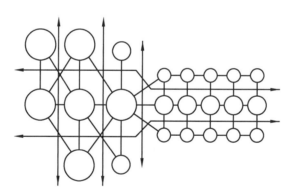

图 9-8　混合式布局模式

此外，还可根据地下街在平面上的几何形态或意象进行规划，其布局模式可分为一字形、T形、十字形、L形等。

3. 竖向组合设计

地下街的竖向组合比平面组合复杂，地下街的竖向功能组合主要包括：分流及营业功能（或其他经营）；出入口及过街立交；地下交通设施，如高速公路或立交公路、铁路、停车场、地铁车站等；市政管线，如上下水、风井、电缆沟等；出入口楼梯、电梯、坡道、廊道等。此外，随着城市的发展，还应考虑地下街扩建的可能性，必要时应做空间的预留。地下街的常见竖向组合模式如图9-9所示。

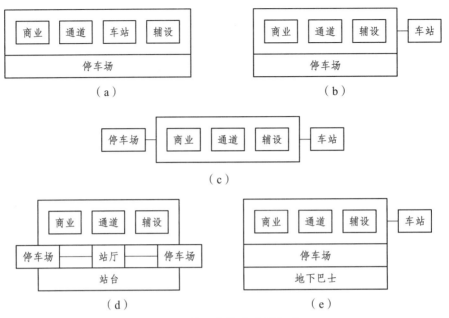

图 9-9　地下街竖向布局模式

对于不同规模的地下街，其组合内容也有差别，具体包括以下几种方式：

（1）单一功能的竖向组合。单一功能指地下街无论几层，均为同一功能。例如，上、下两层均可以为地下商业街。

（2）两种功能的竖向组合。两种功能主要为步行商业街同车库的组合，或步行商业街同其他性质功能（如地铁站）的组合。

（3）多种功能的竖向组合。包括三种及以上功能的组合，例如地下商业街、停车库、地铁车站等的组合。

在竖向布置中，一般而言，商业布置在地下一层，停车系统布置在二层，外部交通系统布置在三层，设备系统及辅助设施根据需要可在各层布置，而其中主要的基础设施如市政管网、动力配备及通风等，应安排在深层或同层远离人流活动区域。

9.2.3　地下街的平面柱网及剖面

地下街平面柱网主要由使用功能确定。如仅为商业功能，柱网选择自由度较大；如同一建筑内上下层布置不同使用功能，则柱网布置灵活性差，要满足对柱网要求高的使用条件。尤其是地下街与地下停车库分层合建时，需要考虑停车需求的柱网尺寸，具体可参见本书的地下停车库设计部分的相关内容。

日本在设计地下街时，通常考虑停车柱网，因为垂直式停车时最小柱距 5.3 m，可停 2 台，7.6 m 可停 3 台。日本地下街柱网实际大多设计为（6 + 7 + 6）m × 6 m（停 2 台）和（6 + 7 + 6）m × 8 m（停 3 台）。这两种柱网不但满足了停车要求，对步行道及商店也是合适的。在设计没有停车场的地下街时通常采用 7 m × 7 m 的方形柱网。

国内地下街，以哈尔滨秋林地下街为例，其采用的跨度是 $B_1 \times B_2 \times B_3 = 5.0\,\text{m} \times 5.5\,\text{m} \times 5.0\,\text{m}$，柱距 $A = 6.0\,\text{m}$，属于双层三跨式地下商业街（图 9-10）。

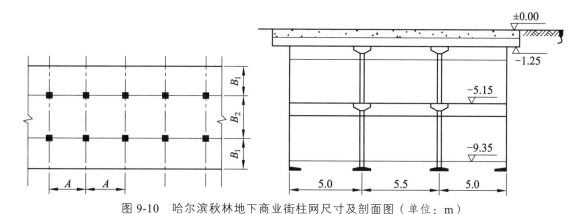

图 9-10　哈尔滨秋林地下商业街柱网尺寸及剖面图（单位：m）

地下街剖面设计层数不多，大多为 2 层，极少数为 3 层。层数越多，各层高度越大，则造价越高。因为层数及层高影响埋深，埋深大则施工开挖土方量大，结构工程量和造价也相应增加。

为降低造价，通常条件允许时可建成浅埋式结构，以减少覆土层厚度及整个地下街的埋置深度。日本地下街的净高一般为 4～6 m，通道和商店净高有所差别，目的是为了保证有一个良好的购物环境。图 9-10 中的哈尔滨秋林地下街顶层层高为 3.9 m，净高为 3.0 m，底层层高为 4.2 m，净高为 3.3 m。

9.3 地下综合体规划与设计

9.3.1 地下综合体的规划要求

地下综合体的规划应满足以下几个方面的要求：

（1）结合地面的市级、区级商业中心，在城市的中心广场、文化休息广场、购物中心广场和交通集散广场，以及交通和商业高度集中的街道和街道交叉口等城市人流、商业、行政活动集中的地区，大型建筑配建较多地下空间，商业环境非常成熟，很适合建设地下综合体。

（2）地下综合体应加强与城市地面功能的衔接与配合，在城市新区建设中尤其要做好前瞻性的规划，以利于形成城市土地的集约效益。

（3）大型超市地下综合体开发规模往往比较大，规划时应结合地面开发情况做好分期建设规划，对暂不开发的地下空间资源进行预留，创造先期开发与后期开发地下空间的连通条件。

（4）地下综合体规划应加强防灾方面的研究，在地下空间出入口布局、地下连通通道及步行通道、防灾单元划分等方面必须满足国家相应的规范、标准与要求。

9.3.2 地下综合体的空间组织

地下综合体中的构成要素较多，通常集交通、购物、餐饮、娱乐、停车、会展、文体、办公、市政、仓储、人防等多种功能于一体，以公共交通作为触媒，以购物、聚会、休憩等各种公共活动为拓展，同时以各项服务空间为辅助，构成一个高效运转的完善体系。因此，只有将地下综合体内的各个构成要素进行合理组织，才能保证各个功能空间的有序链接，从而发挥地下综合体功能集聚性和综合性的优势，便于人们的使用以及各项活动的开展。本节以公共交通与地块共同开发形成的地下综合体为例，重点围绕公共交通空间、公共活动空间、服务空间这三个基本构成要素对地下综合体空间的组织进行介绍。

1. 地下综合体空间的平面组织

地下综合体空间的平面组织主要有镶嵌模式、缝合模式、邻接模式、通道连接模式等方式。

（1）镶嵌模式。当公共交通空间与公共活动空间、服务空间等在地块内同步规划、设计、实施时，可采用镶嵌模式来进行空间的组织。在该模式下，公共交通空间被完全镶嵌于公共活动空间中，两者在平面上直接相连，通道等连接元素相对弱化（图 9-11）。该模式可实现地下综合体各大空间的构成要素间的无缝对接，最大化地体现地下综合体集聚性和综合性的特点，方便人员在其内部流转和活动。

（2）缝合模式。当由于各种原因，公共交通空间与公共活动空间无法同步实施，而公共交通空间又有可能在公共活动空间中穿过时，可采用缝合模式来进行空间的平面组织。该模式以公共交通空间为核心，对两侧的公共活动空间进行整合，并利用通道等服务空间来实现两者间的互通互连（图 9-12）。与镶嵌模式相比，缝合模式并不要求不同功能空间的统筹规划实施，在开发时间节点上较为灵活，提高不同建设主体介入时机上的自由度。但同时，该模式对空间和土地的利用不如镶嵌模式充分，对不同功能空间的连接也不如镶嵌模式直接和有效。

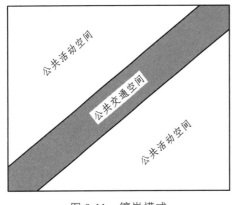

图 9-11　镶嵌模式

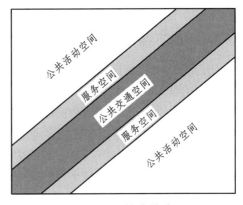

图 9-12　缝合模式

（3）邻接模式。当公共交通在地块一侧通过，并与地块统筹规划、同步设计、共同实施时，可采用邻接模式来进行地下综合体的平面组织。在该模式下，公共交通空间被设置在与地块相邻的单侧或多侧，与公共活动等空间在平面上直接相连，通道等连接元素相对弱化（图 9-13）。与镶嵌模式类似，采用该模式有利于各个功能空间的高效整合，实现彼此之间的无缝对接，从而更好地发挥地下综合体集聚性和综合性的优势。

（4）通道连接模式。当公共交通空间并不在地块内或者未与地块紧邻，而是与地块存在一定的距离时，可采用地下通道等服务空间进行两者的连接，这种模式即为通道连接模式（图 9-14）。与以上三种模式相比，该模式下公共交通空间与公共活动空间位置相对灵活，受限较少；但通过地下通道相连，通行空间相对有限，通行时间较长，效率相对较低。

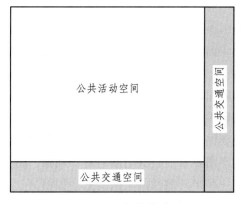

图 9-13　邻接模式

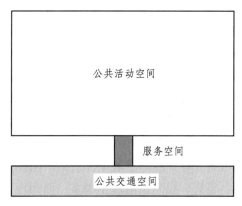

图 9-14　通道连接模式

2. 地下综合体空间的竖向组织

当前，综合考虑地下空间工程技术以及使用需求等方面的因素，按深度不同将地下综合体空间在竖向分成 3 个层次，主要是在浅层（地表以下 0~15 m）、次浅层（地表以下 15~30 m）、次深层（地表以下 30~50 m）这三个深度范围。

浅层空间临近地表，人员出入较为便利，同时也易于自然光线的引入，创造较为适宜的环境，具有最高的使用价值，因而适合设置商业、娱乐、餐饮等公共活动空间。此外，作为市政设施空间的综合管廊通常也被设置在道路下方的浅层空间中。

次浅层空间内地下建（构）筑物及障碍物较少，适合布置轨道交通、地下道路等公共交通空间，同时地下停车库、设备用房等空间一般也设置在该区域。

现阶段次深层空间深度的地下空间利用还相对较少，一般用于仓储空间。随着城市的进一步发展以及地下空间的不断开发，该区域的空间将越来越多地被利用，如地下物流传输系统、地下快速路网、地下大型长期仓储空间等。

在地下综合体竖向空间的组织过程中，除考虑空间构成要素分布外，埋于岩土地层中的市政管线也是不容忽视的问题。给水、雨污水、燃气、电力、通信光缆等常见管线对埋深、保护间距的不同要求，是地下综合体穿越城市道路所必须考虑的。通过精确的标高设计，确保地下综合体与管线各自独立、互不影响。

图 9-15 是某地下综合体的竖向空间组织实例。

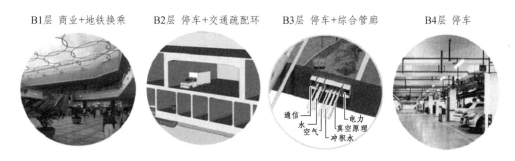

图 9-15　地下综合体空间的竖向组织示例

此外，随着地下空间要素的复合叠加以及采光、通风技术条件的日趋成熟，地下空间正变得越来越舒适宜人，再加上地下公共交通的人流引导作用，使得地下综合体已成为高品质都市综合体不可或缺的重要组成部分。其空间品质、商业定位、业态布置与地上部分需统筹设计，地上与地下的边界正变得越来越模糊。

作为人流主要来向的公共交通是地下综合体空间构成要素分布的重要影响因素，因此通常以公共交通所在位置为基准面，按照和它之间关联性的强弱对其余构成要素进行垂直分布排列。为充分保障公共交通的快速通达性和换乘便利性，与其相邻的空间一般为快速餐饮、便利服务及停车库等交通配套设施。随高度上升，空间要素的公共活动性逐步加强，超市、餐饮、零售、娱乐设施逐步增多，而到地上空间，一些半开放性的空间要素诸如酒店、商务办公参与其中，最终形成一个完整的都市综合空间（实例见图 9-16）。

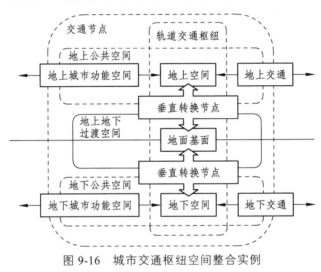

图 9-16　城市交通枢纽空间整合实例

9.3.3　地下综合体的路径构成

地下综合体路径即地下综合体的交通体系，与城市地上空间的交通体系有一定的相似之处，同时也有其自身的特点。交通体系的设计几乎可以说是整个地下综合体的核心和运转机制，合理的交通体系解决策略配合经济高效的地下空间组织方案共同构成地下综合体的结构骨架，将各种地下空间构成要素联系在一起，最终为整个城市服务。

如何将复杂的地下综合体中的交通体系进行分类，是一个比较困难的问题。这里所说的地下空间交通体系的研究范畴，主要是针对地下综合体中公共空间的人行交通体系。本节将通过其本身所拥有的空间属性，采用点、线、面的形式对其进行分类，并在此基础上考虑交通体系的立体化构成形式。

1. 线性交通体系

线性交通体系主要由人行通道组成，可有直线、曲线或折线等多种形式，也包括不同标高的楼梯、台阶等垂直交通（图 9-17）。以下通过功能属性的不同，简要地对线性交通体系进行分类。

（a）人行通道　　　　　　　　（b）人行楼梯及扶梯

图 9-17　线性交通体系

（1）安全疏散与分流路径。安全疏散路径是地下空间的交通体系中最重要的路径之一。安全疏散通道有些比较明显，并且与一些其他功能的通道共享，而有些则比较隐蔽，只有在紧急情况下才发挥作用。对于纯疏散需要的通道，设计中可以遵照相应的设计准则与规范，满足疏散功能的需要，对于有承载其他功能的，则需要结合其他功能的需要进行合理化设计。分流路径也是一种线性路径，通过路径把不同的人进行分流。与普通目的地指向型路径不同，分流路径主要是为了把地下过多的人流快速地进行分离、能达到快速疏散人流的功能性通道，从某种意义上来说也可以属于一种安全疏散通路。它是对满足最基本规范所设置的安全疏散通路的一种适当补充，尤其在一些重要的地下空间场所会考虑增设分流路径。

（2）交通行为路径。交通行为路径是地下线性交通路径的主要组成部分，大多数的通路都是有一定目的性的，都是因为需要从 A 到 B 而产生的通道。地下空间规划也首先是基于这些通路所形成的结构框架而展开的。所以，交通行为路径是形成地下空间必要的也是最基本的空间元素。对于以交通行为为主的路径，设计上需要遵循间接、清晰、明亮的原则，能使地下空间的使用者方便快捷地寻找到其到达目的地的路径。

（3）商业路径。随着人们对地下空间的开发越来越重视，也越来越多地发现了地下空间的利用价值，尤以商业开发居多（比如地下商业街），则商业行为路径伴随商业开发而产生。地下商业街的产生，为地下空间的开发带来了不可估量的价值，同时也带来了地下空间开发的难度，考虑到商业人流的巨大和地下疏散的困难性，需要对地下空间增设更多的疏散和分流路径，因此地下商业路径比地上商业街的实现难度更大。

（4）换乘路径。地下空间商业价值的产生是由于地下交通工具的引入及其迅速蓬勃的发展，这些交通工具带来了激增的人流，成为地下空间开发的触媒，而换乘通道正是产生这些人流最多的地下交通空间。在换乘通道的设计过程中，需要重点考虑以下两方面的内容：一是如何设置便捷可靠的换乘方式，如何组织路线并有效地分流人群；二是如何基于这些换乘通道高效地开发价值度较高的地下空间。

（5）其他路径。其他还包括一些后勤和检修的通道，这些路径也是地下空间必不可少的部分。

2. 节点空间

第二类地下综合体的路径体系构成元素是节点。除了连接点和转换点的功能之外，节点还可能是一条主要通道路径的起点和终点。因此，在节点上往往发生行为状态和方向的改变，或者成为最终的目的地。在复杂的地下综合体中，节点空间会非常多，从一个地点出发，可能通向不同的目的地，在一条路径上会有很多改变方向的节点，而多条路径的汇聚点往往就是最复杂的节点空间。

（1）交叉口空间。交叉口是最常见的节点空间，常常发生在两条线性路径相互交叉的区域，即使两条路径不在一个平面上相交，只要两个路径具备发生交流的可能，就会形成相应的交叉口空间。交叉口常常会像是地面道路空间的十字路口，不过很多时候也会出现不同面的两个通道，通过垂直交通进行转换联系。当多条线性交通路径交叉在同一点的时候，则可以称这个节点为汇聚点，这时候的交通混杂程度很高，尤其是在地下空间中，人更容易感到混乱和迷茫，所以一般不建议多条线路交叉。如果作为复杂的地下综合体，实在不可避免要汇聚多条路径，则应考虑放大节点空间进行处理，形成一定面积、一定规模的空间，从点的概念扩展到面的概念［图 9-18（a）］。

（2）端口空间。端口就是路径的出发点和终点，也就是在这里会离开地下空间，或通过其他方式到达另外一个片区。最为典型的就是地下空间的地面出入口。作为主要和地面空间联系的途径，出入口十分重要。首先需要一个明显的表示，还需要有能让人明显辨识的建筑形式，最重要的是能提供一个舒适、吸引人的空间感受，毕竟地下空间除了目的性的需要，是很难吸引地面人流的，但是好的出入口设计能吸引人进入地下空间，感受地下城市综合体的魅力。因此，出入口可以采用与下沉广场［图 9-18（b）］、大型地面商业中心等相结合的手法来进行设计。

（a）交叉口空间　　　　　　　　　　　　　　　　（b）下沉广场

图 9-18　节点空间

3. 广域空间

广域空间是节点空间的一种放大，如果概念化地说，它本身也是一个节点，在地下综合体中，广域空间节点比纯粹的节点空间具有更重要的价值。首先要处理地下复杂的交通体系，如果仅仅依靠小面积的转换点，是不够的，需要放大一定的空间，另外要创造相对舒适的、有吸引力的地下空间环境，也需要一定的面积。所以在地下综合体中，常常让人印象深刻的就是一些大空间的处理手法。

在一些地下综合体中，通过广域空间的使用，优化交通、换乘路径，系统化地处理地下空间，提高土地使用效率，同时也为未来地下空间的可变性预留可能。在交通枢纽型地下综合体中，广域空间需要更系统化地考虑交通的问题，将换乘通道也整合进去，从而形成一个大型的换乘空间，或者称之为换乘中心或换乘大厅（图 9-19）。

除了平面上的空间整合和放大之外，立体化也是未来的趋势之一。广域空间将跨层建设并联系不同的层面，期间将会有更多空间手法的呈现，使得地下空间的开发精彩纷呈。

图 9-19　交通枢纽地下综合体换乘大厅

9.4　城市地下街规划与设计案例

本节以日本八重洲地下街为例，介绍地下街的规划与设计。

20 世纪 60 年代初，为了满足铁路客运量增长的需要，在丸之内车站的另一侧新建八重洲车站，作为主车站，定名为东京站，同时对两个车站附近地区进行立体化再开发，在八重洲站前广场和通往银座方向的八重洲大街的一段，建设了著名的八重洲地下街（图 9-20）。

图 9-20　八重洲地下街总平面图

八重洲地下街是日本最大的地下商业街之一，位于日本新干线东京车站地下，在功能结构上包括了步行通道、商店、停车场等主要设施。八重洲地下街分两期建成（1963—1965 年和 1966—1969 年），总建筑面积超过 7 万 m^2，加上连通的地下室，总建筑面积达到 9.6 万 m^2（图 9-21）。分布在人行道上的 23 个出入口，可使行人从地下穿越街道和广场进入车站；设在街道中央的地下停车场出入口，使车辆可以方便地进出而不影响其他车辆的正常行驶。

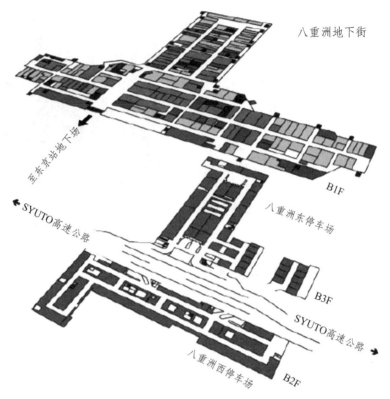

图 9-21 八重洲地下街平面图

八重洲地下街地下为 3 层。一层由三部分组成：车站建筑的地下室，站前广场下的地下街，从广场向前延伸的八重洲大街下约 150 m 长的一段地下街（共有商店 215 家）。二层有两个地下停车场，总容量 570 辆。地下三层有高压变配电室、一些管线和廊道，4 号高速公路也由此穿过，车辆从地下就可进入公路两侧的公用停车场，使地面上的车流量也有所减少，路上停车现象基本消除。这样，尽管东京站日客流量高达 80～90 万人，但站前广场和主要街道上交通秩序井然，步行与车行分离，行车顺畅，停车方便，环境清新，体现出现代大都市应有的风貌。

【习 题】

1. 地下街有哪些基本类型？各有什么特点？
2. 地下街的组成部分有哪些？
3. 地下综合体的发展模式有哪些类型？
4. 请简述地下街的规划基本原则和要点。
5. 地下街的平面组合方式有哪些类型？各自特点是什么？
6. 地下综合体空间的平面组织方式有哪几种？各自特点是什么？
7. 地下街及地下综合体空间的竖向组织要点有哪些？
8. 地下综合体中的路径有哪些类型？

第 10 章　城市轨道交通设施规划与设计

本章教学目标

1. 熟悉城市地铁的线网组成及常见形态，掌握线网规模的评价指标及方法。
2. 熟悉城市地铁车站的形式与分类，掌握地铁车站的组成与功能要求。
3. 熟悉城市地铁线网及车站的规划要点和内容，掌握地铁车站的总平面布置方法和建筑布置要求。

城市轨道交通是城市公共交通系统中的重要组成部分，泛指在城市沿特定轨道运动的快速大运量公共交通系统。本章所指的城市轨道交通设施是设置在地表以下或主要位于地下的城市轨道交通设施，主要包括线路、车站及配套设施。城市轨道交通作为世界公认的低能耗、少污染的"绿色交通"，是解决"城市病"的一把金钥匙，对于实现城市的可持续发展具有非常重要的意义，也是我国近年来城市地下空间开发利用的主要形式。

10.1　城市轨道交通设施概述

自 1863 年世界上第一条地铁在伦敦建成通车以来，世界各国随后也纷纷修建了大量的城市轨道交通。我国城市地铁建设与运营始于 1969 年通车的北京地铁 1 号线，发展至今，我国已经有 40 余个城市开通了不同制式的城市轨道交通。根据我国 2007 年颁发的《城市公共交通分类标准》(CJJ/T 114—2007)，城市轨道交通主要有 7 类，即地铁系统、轻轨系统、单轨系统、有轨电车系统、磁浮系统、自动导向轨道系统和市域快速轨道系统。目前我国的城市轨道交通以地铁、轻轨两种制式居多，本章主要介绍地铁的相关技术要点。

10.1.1　地铁线网的组成与形态

由数条地铁线路所组成的地铁线网，是一个技术独立的城市公交客运网，也是整个城市公交系统的一部分。

1. 地铁线网的组成

地铁线网主要由线路和车站构成。线路即标准段，也称为区间，供地铁列车运行，承担轨道交通运输任务；车站是联络地上和地下空间的节点，是客流出入口和换乘点。地铁线网中的每一条线路都必须按照运营要求布置各项组成部分，以发挥其运营功能。地铁线网的具体组成部分如图 10-1 所示，主要包括区间隧道、车站、折返设备、车辆段（车库及修理厂）以及各种联络支线（渡线）。

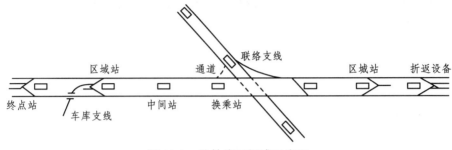

图 10-1　地铁线网组成示意图

（1）区间隧道（也简称为区间）：是供列车通过，内铺轨道并设有排水沟，安装牵引供电装置、各种管线及通信信号设备的空间。

（2）车站：乘客上、下及换乘地点，也供列车始发和折返。

（3）折返设备：供列车往返运行时的掉头转线及夜间存车、临时检修等。

（4）车辆段（车库）：是存车及检修的场所。一般位于靠近线路端点的郊区，早上车辆向市中心发车，夜间收班向郊区入库。

（5）联络线：是两条正线之间的连接线。比如在线路的交叉点附近，为了便于两线间车辆互相调配，可设联络线。

2. 地铁线网的形态

地铁线网的形态是数条线路和车站在平面上的分布形式（也称为路网结构），在几何上是线段之间的组合关系的总和。带节点的线段是地铁线网的基本单元，其表现形式为单线或单环。根据线环的组合方式，地铁线网可分为放射形、环形及棋盘形这 3 种基本形态［图 10-2（a）～（c）］，是城市地铁线网的初级形态。随着城市的发展和功能的日益完善，城市地铁线网的形态也由简单变复杂，在基本形态的基础上，又出现了多种组合形态及其混合形态［图 10-2（d）～（f）］，是城市地铁线网发展的高级形态。

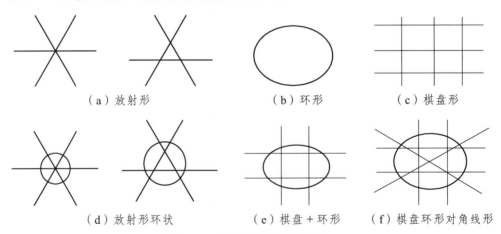

（a）放射形　　　　（b）环形　　　　（c）棋盘形

（d）放射形环状　　（e）棋盘+环形　　（f）棋盘环形对角线形

图 10-2　地铁线网形态与结构

（1）放射形。以市中心为原点，径向线向周围地区发射，形成放射状的形态。放射形的特点是通过径向地铁线路和站点，将城市中心区与城市发展圈连接起来，郊区客流可直达市中心，也可通过市中心由一条线路转往另一条线路。其缺点是城市各圈层之间不能直接由地铁贯通，线路之间换乘不便，须借助地面公共交通系统。

（2）环形。环形是以城市中心区为圆心，布置环形线路而形成的线网结构。其特点是线网与城市圈层外延发展相一致，覆盖范围广；不足之处是线网环间缺乏联系，须借助地面交通。这种形态往往出现在地域辽阔的平原地区，且在地理上各向发展均衡的城市，一般是在城市地铁建设的初期出现。随着城市的发展，环形线网通常会发展成环形＋线形等复合形式。

（3）棋盘形。棋盘形是指由近似相互平行与垂直的线形地铁线路构成的线网。棋盘形的特点是线网在平面上纵横交错，呈棋盘格局，换行节点多，通达性好，但线路节点之间的相互影响较大。随着城市的发展，棋盘形也会发展为多种复合形式，如棋盘形＋放射形、棋盘形＋环形等线网。

（4）环形＋线形。环形＋线形是指环形地铁线路与线形地铁线路组合而成的线网结构。两者的组合既可以增加环形线路的连接点，又可以激活环形路网的外延，它综合了环形线路覆盖范围广、线形线路单向通达距离长、可通过线形路线达到与环形各向连通的特点。

（5）棋盘形＋环形。棋盘形＋环形是指棋盘形与环形地铁线网组合而成的复合型地铁线网，属于环形与线形组合的另一种类型。它具有棋盘形与环形线网的特点，网形规整，覆盖范围大，通达性强。在棋盘形地铁线网中采用复合环形线网，结合对角放射形路网的布局，可以扩大覆盖范围，减少换乘节点，提高线网的通达效率。

（6）棋盘环形对角线形。棋盘环形对角线形是指由棋盘环形地铁线网与对角线形构成的一种地铁线网形式。这种线网除了具有棋盘环形线网的特点外，最主要特点是具有贯穿市中心区的对角线形地铁线路，覆盖范围大，由市中心到达市区及远郊的换乘站点最少，交通便捷，许多现代化大城市的地铁线网都具有这种线网形式的特点。

（7）混合形。混合形是指由多种线网形式组合而成的综合线网形态。这种线网由于线路和站点错综复杂，在平面上很难用一种主体形式来体现，如巴黎、东京、纽约等国际大都市的地铁线网都体现了混合形的特点。

（8）其他形式。对于许多规模不大，或地理位置特殊的城市，客流流向较为集中单一，往往不需要修建多条轨道交通线路进而形成较大规模的线网，也就因地制宜地出现了其他各种形式的线网形式，如日本京都的地铁线网为十字形、法国里尔的地铁线网为 X 形。

以上介绍了城市地铁线网的一些常见形式。地铁线网的形式与城市形态、地形地质条件及城市发展规划密切相关，其形式多种多样。随着城市的发展，城市地铁线网的路线及站点增多，覆盖范围增大，通达性越来越强，线网的构成也会越来越复杂，因此混合形将是今后大城市地铁线网发展的必然趋势。

3. 地铁线路分类

地铁线路按其在运营中的作用，分为正线、辅助线和车场线。正线供载客列车运行，包括区间正线、支线、车站正线；辅助线为空载列车折返、停放、检查、转线及出入车辆段服务，包括折返线、渡线、车场出入线、联络线等；车场线是车辆段场区作业的全部线路。

地铁线路按照敷设形式有地下线、地面线、高架线及敞开式。地下线是指线位埋设在地表以下，以隧道形式敷设进入市区，尤其是在繁华地带的线路主要采用这种敷设方式；地面线是指直接铺设在地面上的线路，一般适用于城乡接合部及市域间的地铁使用，类似于普通铁路；高架线是指直接铺设在高架桥面上的线路，一般在道路路面宽阔、上跨道路、铁路、河流等地段采用；敞开式是类似于半路堑的形式，轨面位于地表以下，但顶部是敞开的一种线路敷设方式，一般在线路由地下过渡为地面、高架或相反时常见。

10.1.2　地铁线网的规模指标

线网规模是对轨道交通线路的宏观控制量，目的是寻求合理规模，防止盲目性。线网规模是从轨道交通系统供给的角度，体现系统所能提供的服务水平，主要以线网密度和系统能力输出来反映，其中系统能力输出又与系统运营管理密切相关。从系统能力和线网密度来看，有 4 种性质的规模度量，如图 10-3 所示。规模的合理性关系到建设投资、客流强度，也关系到理想的服务水平的设定、建设用地的合理控制。

图 10-3　地铁线网规模构成

线网合理规模的影响因素有：城市的规模、形态和土地使用布局，城市交通需求，城市财力因素，居民出行特征，城市未来交通发展战略与政策、国家政策等（图 10-4）。其中，影响力较大的因素的是城市交通需求、城市的规模形态和土地使用布局、国家政策。

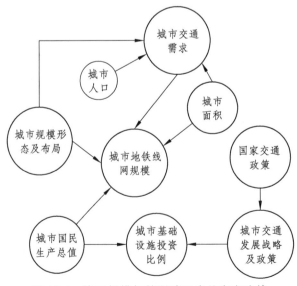

图 10-4　线网规模与其影响因素的有向连接

地铁线网规模的指标有地铁线网总长度 L，地铁线网密度 σ 和地铁线网日客运周转量 P（人·km/日）。

（1）城市地铁线网总长度 L

$$L = \sum_{i=1}^{n} l_i \tag{10-1}$$

式中：L——地铁线网总长度（km）；

n——地铁线路的数量（条）；

l_i——地铁线网第 i 条线路的长度（km）。

L 反映了线网的规模，由此可以估算总投资量、总输送能力、总设备需求量、总经营成本、总体效益等，并可据此决定相应的管理体制和运作机制。

（2）城市地铁线网密度 σ

$$\sigma = L / S \text{或} \sigma = L / Q \tag{10-2}$$

式中：S——地铁线网规划区面积（km^2）；

L——地铁线网总长度（km）；

Q——地铁线网规划区总人口（万人）；

σ——地铁线网密度（km/km^2 或 km/万人）。

城市地铁线网密度是指单位人口拥有的线路规模或单位面积上分布的线路规模，它是衡量城市地铁服务水平的一个主要因素，同时对形成地铁车站合理交通区的接运交通组织有影响。实际中由于城市区域开发强度的不同，对交通的需求也不是相对均等的，往往是由市中心区向外围区呈现需求强度的逐步递减，因此线网密度也应相应递减。评价城市地铁交通网的合理程度需按不同区域（城市中心区、城市边缘区、城市郊区）分别求取密度。表 10-1 是世界部分主要城市轨道交通线网密度。

表 10-1 世界部分主要城市轨道交通线网密度

城市	总面积 /km^2	人口 /万人	运营总长 /km	日均客运量 /万人次	线网密度 /（km/km^2）	线网密度 /（km/万人）
纽约	789	849	373	700	0.47	0.44
东京	2 162	1 350	333	1 600	0.15	0.25
首尔	605	1 750	327	800	0.54	0.19
巴黎	105	230	220	600	2.10	0.96
莫斯科	2 511	1 415	277	900	0.11	0.20
北京	16 411	2 170	554	1 009	0.03	0.26
香港	1 104	726	214	245	0.19	0.29
哥本哈根	97	67	33.5	27.5	0.35	0.50

（3）城市地铁线网日客运周转量 P

$$P = \sum_{i=1}^{n} p_i l_i \qquad\qquad (10\text{-}3)$$

式中：P——城市地铁线网日客运周转量（人·km/日）；

　　　p_i——第 i 条城市地铁交通线路的日客运量（人/日）；

　　　l_i——城市地铁交通线网第 i 条线路的长度（km）。

城市地铁线网日客运周转量是评估城市地铁系统能力输出的指标。P 表达了城市地铁在城市客运交通中的地位与作用、占有的份额与满足程度。它涉及城市地铁企业的经营管理，是地铁线路长度、电力能源消耗、人力、轨道和车站设备维修及投资等生产投入因子的函数。

10.1.3　地铁车站的形式与分类

地铁车站按其运营功能、站台形式、布置方式、埋深或结构形式等可以进行不同分类。

1. 按车站运营功能分类

地铁车站按运营功能可以分为中间站、换乘站、区域站、起（终）点站等多种类型，如图 10-5 所示。

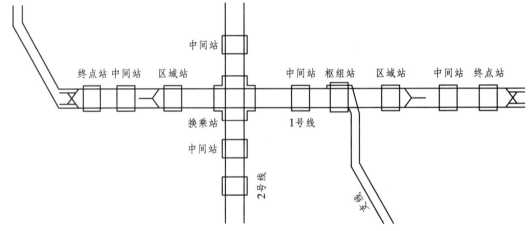

图 10-5　地铁车站按运营功能分类示意图

（1）中间站：仅供旅客上下车之用，是地铁线网中数量最多、最通用的一种车站。

（2）区域站：也称折返站，为将客流量差距较大的线路段划分出来而设置折返设备的车站，列车可以在此类车站折返或停车。

（3）换乘站：位于地铁不同线路交叉点的车站，除可供旅客上、下车之用，还可供旅客从一条线路换乘到另一条线路。

（4）枢纽站：是由此站分出另一条线路的车站，可接送两条线路上的车。

（5）联运站：是指车站内设有两种不同性质的列车线路进行联运及客流换乘。

（6）起（终）点站：设在线路两端的车站，除可供旅客上、下车之用，还可供列车全部折返、停留检修的车站。

2. 按车站站台形式分类

地铁车站按站台布置形式可分为岛式、侧式与岛侧混合式，如图 10-6 所示。

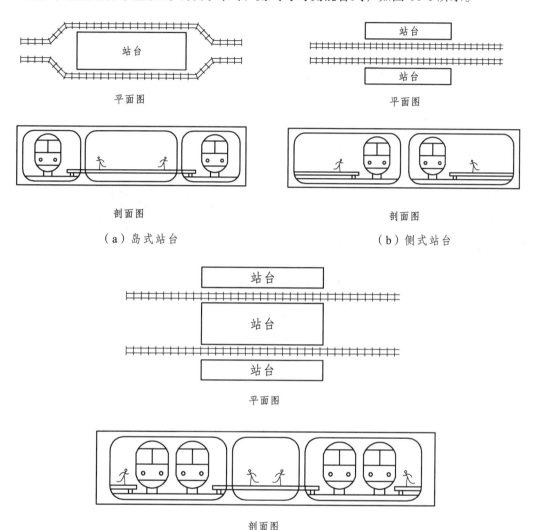

（a）岛式站台　　　　（b）侧式站台

（c）岛侧混合式

图 10-6　地铁车站常见的站台形式

（1）岛式站台：站台位于上、下行车线路之间。岛式站台适用于规模较大的车站，如区域站、换乘站，上、下行线共用一个站台，可以起到分配和调节客流作用，对于需要中途折返的乘客比较方便。

（2）侧式站台：站台位于上、下行车线路的两侧。侧式站台适用于轨道布置集中的情况，有利于区间采用大的隧道或双圆隧道双线穿行，具有一定的经济性。但是在城市地下工况条件复杂的情况下，大隧道双线穿行缺乏灵活性。而且，候车客流换乘不同方向的车次必须通过天桥才能完成，会给乘客带来一定不便，因此多用于客流量不大的车站及高架车站。

（3）岛侧混合式站台：是将岛式站台和侧式站台同设在一个车站内。此种站台的主要目的一方面是为了解决车辆中途折返，满足列车运营上的要求；另一方面也是为了避免站台产生超荷现象。但此种站台形式造价高，进出站设备比较复杂，因而较少采用。

对于岛式或侧式站台的选用，没有特别决定性的条件可循，两者各有优缺点，在使用时应根据实际情况选用。但对客流随时间有向某一方向偏大的车站来说，采用岛式站台较为有效。

3. 按车站与地面相对位置关系分类

地铁车站按其与地面相对位置关系可以分为地下车站、地面车站、高架车站三大类，如图 10-7 所示。

（a）地下车站　　　　　（b）地面车站　　　　　（c）高架车站

图 10-7　地铁车站按其与地面相对位置分类的形式

4. 按车站结构横断面形式分类

车站结构横断面形式通常与车站的施工方法有关，明挖法多采用矩形断面，盾构法则采用圆形断面，矿山法多为马蹄形断面。

（1）矩形断面车站：是车站中常见的形式，一般用于浅埋车站。可设计成单层、双层或多层，跨度可选用单跨、双跨或多跨。

（2）拱形断面车站：拱形断面常用于深埋车站，有单拱、多跨连拱等形式。单拱断面中部起拱，高度较高，两侧拱脚处相对较低，中间无柱，因此建筑空间显得高大宽敞，如建筑处理得当，常会得到理想的建筑艺术效果。

（3）圆形断面车站：圆形断面车站用于深埋或盾构法施工的车站。

（4）其他类型断面车站：主要有马蹄形、椭圆形等断面形式的车站。

5. 按车站规模分类

车站规模主要是指车站外形尺寸大小、层数及站房面积多少等。车站规模主要根据该站远期预测高峰小时客流量、所处位置的重要性、站内设备和管理用房面积、列车编组长度及该地区远期发展规划等因素综合考虑。其中，远期预测高峰小时客流量是确定车站规模的一个重要指标（初期为建成通车后第 3 年，近期为第 10 年，远期为第 25 年），车站内布置的设施数量、尺寸等均据此进行计算。车站规模等级如表 10-2 所示。

表 10-2 地铁车站规模等级

规模等级	适用范围
特级站	客流量大于 5 万人
一级站	客流量 3~5 万人，适用于客流量大、地处市中心的大型商贸中心、大型交通枢纽中心、大型集会广场、大型工业区及位置重要的政治中心区
二级站	客流量 1.5~3 万人，适用于客流量较大、地处较繁华的商业区、中型交通枢纽中心、大中型文体中心、大型公园及游乐场，较大的居住区及工业区
三级站	客流量小于 1.5 万人，适用于客流量小、地处郊区各站

10.1.4 地铁车站的组成与功能

1. 地铁车站的组成

地下标准车站通常由地铁车站主体（站台、站厅）、出入口和通道、通风道及地面通风亭（井）三大部分组成。

（1）车站主体

车站主体是列车在线路上的停车点，其作用是供乘客集散、换乘，同时它又是地铁运营设备设置的中心和办理运营业务的地方。根据功能的不同，车站主体部分又分为两部分空间：车站公共区和车站配套用房区。

① 车站公共区。车站公共区为乘客使用空间，划分为非付费区和付费区（图 10-8）。非付费区是乘客未购票进入站台前的流动区域，一般有一定的空间布置售检票设施，还可以根据需求设置银行、小卖部等小型便民服务设施。付费区是乘客购票进入站台的流动区域，包括部分站厅、站台、楼梯和自动扶梯等，是为列车停车和乘客乘降提供服务的设施。车站公共区人流线路清晰、设施设备设置合理是车站设计的重点，公共区布置应综合考虑车站类型、总平面布局、车站平面布置、结构断面形式、空间尺度等因素。

（a）车站非付费区和付费区分界（站厅层）　　　　（b）车站付费区（站台层）

图 10-8 地铁车站公共区

② 车站配套用房区。该区域包括运营管理用房、设备用房和辅助用房三部分（图 10-9）。运营管理用房是为保证车站正常运营条件和运营秩序而设置的供车站日常运营的工作人员（部门）使用的办公用房，包括车站控制室、站长室、值班室等。设备用房是为保证列车正常

运行、保证车站及区间内具有良好环境条件、满足车站和区间防灾要求的设备用房，主要包括环控机房、通风机房、变电所等设备用房。辅助用房是为保证车站内部工作人员正常工作生活所需所设置的空间，指直接供站内工作人员使用的区域，主要包括厕所、更衣室、休息室等，均设在站内工作人员使用的区域内。

（a）车站控制室　　　　　　　　　　　（b）车站泵房

图 10-9　地铁车站配套用房示例

（2）出入口和通道

出入口及通道是连接地面与地铁车站内部空间的通道，其位置和规模应能比较直接地联系地面空间和地铁车站内空间，以方便乘客进出站。地铁车站出入口及通道的平面形式分类如图 10-10 所示，具体有以下几类：

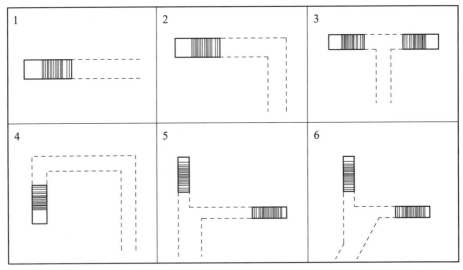

1——字形出入口；2—L 形出入口；3—T 形出入口；
4—Ⅱ形出入口；5、6—Y 形出入口。

图 10-10　地铁车站出入口按平面形式分类

① 一字形出入口：指出入口、通道一字形排列。这种出入口占地面积少，结构简单，布置比较灵活，人员进出方便，比较经济。由于口部较宽，不宜修建在路面狭窄地区。

② L 形出入口：指出入口与通道呈一次转折布置。这种形式人员进出方便，结构及施工稍复杂，比较经济。由于口部较宽，不宜修建在路面狭窄地区。

③ T 形出入口：指出入口与通道呈 T 形布置。这种形式人员进出方便，结构及施工稍复杂，造价比前两种形式高。由于口部比较窄，适用于路面狭窄地区。

④ Ⅱ形出入口：指出入口与通道呈两次转折布置。由于环境条件所限，出入口长度按一般情况设置有困难时，可采用这种布置形式的出入口。这种形式的出入口人员要走回头路。

⑤ Y 形出入口：这种出入口布置常用于一个主出入口通道有两个及两个以上出入口的情况。这种形式布置比较灵活，适应性强。

（3）通风道及地面通风亭（井）

地下车站按通风、空调工艺要求，一般需要设置新风道、排风道（及活塞风道），车站内的通风道位置一般设在车站吊顶内或站台层站台板下的空间内［图 10-11（a）］。

通风道的口部建筑物为地面通风亭（井），在满足功能前提下，应根据地面建筑的现场条件、规划要求、环保和景观要求，通风亭（井）可集中或分散布置，如图 10-11（b）所示。通风亭（井）的设置应满足规划部门所规定后退红线距离的要求，单独修建的车站出入口和地面通风亭（井）与周围建筑物之间的距离还应满足防火距离的要求。

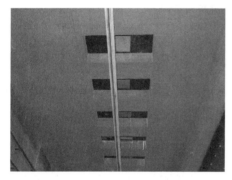

（a）轨顶风道 （b）地面通风亭（井）

图 10-11 地铁车站通风道及地面通风亭（井）

2. 地铁车站的功能分析

地铁车站是供旅客乘降、换乘和候车的场所，应保证旅客使用方便、安全、迅速地进出站；又是容纳主要的技术设备和运营管理设施的场所，需要保证地铁的安全运行。因此，从以上两方面来讲，地铁车站应满足如图 10-12 所示的功能要求。在对地铁车站的空间进行设计时，需要根据以上功能分析，以及车站类型和规模合理组织流线（车站乘客流线、工作人员流线、设备工艺流线）、划分功能分区，再具体进行车站不同部位的建筑布置。

10.2 地铁线网规划与线路设计

地铁建设涉及原有城市的状态及交通运输近期状况和远期发展方向、规模和城市的战备防护要求等，并且地铁改建、扩建极为困难。因此，在修建地铁时，就应对各方面的因素进行周密考虑，从长远观点做好线网规划与线路设计。

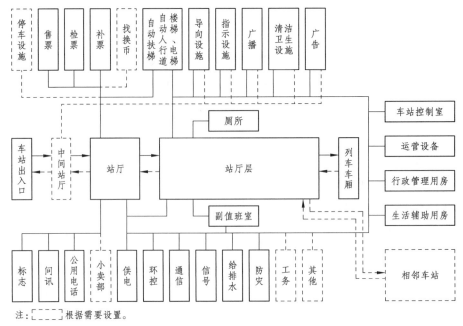

图 10-12　地铁车站功能分析示意图

10.2.1　地铁线网规划的基本原则

在地铁线网规划中，一般应遵循以下基本原则：

（1）线网的规划要与城市客流预测相适应。通过对城市主要干道的客流预测，定量地确定各条线路单向高峰小时客流量，也就可以确定每条线路的规模。城市轨道交通能为居民提供优质交通服务，尤其对中、远程乘客来说，轨道交通是最能满足其出行要求的交通方式。居民每天出行的交通流向与城市的规划布局有着密切的关系，规划路线沿城市交通主客流方向布设，可以照顾大多数居民快速、方便出行的需求，并且能充分发挥地铁运量大的作用。

（2）线网规划必须符合城市总体规划。地铁线网是城市总体规划的重要组成部分，而交通引导城市发展是一条普遍规律。因此，地铁线网规划要与城市远景规划相结合，要具有前瞻性。随着城市经济的发展，城市规模会不断扩大，在制定地铁线网规划时，一定要根据城市规划发展方向留有向外延伸的可能性。

（3）规划线路要尽量沿城市主干道布设。沿交通主干道设置的目的在于接收沿线交通客流，缓解地面压力，同时也较易保证一定的客运量。线路要贯穿连接城市交通枢纽对外交通中心（如火车站、飞机场、码头和长途汽车站等）、商业中心、文化娱乐中心、大型生活居住区等客流集散数量大的场所，最大限度地吸引客流。

（4）线网中线路布置要均匀、线路密度要适量，乘客换乘方便，缩短出行时间。线网密度、换乘条件及换乘次数同出行时间关系很大，并且直接影响着吸引客流的大小问题。一般认为，市区地铁吸引客流的半径以 700 m 为宜，即理想的线网线间距在市区是 1 400 m 左右，除特殊情况外，最好不要小于 800 m 且不大于 1 600 m。线网布局尽量减少换乘次数，使乘客能直达目的地，缩短出行时间。

（5）线网要与地面交通网相配合，充分发挥各自优势，为乘客提供优质交通服务。地铁是城市大运量的交通系统，由于投资巨大，为了达到较高的运输效益和经济效益，线网密度不宜过小，否则会给长距离乘坐地铁的乘客带来不便和增加出行时间。而路面常规公共交通是接近门到门的交通服务，若能与地铁衔接，既方便了乘客，使其缩短了出行时间，又能为地铁集散大量客流。因此，大城市的交通规划，一定要发展以地铁为骨干、常规公共交通为主体、辅以其他交通方式，构成多层次立体的有机结合体，使其互为补充，充分发挥各自的优势和地铁的骨干作用。

（6）线网中各条规划线路上客流负荷要尽量均匀，避免个别线路负荷过大或过小的现象。注重考虑线路吸引客流能力，穿越商业中心、文化政治中心、旅游点、居民集中区次数要均衡。

（7）选择线路走向时，应考虑沿线地面建筑情况，要注意保护重点历史文物古迹和环境。要充分考虑地形、地貌和地质条件，尽量避开不良地质地段和重要的地下管线等构筑物，以利于工程实施和降低工程造价。线路位置应考虑能与地面建筑、市政工程相互结合及综合开发的有利条件，以充分开发利用地上、地下空间资源，有利于提高工程实施后的经济效益和社会效益，同一定规模的其他地下建筑相连接，如与商业中心地下街、下沉式广场、地下停车场、防护疏散通道等连接。

（8）车辆段（场）是轨道交通的车辆停放和检修的基地，在规划线路时，一定要规划好其位置和用地范围。

（9）在确定线网规划中的线路修建顺序时，要与城市建设计划和旧城改造计划相结合，以保证快速轨道交通工程建设计划实施的可能性和连续性以及工程技术上和经济上的合理性。

10.2.2 地铁线网规划的基本步骤

地铁线网规划的基本步骤如下：

（1）调查收集资料。收集和调查城市社会经济指标及线路客流量指标，如城市的 GDP、人均收入、居住人口、岗位分布、流动人口、路段交通量、OD（Origin Destination，即起点到终点）流量，为城市交通现状诊断及客流预测提供基础数据。

（2）交通现状分析。通过对交通线网各路段的交通量、饱和度、车速、行程时间等指标进行统计、计算和分析，对现状交通线网进行诊断，确定问题。

（3）客运需求量预测。根据城市社会经济发展规划，对城市人口总量、出行频率、出行距离、交通方式、交通结构等进行调查和分析，以对城市地铁的客运需求量进行预测。

（4）城市发展战略与政策研究。包括远景城市人口、工作岗位数量及分布、城市规划发展形态与布局、中心区及市区范围人口密度及岗位密度分布。

（5）城市交通战略研究。从城市交通总能耗、总用地量、总出行时间等角度论证城市地铁交通在不同时期客运份额的合理水平，确定不同时期城市地铁交通的客运目标。

（6）确定发展规模。在现状诊断和需求预测的基础上，结合城市综合交通战略、城市地铁建设资金供给等情况，确定未来若干规划期地铁交通线网的发展规模。

（7）编制线网方案。根据地铁交通线网规模，结合客流流向和重要集散点，编制线网规划方案。应考虑重要换乘枢纽的点位，确定平面图，根据城市发展现状或将来的需要，先确定由几条线路组成，包括环线，再进行其他线路的扩展。方案设计与客流预测是相互作用的，在预测过程中需要不断重复上述过程。

（8）客流预测及测试。针对线网方案，利用预测的客流分析结果进行客流测试，获得各规划线路断面和站点的客流量、换乘量及周转量等指标，为方案评价提供基础数据。

（9）建立评价指标体系，对各方面进行定性和定量的分析比较。

（10）确定最优方案，并结合线路最大断面流量等因素确定轨道交通制式。

以天津地铁为例，其线网规划的流程如图 10-13 所示。

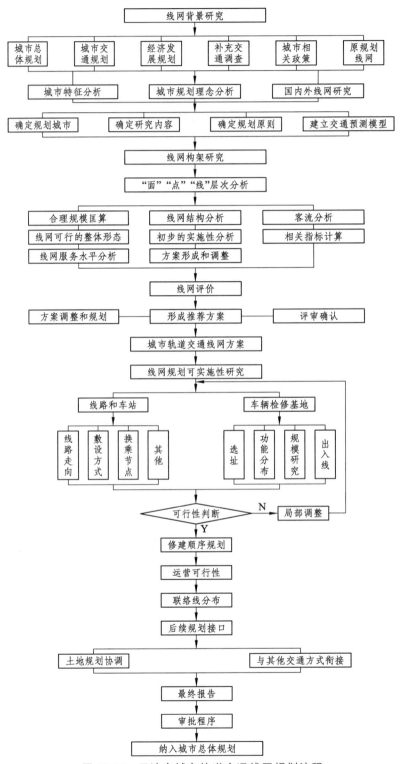

图 10-13　天津市城市轨道交通线网规划流程

10.2.3 地铁选线与线路设计

地铁选线是依据城市发展规划，参照路网规划及选线原则，对城市原有地铁线网的进一步细化，完成地铁的线路设计。选线时应尽量避开不良地质区段或已存在各类地下埋设物、建筑基础等，并使地铁隧道施工对周围环境的影响控制到最小范围，以制定最优路线。

1. 地铁线路设计的阶段

地铁线路设计的任务是在规划线网和预可行性研究的基础上，对拟建的地铁线路的平面和竖向位置，通过不同的设计阶段，逐步由浅入深，进行研究和设计，确定地铁线路在城市三维空间的最佳位置。地铁线路设计一般分为以下四个阶段：

（1）可行性研究阶段。主要通过线路多方面比选，完善线路走向、路由、敷设方式，稳定车站、辅助线等的分布，提出设计指导思想、主要技术标准、线路平纵剖面及车站的大致位置等。

（2）总体设计阶段。根据可行性研究报告及审批意见，通过方案比选，初步选定线路平面位置、车站位置、辅助线形式、不同敷设方式的过渡段的位置，提出线路总剖面的初步标高位置等。

（3）初步设计阶段。根据总体设计文件及审查意见，完成对线路设计原则、技术标准等的确定，确定线路平面位置，基本确定车站位置及线路纵剖面设计。

（4）施工设计阶段。根据初步设计文件、审查意见和有关专业对线路平纵剖面提出的要求，对部分车站位置及个别曲线半径等进行微调，对线路平面及纵剖面进行精确计算和详细设计，提供施工图纸和说明文件。

2. 地铁线路的平面设计

地铁是在高人口密度、高建筑物密度的城市市区环境里修建，空间十分有限。地铁线路必须为节约土地及空间而精心设计，尽量与道路红线及城市主要建筑物平行。地铁隧道、车站出入口等，有条件时应尽量与城市建筑结合。

城市中的地铁车站往往不在一条直线上，曲线连接不可避免。理想的线路平面是由直线和很少的曲线组成，而且每条曲线应采用尽可能大的半径。最小曲线半径与地铁线路的性质、车辆性能、行车速度、地形地貌等条件有关，并且对行车安全与稳定以及基建投资等均有很大影响。

地下线路位于规划道路范围内是常用的线路平面位置，对道路红线范围以外的城市建筑物干扰较少；在某些特定有利条件下，可将线路置于道路范围之外，以达到缩短线路长度、减少拆迁、降低造价的目的，如老街区改造时同步规划设计等。高架线路设计一般要顺着城市主路平行设置，并且尽可能减少高架桥桩对道路宽度的占用。

3. 地铁线路的纵剖面设计

地铁线路的纵剖面设计应保证列车运行的安全、平稳，应综合考虑运输速度、平稳维修及建设土地费用等影响，确定最优的路线。

在确定地铁线路纵向埋深时，主要考虑以下因素：

（1）埋深对造价的影响。明挖法施工，造价与埋深成正比；暗挖法施工，隧道段埋深与造价关系不大，车站段埋深越大造价越高。

（2）地下各类障碍物对地铁隧道的影响。

（3）两条地铁线交叉或紧挨时，两者之间的位置矛盾与相互影响。

（4）工程地质条件与水文地质条件的优劣对地铁隧道的影响。

10.3　地铁车站规划与设计

地铁车站的规划与设计，首选要确定地铁车站在地铁线网中的位置，然后根据客流量及站位特点确定车站规模、平面布置、合理的站内客流流线、地面客流吸引、交通方式间的换乘方案等。

10.3.1　地铁车站规划与设计要点

地铁车站的规划与设计包括如下的要点：

（1）车站站址的选择要满足城市规划、城市交通规划及轨道交通规划的要求，并综合考虑该地区地下管线、工程地质、水文地质条件，以及地面建筑物的拆迁和改造的可能性等情况。

（2）车站的总体设计要充分考虑环境保护的要求，尤其应考虑对各级文物、优秀历史建筑的保护，车站布设与历史文化风貌区和城市整体环境协调。

（3）车站的规模及布局要满足地铁线网远期规划的要求。车站是乘客候车、上下列车及列车停靠的场所，站台的长度、宽度及容量必须满足远期的乘客乘降和疏散要求。车站客流集中，一般都与地面交通有较大客流量的换乘，车站布局设计应有效地组织客流疏散，力求换乘路径便捷、减小乘客在换乘时的步行距离。

（4）选择合适的车站形式。因地制宜，结合地面物业布置车站各类设备的空间，减少用地面积和空间规模，降低造价。

（5）贯彻以人为本的思想，解决好车站的通风、照明、卫生、防灾等问题。

10.3.2　地铁车站的总平面布置

地铁车站总平面布置主要根据车站所在地周边环境条件、规划部门对车站布置的要求，以及选定的车站类型，确定车站的站位，合理地布设车站出入口、通道、风亭等设施，使乘客能安全、便捷地进出车站；还应恰当地处理车站出地面的附属设施与周边建筑物（含规划建筑物）、道路交通、公交站点、地下过街通道或天桥、绿地等之间的关系，使之统一协调。另外，车站周边地上、地下空间综合利用，是近年来地铁建设的新趋势（如近年来兴起的 TOD 开发策略、站城一体化开发），结合地铁站点建设统一考虑周边交通接驳地上、地下商业和其他设施配套建设，也应成为地铁车站设计者考虑的重要因素。因此，应从全面收集、分析站址建设条件信息入手，根据每个站点具体的情况合理进行站位及附属设施的布置。

1. 地铁车站站位布置

在车站总平面布置中，主要考虑车站在线路中的位置已经初步确定后，如何在车站选址地点，根据周围建筑及街区情况，充分发挥地铁车站作为过街通道、疏散地面客流等多重功能，合理确定车站的平面位置，为地铁出入口、通道、风亭等设施的布置以及运营期客流进出站创造有利条件。

一般情况下，车站站位与路口的位置关系主要可以分为四种类型，如图 10-14 所示。

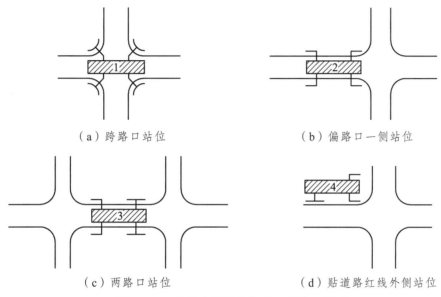

（a）跨路口站位 （b）偏路口一侧站位

（c）两路口站位 （d）贴道路红线外侧站位

图 10-14 地铁车站站位与路口的位置关系

（1）跨路口站位。车站跨主要路口，在路口各角均设有出入口，乘客从路口任何方向进入地铁车站不需要穿过马路，与地面交通衔接较好，换乘方便。但由于路口处往往是地下管线集中交叉点，需要解决施工冲突和车站埋深加大的问题，以及需要解决由于埋深加大而导致的乘客使用不便的问题。

（2）偏路口站位。车站偏路口一侧设置，不受路口地下管线影响，减少车站埋深，方便乘客使用，减少施工对路口交通的干扰，降低工程造价。但车站两端的客流量悬殊，无出入口道路一侧换乘不便，降低了车站的使用功能。如果将出入口伸过路口，获得某种跨路口的效果，可改善其功能。

（3）两路口站位。当两路口都是主路口且相距较近（小于 400 m），横向公交线路及客流较多时，可将车站设于两路口之间，以兼顾两路口。

（4）贴道路红线外侧站位。一般在有利的地形、地质条件下采用。当基岩埋深浅、道路红线由空地或危房旧区改造时，可少破坏路面，少动迁地下管线，减少交通干扰。

2. 地铁车站出入口及通道布置

在车站站位基本确定后，就要重点考虑出入口及通道、风道、通风亭（井）位置与周边环境和规划方案的协调。在确定出入口位置前，应根据规划、消防疏散等专业的要求确定数量，且满足地铁车站高峰客流输送量的使用要求。

地铁车站出入口及通道的布置可参照如下主要原则进行：

（1）出入口布置应与主客流的方向一致，一般都设于交叉路口和结合地面商业建筑设置，考虑能均匀地尽量多吸纳地面客流，以取得最佳效益。

（2）考虑到地下通道的顺畅，地下出入口通道力求短、直，需弯折的通道不宜超过 3 处，且弯折角度宜大于 90°，以利于客流疏散。

（3）在现有建筑群中建造车站出入口及地面通风亭时，应考虑拆迁费用，尽量少拆迁建筑物或保留新建的有保留价值的建筑物等。

（4）车站出入口的数量，应根据分向客流和疏散的要求设置（但不得少于 2 个），每个出入口的宽度应按远期分向客流的设计客流量来计算。当某一方向出入口宽度不能满足分向客流要求时，应调整其他出入口的宽度，以满足总设计客流量的通过。

（5）在车站适当位置处应考虑设置垂直电梯，满足残疾人进出车站的基本功能需要。其位置宜选在交通方便、少干扰、靠近车站出入口处，便于使用和统一管理。

3. 地面通风亭（井）的布置

地面通风亭（井）的位置选定，可参照如下主要原则进行：

（1）通风亭（井）的设置应尽量考虑与地面建筑合建，合建时应考虑防火措施，独立修建的通风亭（井）与周围建筑物之间的距离应满足防火要求。

（2）当采用低风亭（顶面开设风口）时，风井底部应有排水设施，风亭开口处应有安全防护措施，风亭周边应有宽度不小于 3 m 的绿篱。

（3）通风亭（井）应设在空气洁净的地方，任何建筑物距风亭口部的直线距离应满足地铁风亭的技术要求。敏感性建筑距离风亭口部的直线距离应满足国家和当地环保部门的相关要求。

10.3.3　地铁车站的建筑布置

地铁车站的建筑布置应能满足乘客在乘车过程中对其活动区域内的各部位使用上的需要。首先需要明确地铁车站的功能与主要流线，之后划分功能分区，再进行地铁车站内部空间的建筑布置。

1. 车站流线设计

将乘客进、出站的过程用流线的形式表示出来，称为乘客流线（或客流组织）。乘客流线是地铁车站的主要流线，也是决定建筑布置的主要依据（示例见图 10-15）。站内除了乘客流线外，还有站内工作人员流线、设备工艺流线等。这些流线具体地、集中地反映出乘客乘车与站内房间布置之间的功能关系。

为合理地进行车站建筑布置，设计人员必须要了解和掌握各种流线的关系，并根据车站类型和规模合理组织流线（车站乘客流线、工作人员流线、设备工艺流线）、划分功能分区，再具体进行车站不同部位的建筑布置。

2. 站厅层布置

站厅层由公共区、设备管理用房区组成。站厅公共区是供乘客完成售检票到达乘车区及进出站的区域，应综合考虑安检、售检票等因素，合理组织客流，尽量避免进、出站及换乘客流路线之间的相互干扰。站厅层的设备管理用房和站台层的管理用房区的布局应统一考虑，使车站的布局达到经济、合理，并控制车站长度和规模的目的。

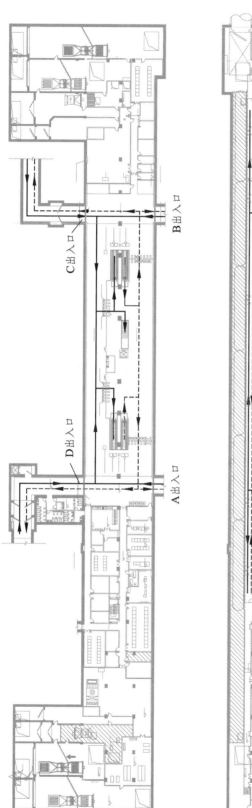

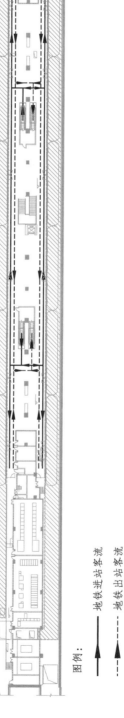

图 10-15　地铁车站站台层及站台层客流流线设计示例

图例：

────── 地铁进站客流

--------- 地铁出站客流

（1）公共区布局

站厅层应根据客流组织流线和售检票设施，将公共区划分为非付费区和付费区。一般采用不低于 1.1 m 的可透视栅栏进行分区，同时根据客流流线，在两区分界线的合理位置设置数量足够的进、出站检票机。

付费区内设有通往站台层的楼梯、自动扶梯、垂直电梯等。非付费区内根据客流流线，在适宜、便利的位置设有售票、问询等设施，部分车站还在站厅层的非付费区角落设有便民服务设施。

站厅层除了考虑正常所需的购票、检票及通行面积外，还需考虑乘客做短暂停留及特殊情况下紧急疏散的情况，需要预留足够的空间。

（2）设备管理用房区布局

站厅层的设备用房（设备用房的主要部分）基本分设于车站两端，并呈现一端大、另一端小的形式，中间留出作为站厅公共区。设备用房中占用面积最大的是环控机房，一旦环控机房得到合理、紧凑的布局，其余设备用房就较易解决。

站厅层的管理用房中主要解决站控室及站长室的位置以及消防疏散兼工作楼梯的位置、工作人员厕所的位置。站控室要求视野开阔，能观察站厅中运行管理的情况，一般设于站厅公共区的尽端、中部，室内地坪高出站厅公共区地坪 600 mm。站长室紧连站控室，便于快速处理应变情况。消防疏散兼工作楼梯位于管理用房的中部，照顾到该梯与站台的位置，避免与其他楼梯发生冲突。

3. 站 台 层 布 置

站台层主要功能为列车停靠、客流候车及布置少量的设备管理用房，因此可以分为车站公共空间（乘客使用空间）和车站配套用房空间。其中，少量的设备及管理用房的布置与站厅层类似，形式上也是一端面积大，另外一端面积小，此处不展开介绍。这里主要介绍站台层乘客使用空间的布置要求。

（1）站台长度计算

站台长度分为站台总长度和站台有效长度两种：站台总长度是包含了站台有效长度和所设置的设备、管理用房及迂回风道等的总长度，即车站规模长度；站台有效长度即站台计算长度，其量值为远期列车编组有效使用长度加停车误差。

站台有效长度计算公式如下：

$$l = l_a a + s_0 \qquad\qquad (10\text{-}4)$$

式中：l——站台有效长度（m）；

　　　l_a——所用车型的车辆全长，即车辆两端车钩连接面间距（m）；

　　　a——远期列车最大编组辆数；

　　　s_0——列车停车误差（m），采用屏蔽门系统时取 $s_0 = \pm 0.3\text{ m}$，无屏蔽门时应取 1～2 m。

常见轨道交通列车（A、B 型车）编组情况及适用客流量和站台长度估算如表 10-3 所示，可对站台有效长度的计算结果进行校核，初步计算结果可适当加长、取整。

表 10-3　各种轨道交通车辆编组适应客流量和站台长度估算表

车型	编组	断面客流量/（万人/h）	站台长度/m	适应范围/（万人/h）
A 型车	4 辆	3.72	93	3.70～7.40
	6 辆	5.58	140	
	8 辆	7.44	186	
B 型车	4 辆	2.85	78	2.80～4.30
	5 辆	3.59	98	
	6 辆	4.32	120	

（2）站台宽度计算

由于地铁车站站台类型不同（如岛式、侧式），因此应根据对应站台类型选取不同的公式进行计算［式（10-7）、式（10-8）两者计算结果取大者］：

岛式站台宽度：$B_d = 2b + n \cdot z + t$　　　　　　　　　　　　　　　　　　（10-5）

侧式站台宽度：$B_c = b + z + t$　　　　　　　　　　　　　　　　　　　　　（10-6）

其中　　　　　　　　　　$b = \dfrac{Q_上 \cdot \rho}{L} + b_a$　　　　　　　　　　　　　　　　（10-7）

或　　　　　　　　　　　$b = \dfrac{Q_{上、下} \cdot \rho}{L} + M$　　　　　　　　　　　　　　（10-8）

式中：b——侧站台宽度（m）；

　　　n——横向柱数；

　　　z——纵梁宽度（含装饰层厚度）（m）；

　　　t——每组楼梯与自动扶梯宽度之和（含与纵梁间所留空隙）（m）；

　　　$Q_上$——远期或客流控制期每列车超高峰小时单侧上车设计客流量（人）；

　　　$Q_{上、下}$——远期或客流控制期每列车超高峰小时单侧上、下车设计客流量（人）；

　　　ρ——站台上人流密度，取 0.33～0.75 m^2/人（通常可取 0.5 m^2/人）；

　　　L——站台计算长度（m）；

　　　M——站台边缘至屏蔽门立柱内侧距离，取 0.25 m，无屏蔽门时，$M = 0$；

　　　b_a——站台安全防护宽度，取 0.4 m，采用屏蔽门时用 M 替代 b_a 值。

在完成站台宽度的初步计算后，还应根据表 10-4 的限值进行调整。

（3）站台高度确定

站台高度是指线路走行轨顶面至站台地面的高度。站台实际高度是指线路走行轨下面结构底板面至站台地面的高度，它包括走行轨顶面至道床底面的高度。站台高度的确定，主要根据车厢地板面距轨顶面的高度而定。

表 10-4　车站各部位的最小宽度

名　称		最小宽度/m
岛式站台		8.0
岛式站台的侧站台		2.5
侧式站台（长向范围内设梯）的侧站台		2.5
侧式站台（垂直于侧站台开通道口）的侧站台		3.5
站台计算长度不超过 100 m 且楼梯、扶梯不伸入站台计算长度	岛式站台	6.0
	侧式站台	4.0
通道或天桥		2.4
单向楼梯		1.8
双向楼梯		2.4
与上、下自行扶梯并列设置的人行楼梯（困难情况下）		1.2
消防专用楼梯		1.2
站台至轨道区的工作梯（兼疏散梯）		1.1

10.4　城市轨道交通线网规划案例

本节以成都地铁为例，介绍以公众需求为导向的城市轨道交通线网布局规划案例。其已经投入运营的线网如图 10-16 所示（截至 2021 年 7 月）。

1. 线网密度与到达目的需求相匹配

轨道交通的线网布设密度与市民的到达目的需求成正比关系，到达目的需求越强的区域，轨道交通线网布设更密集。例如：成都市西一环路的中医大省医院站点，这里是两条干线道路和两家重点医院的交汇之处，附近早期建设有人口密集的青羊小区和白果林小区，一直以来就是人流、车流大量聚集的地点，地铁 2 号线和 4 号线在此交汇，与其他两条线路（1 号线、3 号线）构成了稳定的城市轨道交通线网骨架，在米字形轨道交通线网成形时，能够满足人们对于前往医疗机构的特定出行需求。据调查，前往这两家医院就诊的市民超过一半都选择乘坐地铁，不仅缓解了该区域的路面交通压力，而且给前往医院就诊的市民带来了更好的出行体验，地铁 5 号线也在此设站，不仅加大了特殊区域的线网设置密度，更方便了更多不同方向的市民到达此区域。

2. 线路走向与出行地点需求相匹配

轨道交通的线路走向与出行地点需求有着直接的关系，出行地需求越强的区域，轨道交通线网走向越靠近。例如：成都市西一环的白果林小区，成都市西三环的金沙片区，成都市东三环的万科片区等，这些都是生活配套丰富、社区文化成熟的居住聚集点，也是现代城市规划中非常舒适合理的居住区，巨大的居住人口预示着庞大的出行需求，而上下班的通勤交通需求是他们最主要的出行需求。高峰出行是一座城市市民上下班最直接的体验，尤其是早高峰，上班途中的出行状况，直接关系着他们的当日上班状态和幸福指数，线路走向一定要满足出行地需求，新兴市民居住地在哪里形成，轨道交通线网规划就应该延伸到哪里，使出行需求和线网规划形成完美对接。成都市在规划第一期轨道交通线路时，就有针对性地对这些片区进行了地理位置分析和区域站点设置，在米字形轨道交通线网建设成形时，基本就满足了人口高密度居住区市民的出行需求。

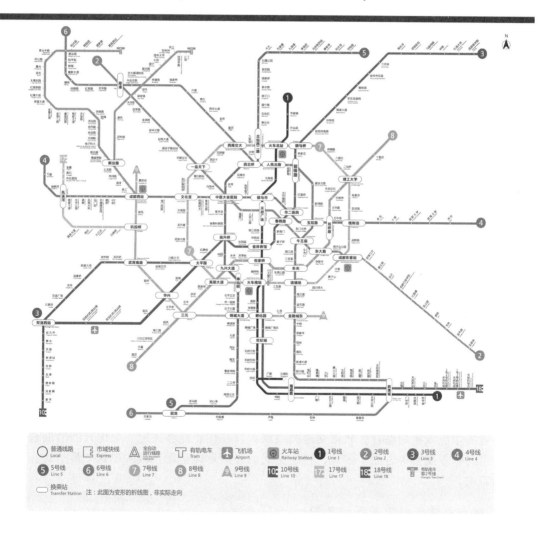

图 10-16　成都地铁运营线网图

（资料来源：成都轨道交通集团有限公司官网）

3. 线网密度与人流集散地相匹配

大型客运中心、重要干线道路的交汇点、公交枢纽站场等人流集散地是城市的形象标志，对轨道交通线网的设置也提出了更高的要求。来蓉旅游或路过的客流人群的出行体验是对地铁交通接驳能力的考验，成都市轨道交通线网几乎覆盖了所有的铁路客运站、公路客运中心、公交枢纽站场和干线道路的交汇点，使建成的轨道交通能够有效地接驳其他方式的交通工具，满足人流集散地特殊的需求，尤其是重要人流集散地，更需要多条线网重合，增加站点的密度规划和建设。例如：成都地铁 3 号线一期的南端终点站选址位于西南中环路的太平园片区，这个片区高层建筑较少、路面宽广、土质正常，比较适合规划设置地铁起始站，地铁 10 号线——机场线的起始站就设置于此。2017 年底，新建成的成都地铁 7 号与 3 号线、10 号线汇聚于此，一同构成宽广的地下空间方便旅客集散流通。

人流集散地是一座城市出行需求最高的地方，几乎没有上下班高峰和正常平峰之别，每天的客流量是整座城市之最，尤其是旅游集散地、客运站、航空港起止站附近，人流量大、交通工具复杂、道路干线多，轨道交通的线网密度及走向直接关系着该地区的交通系统的通达问题，尤其是每年传统佳节临近时，各大旅客站点人满为患。以成都北站为例，在成都地铁 1 号线通车前，二环路的火车北站经常堵满了各类车辆，四面八方涌来的人群将火车北站二环路入路的三岔街口堵得严严实实，随着地铁 1 号线开通后，轨道交通分担了大部分客流，交通拥堵的状况得到了大幅缓解。随着成都首条地铁环线 7 号线的贯通，火车北站成为地铁 1 号线、7 号线的换乘站点，极大方便了来往旅客。

4. 线网走向与新兴就业区相匹配

新兴就业区区别于传统上班地点，它是以高新技术、电子信息、新型能源为主的现代化管理企业的聚集区，一般由当地政府组织规划，有优厚的政策红利，苏州高新区、成都经开区就是以新型产业为依托的新兴就业区，这些区域聚集了大量高新技术产业人员、国企技术人员、高学历高素质的就业人员，他们对于时间和效率的要求更高，更加迫切地需要依托轨道交通解决上下班通勤问题。以成都轨道交通 2 号线为例，首期规划的两条线路，分别途经成都高新区（南区）、成都经开区、成都高新区（西区），该两条线路的规划和建设，不仅满足了市区人流的出行需求，而且明显改善了新兴就业区的通勤困境。成都市制定了天府新区的配套发展规划，"规划""统筹""新城"这些字眼是建设新城居住区和新兴就业区的重点要求，综合规划是走在最前面的一项政府职能，天府新区的系列规划包括公共交通建设、城市公共布局、公共机构配套等。协调统一的规划是开拓新土地最迫切的需求，天府新区轨道交通的线网走向和配套建设规划是公共交通的首要基础和根基工程，尤其是线网走向与新城市民出行需求应该密切融合，轨道交通的线网布局往往还能够决定一个地方的后期地面建设工程、附属物业配套等方面。因此，轨道交通的线网走向是新兴城区规划中最迫切，也是最基础的需求。

5. 站点布局与旅游景区相匹配

旅游景区是一个城市的名片和脸面，游客对于成都最初步的认识，产生于对旅游景区的满意度，良好的交通便利性有助于提升游客的出行感受，提升城市形象。作为西部中心城市，国家重要旅游城市，成都吸引着五湖四海的游客，很多游客将成都作为进藏旅游的驿站，选择在成都进行 1～2 天的游览，市内景区成了游客的首选目的地。成都市的主要市内景点以三国文化、诗歌文化和大熊猫主题为主，具有以上代表元素的旅游景区往往聚集了大量游客，出行需求旺盛。轨道交通线网的设置，不仅可以提升外来游客的旅游体验，同时可以降低相关区域城市道路的交通压力。以成都地铁 3 号线、4 号线为例，两条线路分别设置的旅游目的地站点有熊猫大道站、高升桥站和宽窄巷子站，方便游客前往熊猫基地、武侯祠、杜甫草堂和宽窄巷子游玩。在轨道交通的首期规划中，成都市规划部门专门为旅游景区设置站点的理念，不仅提升了城市公共交通的体验度，也对成都市的城市形象有了大幅的提升。

【习　题】

1. 地铁线网的组成包括哪些内容？分别有什么作用？

2. 地铁线网的基本形态有哪几种？各自的特点是什么？

3. 地铁线网规模的评价指标有哪几个？请简述相应的评价方法。

4. 地铁车站的分类方法有哪些？请说明按站台形式分类，可以分为哪几种？各自的特点是什么？

5. 请绘制出地铁车站中的乘客流线。

6. 请简述地铁线网规划的基本步骤和流程。

7. 地铁线路设计一般可以分为哪几个阶段？每个阶段的主要工作内容是什么？

8. 请比较分析车站站位布置的四种常见类型的优缺点。

9. 车站站厅层布置的要点有哪些？

10. 车站站台层的长度、宽度、高度如何确定？

第 11 章　城市地下道路规划与设计

 本章教学目标

　　1. 熟悉城市地下道路的定义和作用，以及城市地下道路的分类和功能。
　　2. 熟悉城市地下道路路网规划的原则、内容和方法。
　　3. 熟悉城市地下道路线形设计工作中对地下道路横断面、平面、纵断面、出入口布置的基本设计要求。

　　城市地下道路是设置在地表以下供机动车或兼有非机动车、行人通行的城市道路。随着城市人口的集中、城市小汽车数量的增加，很多城市的道路交通都面临着巨大的压力，因此建设城市地下道路，构建城市立体交通，将对缓解城市交通拥堵起着重要的作用。

11.1　城市地下道路概述

　　从 20 世纪初开始，欧洲各国及美国、日本等国家开始了地下道路的规划和建设，以解决城市地面交通空间不足的问题。国际上许多发达国家大城市的经验证明，规划和发展城市地下道路，可以从一定程度上改善区域路网、降低污染、保护生态、增加地面绿化和改善城市环境。我国的城市地下道路最早始于 1966 年修建的上海打浦路隧道，全长 2.736 km，于 1967年建成通车。此后，自 20 世纪 80 年代起，我国多个城市陆续开始修建城市地下道路，城市地下道路开始逐渐成为地下空间开发的一个重要研究对象，并随之出现了系统化和规模化的城市地下道路系统。

11.1.1　城市地下道路的分类

1. 按服务对象分类

　　根据服务对象，城市地下道路可以分为机动车专用地下道路和机动车与行人、非机动车共用地下道路（图 11-1）。当行人、非机动车及机动车共用时，地下道路的横断面布置形式多样，可根据实际情况确定。

2. 按主线封闭段长度分类

　　国内外相关规范对地下道路按长度进行规模分类时，长度通常是指主线的封闭段长度，可以分为特长距离、长距离、中等距离和短距离 4 类（表 11-1）。

（a）机动车专用地下道路

（b）机动车与行人、非机动车共用地下道路

图 11-1 按服务对象分类的地下道路实例

表 11-1 城市地下道路长度分类

分类	特长距离	长距离	中等距离	短距离
长度 L/m	$L>3\,000$	$3\,000 \geqslant L>1\,000$	$1\,000 \geqslant L>500$	$L \leqslant 500$

（1）短距离地下道路大多是交叉口下立交，可采用自然通风，设施配置简单。

（2）中等距离地下道路通常为跨越几个交叉口，或穿越较长障碍物的地下道路，设施配置要求相应较高。

（3）长距离地下道路应充分考虑其交通功能和配套设施，尤其是地下道路出入口与地面道路的衔接，以及内部交通安全配套设施。

（4）特长地下道路不少为多点进出快速路或主干路，交通功能强，实施影响大，需要充分考虑总体布置、通风、消防、逃生等系统设计。

3. 按服务车型分类

城市地下道路根据服务车型，一般可以分为混行车地下道路和小客车专用地下道路。

混行车是指大、小型车混合行驶，即对服务车辆通常不做限制，早期的城市地下道路大多是这种类型。近年来由于城市道路服务车型以小客车为主，考虑到实施条件、工程成本、运行安全等因素，小客车专用的地下道路越来越多，将超高车辆通过地面道路或周边路网绕行分流。对小客车专用地下道路，道路设计的相关技术标准可以适当降低，减少工程实施难度和经济成本，并节约地下空间资源。

除了上述小客车专用地下道路，近年来还出现了其他专用车型的地下道路，如公交快速地下道路。但由于造价相对较高，至今为止世界上投入运营的公交快速地下道路实例极少。

4. 按交通功能分类

根据已建的城市地下道路交通的功能形态特点，城市地下道路可以分为以下几种类型：

（1）地下快速道路：布置于城市地下的快速机动车道，通常距离较长、规模较大，设有多个出入口，与地面路网联系紧密，在城市交通网络中承担了较强的系统性交通功能。当地面空间难以满足新的动态交通用地、地面交叉路口多且影响交通、地形复杂、地面空中交通体系难以满足要求及其他因素影响时，应考虑修建地下快速道路。

（2）地下节点立交道路：建设于地下的立体公路交通，在实际应用中也被称为"下立交"，其功能是改善节点交通矛盾，或改善区域景观环境，对改善重要路口交通矛盾、简化交叉口交通组织、提高交叉口通行效率效果明显［图 11-2（a）］。当地面公路与铁路相交、两条或多条公路交叉且需要快速大容量交通及其他须避免平面交叉时，均应考虑地下立交交通。

（3）地下穿越连通隧道：这种类型的道路主要以穿越障碍物（江、河、湖、海、山体）或因城市风貌保护等原因而修建，连通两端地面道路［图 11-2（b）］。在布置模式上，这些地下道路一般都以单点进出为主，中间不设出入口，内部没有车流交织，交通功能较为单一。

（a）地下节点立交道路　　　　　　　　　　　（b）地下穿越连通隧道

图 11-2　按交通功能分类的地下道路实例

（4）地下交通联系隧道：一种新型的城市地下交通系统，具有缓解城市重要区域地面交通压力的功能。此类隧道常设置于城市繁华区或中心区的路面下，与大型公共建筑地下车库相连，由"环形主隧道"和"连接隧道"组成。其中，环形主隧道引导车行方向，连接隧道将地下开发空间与地面道路有机连接。图 11-3 为连接地下停车库的交通联系隧道示意图。

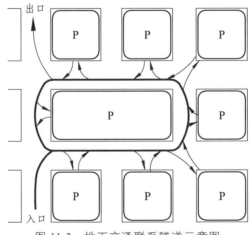

图 11-3　地下交通联系隧道示意图

（注：P 代表地下停车库）

11.1.2　城市地下道路的功能

国内目前对城市地下道路的研究和应用主要集中在地下快速道路上，因此此处以地下快速道路为例，介绍城市地下道路的功能。

城市地下快速道路通常兼有常规城市道路和高速公路的优点，作为路网结构的重要组成部分，辅以其他常规道路，形成快速交通集散系统，对城市发展空间的引导、城市运输系统结构的变革、城市形态的局部等都会产生巨大的影响。具体来说，城市地下快速道路的功能主要体现在以下几个方面：

（1）完善和补充地面、高架道路系统的不足，减轻地面和高架道路的压力。地下快速道路是高架和地面常规道路的有效补充，为了更加有效地利用地面道路、高架道路以及地下快速路，需要重点分析各种不同形式的道路在城市中承担的功能。由于地面道路和高架道路的出入口间距一般较短，对短途交通的吸引很强烈，容易造成对主线交通的强烈干扰，从而很难保证主线交通的快速通过。而地下快速道路则能够彻底将长途交通和过境交通分离开来，实现真正意义上的快速交通。

（2）屏蔽过境交通，提高交通安全。过境交通是造成许多城市路网中心区交通压力增大、交通混乱的重要原因。而将过境交通引入地下快速道路系统中，使其从地下快速通过，可以在很大的程度上提高城市交通运输效益和运行质量。因此，地下快速道路可以起到城市中心区交通保护圈的功能。另外，地下快速道路的设计速度介于常规城市道路和高速公路之间。因此，作为高速公路和城市常规道路之间的过渡，地下快速道路也起到了提高交通安全的作用。

（3）调节城市路网交通量。由于地下快速道路能够提供更高效率和服务质量的交通环境，驾驶员一般会将其作为首选路径，因此必然会吸引大量交通。随着现代化动态交通管理水平的不断提高，驾驶员可以按照交通控制中心的指引，调整行驶路线，选择更加便捷的路径，避开拥堵路段，从而使得路网整体服务水平提高，路网交通量分配更为合理，交通运行更为有序。

（4）及时疏散潮汐交通和出入城交通。城市潮汐交通和出入城交通的最大特点是规律性强、时间固定以及流量大，地下快速道路可控性强，能够控制开通和关闭的时间。例如，在高峰时段内对高流量方向交通服务，关闭低流量交通方向，形成单一方向的交通流，这样能够更加安全有效地解决潮汐交通和出入中心区交通问题。

（5）保护城市景观，节约城市核心区的土地资源，并能带动沿线的土地开发利用。地下快速道路的运行环境是封闭的，因此机动车产生的噪声和废气能够采取一定的措施统一处理，不致影响城市景观区域；另一方面，城市核心区域交通需求很大，道路饱和度较高，土地资源也十分稀缺，根本无法按照正常的道路建设进行大量拆迁，如果修建地下快速道路则能够节约大量土地资源。此外，地下快速道路在城市交通体系中所起到的特殊作用，必然将引导和制约沿线的城市建设布局以及土地的开发利用。

（6）对城市土地发展有强烈诱导作用。作为大运量交通系统，地下快速道路能够提高地区的交通供给，刺激交通需求的增长，从而可能导致地区人口增加，土地开发强度也随之增大的状况。一般情况下，交通延伸到哪里，城市发展就延伸到哪里。因此，修建地下快速道路成为实现城市规划发展目的的一种有效手段。

11.2　城市地下道路路网规划

11.2.1　城市地下道路路网规划的原则

地下道路具有投资额大、技术性强、周期长、专业面广的特点，且一旦建成就很难再更改。所以地下道路网的规划是否合理，直接影响到地下道路发挥功效的大小，直接关系到能否合理地降低造价、节约经费，关系到地下道路是否能与其他交通方式协调发展，关系到地下道路是否与周边的环境相协调。由此可见路网规划的重要性，目前国内对城市地下道路网的规划中，应遵循以下原则：

（1）规划中应体现"以人为本"和"可持续发展"的设计理念。地下道路建设的基础是经济，所以地下道路网规划的规模应与当地的经济相适应。如果路网规模过大，这将与当地的投资能力相抵触，加重人民的负担，从而不利于整个国民经济的建设。此外，在坚持设计标准的前提下，因地制宜、减少拆迁、注重环境保护，达到工程建设的社会效益、经济效益以及环境保护的协调统一。

（2）地下道路网分布应有目的性，其密度应根据当地的交通需求而定。如果在交通流小的地方布网密度过大，这就造成了浪费，反之在交通流大的地方布网过稀，这就不能满足交通的需求。

（3）地下道路的规划应有前瞻性和系统性，它对整个城市的发展和人们的生活产生了深远的影响，不仅是对我们这一代人而言，也关系到我们的子孙后代，所以在规划的时候要考虑到其他基础设施的建设和对周围环境的影响。在地下道路沿线兴建的城市建筑、立交桥、管线设施以及轨道交通等，如果与地下道路的设计进行协调配合，做到统一规划、综合设计、分步建设，就可以达到事半功倍的效果。

（4）地下道路网的规划要有阶段性，通过预测经济发展的速度以及当地交通流量的增加来分阶段建设，这样既可以满足人们出行的需求，又节约了经费。

（5）地下道路网的规划应具有可改性，由于规划是随着人们的认识和经济水平等因素在变化，因此在路网规划编制完成以后，应根据具体的实施情况进行不断地修正。

（6）地下道路系统还将考虑与主要人流集散点的地下停车库相连接，不仅可以增加地下道路的可通达性，还可以降低地面交通量，增加地下车库的使用率，改善地面行车和停车环境。

（7）为了实现安全快速的目的，道路之间在地下不连通，采取地面的出入口和地面道路系统相联系，每条地下道路设置出入口不宜多，数量和形式根据规划线网和地面交通环境具体安排。

（8）与周围路网的功能应该相协调。地下道路承担中长距离的交通，而其他城市道路一般承担短距离交通。因此，在对地下道路进行布局规划的时候，要考虑到其与周围路网能否实现集散协调，实现各类道路资源的有效整合。

11.2.2　城市地下道路路网规划的内容

地下道路网的规划是通过对所在区域的社会经济和交通需求进行预测后，以一定的目标和条件为依据，采用适当的方法将选定的控制点连接起来，形成地下道路网的布局，并会有多个备选方案。在此基础上，对备选方案进行必要的规划。一般说来，规划内容应包括以下几点：

（1）当地技术经济的调查分析；

（2）估算各条线路的远景交通流量，进行初步的数据分析。对远期交通流量做出科学合理的预测，对于路网规模的确定具有重要意义；

（3）通过科学论证选取路线的控制点，也就确定了线路的大致走向和主要经由；

（4）路网形态分析和规划方案的评价；

（5）与其他交通方式连接的布局安排，也就是地下道路的出入口的布局，其出入口主要连接是地面道路；不能够简单地把出入口布置在原交通小区起讫点上，应该以整个路网运输效率最大化为优化目标，从拟定集散点集合中筛选出最优集散点集，也即最优地下道路出入口布局方案；

（6）车辆故障停滞修理区和加油区的设置方案；

（7）消防系统和救援区的设置方案；

（8）规划路网对城市各种发展可能情况的适应性分析，这样更有利于地下道路与整个城市布局协调发展；

（9）投资预算和路网运行的效益估计。

推荐的路网确定以后，可重新进行推荐方案的车流预测，进一步对地下道路网进行综合评价。在规划范围上，必须保持与城市的总体规划相协调，以城市的总体规划为依据。

11.2.3　城市地下道路路网规划的方法

如前所述，国内目前主要对地下快速道路的规划展开一定的研究和实践，此处主要介绍地下快速道路的路网规划方法。目前国内地下道路的规划和设计工作还处在初始阶段，虽然有一些城市已经建成或规划完成地下道路（以地下快速道路为主），然而大部分的规划思路主要是以缓解部分地面道路和主干道的交通压力为主，在其地下位置修建并行的地下道路或者隧道等。目前在道路系统路网规划中，常用的方法有经验归纳法、客流分析法、形态分析法、点线面要素法等，这些方法一般以定性分析为主，缺乏满足需求和引导需求的规划目标和理论依据。

由于地下快速道路路网不密集、不相交，线路走向基本不受城市建筑、地面交通设施等因素影响，类似在一个新开发区进行单纯的道路网规划，为了实现中长距离出行车辆的快速运行目的，地下快速路网的规划流程应该首先确定快速路网集散点，接着形成集散点的 OD（交通起止点）期望线，最后根据地面路网、工程地质等因素确定线路走向，实现点—线—面的规划模式。为此，国内学者在定性和定量分析基础上，提出"先确定出入口位置，再选择连接线路，最后调整线网"的布局思路。利用城市主骨架道路网检测流量数据和远期交通规划数据，结合出入口位置选择结果，重新划分针对地下快速道路线路布局的交通小区研究，进而选择连接线路和线网调整。

城市地下快速道路系统线网规划是一个庞大而复杂的系统工程，线网的构架应当分类分层进行。"点""线""面"既是三个不同的要素也是三个不同的层次。

"点"代表局部、个体性要素，即城市空间结构布局中的重要节点，如城市各分区或组切、卫星城镇、开发区、机场、港口、车站等。在地下快速道路路网规划过程中，"点"的规划也就是地下快速道路出入口的规划。可在综合考虑地面路网规划、路段流量分配和出行期望线的基础上，根据城市土地利用性质、发展规划以及地面主干道的分布情况等，初步设定若干地下快速路出入口（也可称作集散节点）。由于地下快速路网不密集，地下不相交，因此出入口数量一般采取每条路 3 ~ 4 个为宜，以路网运输效率最大化为目标，从备选集散点集合中筛选出最优集散点集合，即为最优地下快速路出入口方案。

"线"代表方向性要素，即快速路的走向或城市快速交通走廊的分布、城市中长距离机动车交通出行期望线等。地下快速道路的走向应尽可能与大城市内部中长距离机动车交通出行期望线、对外交通走廊保持一致，并能合理地将城市空间结构布局中的重要节点串联起来。可在确定地下快速道路集散点的基础上，充分考虑城市规划动向、地面路网、地下工程地质情况，规划地下快速道路的走向，将趋势一致的期望线合并成通道，将相关集散点连接起来。

"面"代表整体、全局性的问题，主要考虑地下快速路系统线网结构、地下快速道路系统对外衔接出口选位等。地下快速道路路网结构要与城市空间结构相协调，从地区区域经济和城镇群的角度看，城市地下快速道路系统不但能成为城市路网的核心骨架，更应该成为城镇群路网系统的重要组成部分。因此，地下快速道路系统要与区域干线道路网有效衔接，更好地带动区域经济的发展。从这个角度来看，区域干线道路网也会在很大程度上影响地下快速道路系统对外出口的选位。

具体地下快速路网规划流程可用框图表示，如图 11-4 所示。

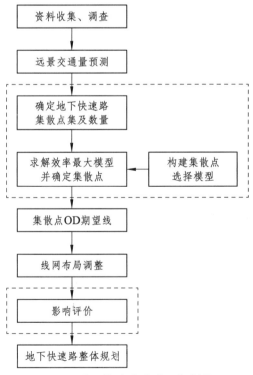

图 11-4 地下快速道路路网规划流程

11.3　城市地下道路线形设计

城市地下道路线形设计中的平面、纵断面和横断面应进行综合设计，保证视距安全，确保行车安全与舒适，并应符合如下设计原则：与城市路网合理衔接，与区域路网规划、区域地下空间规划相结合；符合城市地下空间规划确定的深度分层、限界；处理好与地面交通、城市历史风貌、城市空间环境的关系；处理好与市政管线、轨道交通设施、综合管理及地下文物等其他地下基础设施关系，合理安排集约化利用地下空间。

11.3.1　地下道路的横断面布置

1. 布置形式

根据国内外已建设的城市地下道路实例来看，地下道路的横断面布置总体上分为单层式和双层式两种布置方式（实例见图 11-5），且不宜采用在同一通行孔布置双向交通。

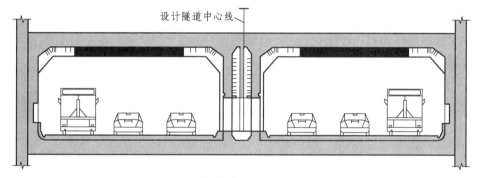

（a）单层式（明挖法）

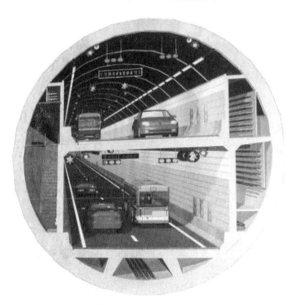

（b）双层式（盾构法）

图 11-5　地下道路的横断面布置形式

（1）单层式地下道路是指在同层布置供车辆行驶，设置单层车道板。上部和下部的空间用于布置设备线缆、通风孔道和疏散逃生设施等。单层式地下道路的内部空间利用率相对较低，需采用双孔实现双向交通的通行，一定程度上对城市地下空间侵占较多。

（2）双层式地下道路是指在同孔同一断面上布置两层车道板，分别满足上下行方向交通通行。行车道板的上、下部空间用于布置排风道，侧壁空间可布设管线和逃生设施等。从空间利用角度来看，双层式地下道路一定程度上优于单层式地下道路，尤其是对于城市地下空间有限情况下，采用双层式布置，布局更紧凑，占用地下资源更少。

2. 建筑限界要求

城市地下道路的横断面设计，应满足城市地下道路建筑限界的要求，建筑限界内部不得有任何物体侵入。此处所述的城市地下道路建筑限界，是道路净高线和两侧侧向净宽边线组成的空间界线（示例见图 11-6）。其中，城市地下道路最小净高应符合表 11-2 的规定，小客车专用道的最小净高应采用一般值，条件受限时可采用最小值。

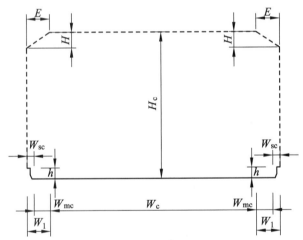

W_{mc}—路缘带宽度；W_{sc}—安全带宽度；H—建筑限界顶角高度；E—建筑限界顶角宽度；
H_c—机动车道最小净高；W_c—机动车道或机非混行车道宽度；
W_1—侧向净宽度；h—缘石外露高度。

图 11-6　不含人行道或检修道的城市地下道路建筑限界示意图

表 11-2　城市地下道路最小净高

道路种类	行驶交通类型	净高/m	
机动车道	小客车	一般值	3.5
		最小值	3.2
	各种机动车	4.5	
非机动车道	非机动车	2.5	
人行或检修道	人	2.5	

3. 其他设计要求

城市地下道路横断面设计在满足建筑限界条件下，应为通风、给排水、消防、供电照明、监控、内部装修等配套附属设施和安全疏散设施提供安装空间，并通过合理布置充分利用空间，同时应预留结构变形、施工误差、路面调坡等余量。

设备安装空间应满足各自设备工艺要求，设备布置不得侵入建筑限界且应方便设备的安装和维护保养，如英国隧道设计对车行空间与设备空间之间的距离控制规定为竖向距离 A 为 0.25 m，横向距离 B 为 0.60 m（图 11-7）。

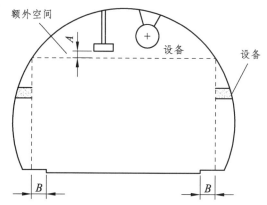

图 11-7　英国隧道设计中车行空间与设备空间关系

11.3.2　地下道路的平面及纵断面布置

城市地下道路的平面及纵断面线形设计，应符合现行行业标准《城市道路路线设计规范》（CJJ 193）和《城市地下道路工程设计规范》（CJJ 221）的规定，此处仅简述一般性的设计要求。

1. 平面设计

城市地下道路的平面线由直线、圆曲线、缓和曲线组成。平面线形几何设计应符合城市总体规划及路网规划要求，综合地面道路、地形地物、地质条件、地下设施、障碍物及施工方法等确定，注重线形的连续性与均衡性，营造安全、舒适、通畅的行车条件。一般应满足如下要求：

（1）平面线形设计应符合城市道路网规划、道路红线、道路功能，并应综合技术经济、土地利用、征地拆迁、文物保护、环境景观以及航道、水利、轨道等因素。

（2）平面线形设计应与地形地物、水文地质、地域气候、地下管线、排水等结合，与周围环境协调，并应符合各级道路的技术指标，满足线形连续、均衡的要求。

（3）平面线形设计应协调直线与平曲线的衔接，合理设置圆曲线、缓和曲线、超高、加宽等。

（4）平面线形设计应结合交通组织设计，合理布置交叉口、出入口、分隔带开口、公交停靠站、人行设施等。

2. 纵断面设计

城市地下道路纵断面线形布置应根据路网规划控制高程、道路净高、地质条件、地下管网设施布置、道路排水、覆土厚度等要求，综合交通安全、施工工艺、建设期间工程费用与运营期间的经济效益、节能环保等因素合理确定。以下简述城市地下道路纵断面线形设计的要点。

（1）最大纵坡坡度：城市地下道路纵坡宜平缓，机动车道最大纵坡坡度应符合表 11-3 的规定。

表 11-3　城市地下道路机动车道最大纵坡

设计速度/（km/h）	80	60	50	40	30	20
一般值/%	3	4	4.5	5	7	8
最大值/%	5			6		8

注：除地下快速道路外，受地形条件或其他特殊情况限制，经技术经济论证后，最大纵坡坡度最大值可增加 1%。

（2）最小纵坡坡度：城市地下道路最小纵坡坡度不宜小于 0.3%，当条件受限纵坡小于 0.3%时，应严格控制坡长，并采取排水措施，确保排水通畅。

11.3.3　地下道路的出入口布置

根据我国的经验，城市地下道路的出入口应设置在主线车行道右侧，采用"右进右出"的模式，符合驾驶人的行驶习惯。同时，城市地下道路的出入口位置、间距及形式，应满足主线车流稳定、分合流处行车安全的要求。

从目前高速公路、城市快速路运营来看，互通立交出入口区域由于需要分合流，形成交织区（图 11-8），由于交通运行环境复杂、车辆变换车道频繁、车速变化大，导致该区域通常是事故多发段。以地下道路的合流端为例，为保证车辆的安全合流，且减少对主线车流的影响，在该部位应设置入口匝道、汇流鼻端、车道隔离段、加速车道（含加速段和渐变段）等设施，如图 11-9 所示。

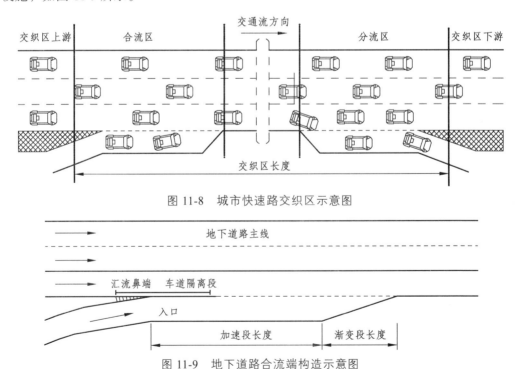

图 11-8　城市快速路交织区示意图

图 11-9　地下道路合流端构造示意图

因此，在考虑城市地下道路的出入口设置位置时，其间距应能保证主路交通不受分合流交通的干扰，并为分合流交通加减速及转换车道提供安全可靠条件，应符合表 11-4 的要求。

表 11-4　城市地下道路出入口最小间距

设计速度/（km/h）	出—出/m	出—入/m	入—入/m	入—出/m
80	610	210	610	1 020
60	460	160	460	760
50	390	130	390	640
40	310	110	310	510

11.4　城市地下道路规划与设计案例

11.4.1　波士顿中央大道隧道改造工程

波士顿是美国历史古城，也是交通最繁忙的城市，其城市交通问题严重制约了城市的发展，城市中心区活力降低，经济增长缓慢，城市环境质量下降。

1. 案例概况

波士顿中央大道建成于 1959 年，为高架 6 车道，它直接穿越城市中心区，当时设计每天运量为 75 000 辆机动车，20 世纪后期的实际运量则达到了 200 000 辆，成为美国最拥挤的城市交通线。每天交通拥堵时间超过 10 小时，交通事故发生率是其他城市公路的 4 倍，通向机场的隧道境况也相同。如果不进行改造，据估算，由于堵塞、事故、油料浪费、尾气污染和延误等因素造成的经济损失将达每年 5 亿美元。

由于 20 世纪 50 至 60 年代建设高架路很少考虑到道路对周围地区的割裂，中央大道高架桥的建设，将原来的波士顿北区及相邻的滨水区与老城中心区相隔离，限制了这些地区在城市经济活动中发挥的作用，并且建设中搬迁了 2 万左右的居民。严重的交通堵塞和高发事故率，使一些商业机构搬迁出去，以寻求更好的有利增长和交通便捷的地区，由此带来的利税损失高达数百万美元。机场与城市中心区仅相距 1.6 千米，却要花费 1 个多小时穿越拥挤不堪的年久失修的隧道才能到达，这无疑大大制约了城市经济的发展。城市交通问题已严重影响了城市经济的增长和生活质量的提高，使生态环境恶化，降低城市的综合竞争能力。

波士顿城已没有更多的用于开发的城市用地，不能在老城和滨水区再建新的道路，唯一可行的方案是在现有的中央大街下面建设一条地下公路，在波士顿海湾建设一条海底隧道用来联系机场和城市中心，建立一个新的交通系统，完善城市交通，并以此为契机改善城市环境。波士顿中央大道改造前的交通如图 11-10 所示。

2. 改造方案

改造方案是修建中央大道隧道改造工程（下文简称 CA/T 工程）。CA/T 工程是 20 世纪美国最复杂、最宏大和最具技术挑战的工程。CA/T 工程包括 2 个主要部分：

图 11-10　波士顿中央大道改造前的交通情况

（1）在现有的中央大道下面修建一条 8 ~ 10 车道的地下公路，替代现存的 6 车道的高架桥，同时保证施工期间的正常交通，建成后，拆除地上拥挤的高架桥，代之以绿地和可适度开发的城市用地。

（2）修建一条通向机场的 4 车道隧道，穿越波士顿港。该连接线已于 1995 年 12 月投入运营。CA/T 工程包括总长 12.6 千米的连接线和以单车道长度计算长度可达 259 千米的道路（其中一半以上是地下隧道），以及世界上最大的通风系统及地下交通事故处理中心等。

3. 改造意义

（1）城市经济的复苏。在建设期间，保持商业正常、交通与步行道尽可能舒适、居民尽可能少受影响，保持城市经济活力。在建设完成后，为波士顿带来了经济复苏，告别了之前经济难以发展的状况，进入了良性发展的过程。

（2）交通效率的提高。中央隧道设计容量为每天 250 000 辆机动车，项目竣工后，拥堵时间缩短到早晚高峰时间的 2 ~ 3 小时，基本相当于其他城市的平均水平，并可以降低城市 12% 的一氧化碳排放量，空气质量得到改善。同时，通往机场的交通变得十分便利，不必通过 93 号州际公路，缓解了中央大道的交通拥堵。波士顿改造后的交通顺畅，如图 11-11 所示。

图 11-11　改造后的波士顿中央大道

（3）城市环境的改善。高架路拆除后约有 10.9×10^4 平方米带形土地，将作为城市公共空间布置公园、博物馆等设施。其中由于高架桥的拆除，腾出近 12.1×10^4 平方米土地，3/4 用于城市绿地和开敞空间的建设。在波士顿中心区建设 16.2×10^4 平方米的公园，种植 2 400 株乔木和 6 000 多株灌木，用以改善城市环境，并对重要沿线进行了海岸线景观恢复。另外，波士顿附近一些市镇，过去由于交通拥堵严重，与波士顿联系受限，而项目改造后方便了与波士顿的联系。

11.4.2 上海 CBD 井字形地下通道

上海的 CBD 核心区位于城市的中心，黄浦江、苏州河的交汇处，西南面是历史悠久的金融贸易区外滩，东部为新近崛起的小陆家嘴金融贸易区，北面是正在逐步实现功能转换的北外滩，三足鼎立，构成上海 CBD 核心区黄金三角。

1. 案例概况

外滩、陆家嘴和北外滩从功能定位和发展目标来看都各有特点，各有侧重，具有一定的互补性，随着核心区功能的不断提升和发展，核心区的区位吸引将进一步加强，外滩与陆家嘴地区与北外滩之间无论从商贸、旅游和文化等各方面的联系都会日益密切，急需加强核心区黄浦江、苏州河等地之间的联系，但它们被黄浦江、苏州河分隔开了。江河交汇的灵动辉映着风采各异的城市风光，一方面营建了独具魅力的 CBD 景观，另一方面也影响了 CBD 各区块之间的沟通和联系，不利于区域整合、功能协作和效应互补。协调好交通需求与功能发展、交通建设与区域环境的关系，是实现核心区可持续发展的关键。主要表现在：

（1）中心城骨干路网的结构尚不完善。内环线浦东段不能有效承担环线功能；延安高架路中断于浦东浦西核心区；南北向干道密度低，尤其是东部地区；浦东与浦西地区的骨干路网没有形成整体。

（2）大量过境交通穿越核心区。外滩道路过境交通高达道路总量的 70%，陆家嘴延安路隧道 50% 以上为穿越性交通，北外滩主要道路的过境交通比例为 50% ~ 65%，核心区到发交通、地方交通受到很大抑制，区域环境受到较大影响。

（3）核心区路网布局不尽合理。延安路隧道接世纪大道斜穿浦东路网，北外滩南北向道路汇聚苏州河口和外滩地区，形成蜂腰交通，东西向道路自东向西喇叭形收缩，都给地区交通组织带来不便。

（4）越江过河设施容量不足。核心区的越江通道只有延安路隧道一处，双向 4 车道，而且同时承担了连接延安路高架和外滩地区与浦东的功能，远远不能满足浦东浦西核心区沟通的需要；苏州河两岸的联系主要由吴淞路闸桥和外白渡桥承担，由于过境交通高达 70%，区域联系的功能受到很大抑制。

2. 规划目标

核心区的交通体系错综复杂，土地和空间资源有限，对城市风貌和环境保护有着很高要求。改善核心区的交通，必须处理好以下几方面不同层次的问题：

（1）处理好交通吸引和功能开发的关系；

（2）处理好交通建设与空间资源、环境风貌保护的关系；

（3）处理好 CBD 不同交通结构层次的关系；

（4）处理好越江交通与核心区内部交通的衔接；

（5）协调好交通走廊与配套路网、交通管理方式的关系。

其规划目标为：

（1）构建 CBD 核心区一体化交通。外滩、小陆家嘴和北外滩在功能上具有很强的互补性和互动性，在建筑、空间环境上，各具特色，交相辉映，在地理位置上又紧密相连，形成"三足鼎立"之势，这里将成为上海市最富活力的区域。外滩与陆家嘴地区与北外滩之间的商贸、旅游和文化等各方面的联系也将日益密切。核心区的交通改善必须将各功能区视为一个整体，以城市整体路网为背景，统筹设施布局和交通组织，构建核心区一体化交通。

（2）分离核心区的过境交通。外滩、小陆家嘴和北外滩组成的 CBD 核心区位于上海的中心地区，各功能区都饱受过境交通穿越之苦，外滩道路过境交通高达道路总量的 70%，陆家嘴延安路隧道 50% 以上为穿越性交通，北外滩主要道路的过境交通比例为 50% ~ 65%，核心区到发交通、地方交通受到很大抑制，区域环境受到较大影响。为改善核心区的交通和环境品质，需要将过境交通从核心区的地面上分离出去。

（3）改善核心区的到发交通。随着核心区功能的不断提升，核心区的集聚和辐射作用也将日益增强，急需改善其与骨干路网的联系，以提高其交通区位优势，扩大功能辐射范围，促进城市功能发展。

3. 规划方案

根据规划目标，通过方案比选、融合，考虑地区开发和功能发展的因素，为分离核心区过境交通，改善到发交通，加强区域联系，在现有城市路网的基础上，通过兴建全封闭或半封闭的专用通道及越江隧道，分离过境交通，便捷到发交通，改善区域交通。提出了井字形通道构想，从而在核心区构建一体化交通。

井字形通道是适应 CBD 地区发展，加强区域内部交通联系，提高交通辐射能力的道路系统优化方案总称，可概括为："4 + 2 + 2"方案。

"4"——指服务于核心区到发和过境交通的 4 条全封闭或半封闭通道，即：东西通道、南北通道、外滩通道、北横通道；第一个 "2"——指联系核心区交通的 2 条越江通道，即：人民路隧道、新建路隧道；第二个 "2"——指梳理浦东、浦西 2 个核心区域的交通组织，以及相关的配套工程。方案布局规划图如图 11-12 所示。

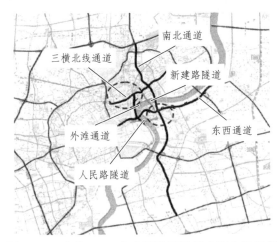

图 11-12　上海 CBD 井字形地下通道方案布局规划

地下井字形通道方案，综合考虑了城市路网的优化完善、CBD 地区的功能发展、工程实施的可行性，贯彻了"近期可操作、中期可行、远期可控"的原则，总体目标是在核心区形成一体化交通，分离过境交通，便捷到发交通。

4. 改造意义

（1）增强了核心区的时效性和辐射能力。这里的时效性是指单位时间能够到达的范围，直接决定了区域的辐射能力，现有核心区缺少便捷的通道，辐射范围较为有限。通过规划井字形通道，在核心区构建了便捷的交通走廊，为核心区的到发交通服务提供了便捷。经交通模型分析，有井字形通道的半小时交通圈迅速扩大，有力支撑了核心区的功能辐射范围，促进了城市功能发展。

（2）有效分离了核心区的过境交通。外滩道路目前 70% 的交通为过境交通，延安路隧道 50% 以上为穿越性交通，大比例的过境交通量穿越核心区，极大程度地影响了核心区到发交通服务能力。通过构建井字形通道，可以有效分流核心区的过境交通。外滩过境交通将完全由外滩通道承担，延安路隧道的过境交通也将由东西通道直接分离，核心区地面道路的交通大为缓解。此外，南北通道也有效地分离了北外滩和小陆家嘴地区南北向的过境交通，而北横的建设对北外滩地区的保护也非常显著。从长远看，核心区过境交通仍有 50% 的增长，井字形通道的建设也能适应未来过境交通的发展。

（3）井字形通道适应 CBD 功能开发。大量过境交通由地面转入地下快速通道，有利于外滩重塑功能、重现风貌，有利于小陆家嘴地区提升环境品质，同时新增交通能力可以在相当程度上满足区域功能开发带来的交通需求增量。

（4）井字形通道加强了重点区域的联系。井字形通道加强了五角场城市副中心、北外滩地区、外滩地区、小陆家嘴地区、浦东沿江地区、世博地区等重点地区的联系，使得以上区域的联系都控制在半小时交通圈以内，促进和完善了上海市"一个中心、四个副中心"的发展战略。

（5）优化了路网结构，推进了浦东浦西路网一体化。通过井字形通道有效地补充了南北向的交通能力，增加了浦东地区的东西向交通走廊，使得浦东浦西路网能真正通过通道连为一体，推进了浦东浦西一体化进程。

（6）有效构建了城市交通走廊，均衡了干线路网交通负荷。上海市公路网总体压力较大，尤其是西环、南北高架和延安路高架，随着井字形路网的形成，提供了更多的南北向和东西向交通走廊，上海市干道网的交通负荷将更为均衡，路网运行的可靠性显著增强。

（7）均衡了越江设施的交通负荷，实现了 CBD 核心区一体化交通。随着延安路隧道的东延伸、南北通道的规划建设以及人民路隧道和新建路隧道的实施，核心区越江设施的配置与交通需求的增长更为协调，同时也真正实现了核心区一体化交通。

（8）提供了两次越江的可能，增强了路网可靠性。经人民路、新建路两次越江的交通需求主要来自内环内南部及西南部的黄浦、南市及卢湾等区域与西北部的虹口、杨浦等区域之间的联系，两次越江的形成不仅进一步实现了核心区一体化交通，还为浦西过境交通提供了多途径选择的可能，增强了路网可靠性。

📝【习　题】

1. 请简述城市地下道路的定义。

2. 按主线封闭段长度，地下道路可以分为哪几种类型？分别有什么特点？

3. 按交通功能，地下道路可以分为哪几种类型？分别适用于什么交通需求？

4. 城市地下道路有什么功能？

5. 请简述城市地下道路路网的规划原则和规划内容要点。

6. 请简述城市地下道路路网的规划方法。

7. 城市地下道路横断面的布置要点有哪些？

8. 城市地下道路的纵断面设计中，最大纵坡和最小纵坡坡度设计要求有哪些？

9. 城市地下道路的出入口区域的特点是什么？

第 12 章　地下停车库规划与设计

本章教学目标

1. 熟悉地下停车库的定义和基本特点，以及地下停车库的分类和规模。
2. 熟悉城市地下停车库规划的步骤、要点和选址原则，掌握地下停车库及地下停车系统的形态与布局。
3. 熟悉地下停车库设计的基本内容和要求，其中掌握地下停车库的交通组织、坡道类型、出入口交通组织等要点。

地下停车库，也称为地下停车场，是设置于地表以下，或者室内地坪低于室外地坪高度超过该层净高 1/2 的车库。随着城市居民生活水平和质量的提高，城市小汽车的总量在不断增加，建筑物地面停车空间严重不足，停车难、行车难的现象越来越普遍，因此地下停车库的规划和建设就成了缓解城市交通拥挤的重要措施之一。

12.1　地下停车库概述

地下停车场出现于第二次世界大战之后，当时主要是出于战争防护、战备物资储存及物资输送方面的需要，是当前地下停车场的雏形。到 20 世纪 50 年代后期，欧美等国家和地区经济迅速崛起，私有汽车数量大增，原地面建筑的空间有限，停车设施严重不足，问题出现端倪。应时之需，陆续出现了一些大规模的地下停车场。中国的地下停车场的规划建设始于 20 世纪 70 年代，主要是出于民防的需要。随着科技水平的迅速发展和城市机动车数量的增长，由此带来的城市交通拥堵、能源安全和环境问题开始凸显，作为城市静态交通主要内容的停车设施也有了较大发展。在充分利用城市地面、地上空间解决快速增长的动、静态交通需要的同时，还须通过地下空间资源的开发利用，加强地下交通规划建设，优化城市空间结构、整合城市空间资源，综合解决城市的交通问题。

12.1.1　地下停车库的分类

按所停放车辆类型，地下停车库可以分为机动车库和非机动车库，本章主要介绍机动车库的相关内容。

1. 按地下停车库建造位置与地面建筑的关系分类

（1）单建式地下停车库：指地下停车库的地面没有建筑物，独立建立于城市广场、道路、绿地、公园及空地之下的地下停车库（图 12-1）。其主要特点是：停车利用率高；不论其规模大小，对地面空间和建筑物基本上没有影响，除少量出入口和通风口外，顶部覆土后仍是城市开敞空间；可以建造在城市一些不可能布置地面或多层汽车库的位置，如城市繁华街道或建筑物密集的地段；甚至还可以利用沟、坑、旧河道等，修建城市地下停车库后填平，可以为城市提供新的平坦用地。

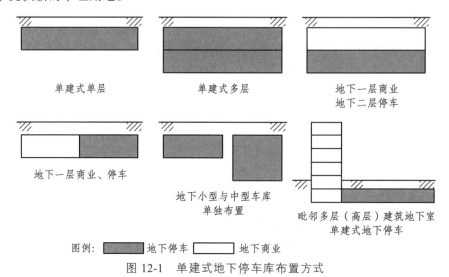

图 12-1　单建式地下停车库布置方式

（2）附建式地下停车库：指利用地面多层或高层建筑及其裙房的地下室布置的地下专用停车库（图 12-2）。其主要特点是：使用方便，布置灵活，节省用地，但原有的柱网尺寸较难满足地下停车场的要求，因此其停车利用率比单建式地下停车库要低。

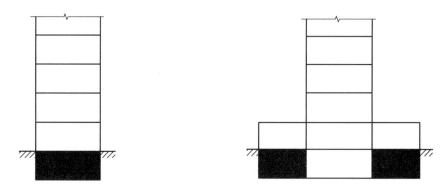

（a）多层（高层）建筑地下停车库　　　（b）高层建筑裙房下的地下停车库

图 12-2　附建式地下停车库布置方式

（3）混合式地下停车库：指单建式与附建式相结合的地下停车库（图 12-3）。其特点是在其位置上的建筑物与广场、公园、空地等毗邻，且建筑物内办公、购物等活动与公共交通均具有较大的静态交通需求。

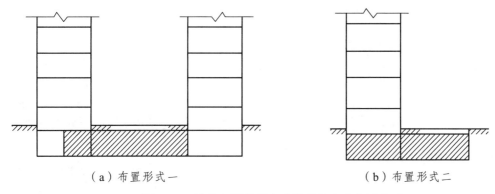

（a）布置形式一　　　　　　　　　　（b）布置形式二

图 12-3　单建与附建混合式地下停车库布置方式

2. 按使用性质与功能特点分类

（1）公共地下停车库：指为社会车辆提供停放服务的、投资和建设相对独立的停车场所。该类地下停车库主要设置在城市出入口、广场、大型商业、影剧院、体育场馆等文化娱乐场所和医院、机场、车站、码头等公共设施附近，向社会公众开放，为各种出行者提供停车服务。

（2）配建地下停车库：指在各类公共建筑或设施附属建设，为与之相关的出行者及部分面向社会提供停车服务的地下停车库。

（3）专用地下停车库：指服务于专业对象的停车场所，如地下消防车库、救护车库等。

3. 按停车方式分类

（1）自走式地下停车库：此类地下停车库是驾驶员将车辆通过平面车道或多层停车空间之间衔接通道直接驶入/出停车泊位，从而实现车辆停放的目的［图 12-4（a）］。其优点是造价低、运行成本低、进出车速度快，不足之处是交通运输使用面积占整个车场面积的比重大、通风量大、管理人员多。

（2）机械式地下停车库：是采用机械式停车设备存取、停放车辆的地下停车库。其特点是采用坡道进出地下停车库，当车辆驶入停车单元后，通过机械式停车设备，将所停车辆停放到指定泊位［图 12-4（b）］。由于机械式地下停车库一般采用双层布置，因此大大提高了地下空间的利用效率。其不足之处是初期投资大，受数字自动化水平的限制，通常需要有专门的停车调度人员操作完成停车过程。

（3）全自动地下停车库：指室内无车道，且无驾驶员进出的机械式地下停车库。该类地下停车库是一种立体的停车空间，利用机动车专用升降机将车辆运送且停放到指定泊位或从指定泊位取出车辆，从而实现车辆停放的目的［图 12-4（c）］。其具有减少车道空间、提高土地利用率和人员管理方便等优点，缺点是一次性投资大、运营费高、进出车速度慢。

12.1.2　地下停车库的建筑规模

车库建筑规模一般按车辆类型、容量来划分，车型与容量的多少决定了车库面积的大小。对于机动车库来讲，根据我国现行行业标准《车库建筑设计规范》（JGJ 100—2015），机动车库建筑规模按小型车停车当量数划分为特大型、大型、中型、小型这几类。

（a）自走式地下停车库　　　　　　　　　（b）机械式地下停车库

（c）全自动地下停车库

图 12-4　按停车方式分类的地下停车库

特大型：停车当量数>1 000；

大型：停车当量数为 301～1 000；

中型：停车当量数为 51～300；

小型：停车当量数≤50。

各类车辆的换算当量系数见表 12-1。

表 12-1　机动车换算当量系数

车型	微型车	小型车	轻型车	中型车	大型车
换算系数	0.7	1.0	1.5	2.0	2.5

12.1.3　地下停车库的基本特点

地下停车库具有如下基本特点：

（1）提供车位多，节约地面空间，经济效益显著。

（2）位置受限较小，能在地面空间无法容纳的情况下满足停车设施的合理服务半径要求。

（3）可以有效解决机动车停车难的问题。

（4）能在社会、环境、防灾等方面发挥综合效益，安全、可靠、不影响城市交通。

（5）造价高、投资大、投资回收期长。地面车库与地下车库造价之比为 1 : 2.6 ~ 1 : 2.8，投资回收期约 16 年，但如果考虑需要支付土地使用费时，则地下车库的投入比地面车库低。

12.2　地下停车库规划

12.2.1　地下停车库规划步骤

地下停车库规划应遵循以下的基本步骤：

（1）城市现状调查，包括城市的性质、人口、道路分布等级、交通流量、地上地下建筑分布的性质，地下设备设施等多种状况。

（2）城市土地使用及开发状况，土地使用性质、价格、政策及使用状况。

（3）机动车发展预测、道路建设的发展规划、机动车发展与道路状况及发展的关系。

（4）原城市的停车库的总体规划方案、预测方案。

（5）编制停车库规划方案，方案筛选制定。

12.2.2　地下停车库规划要点

地下停车库的规划包括如下要点：

（1）结合城市总体规划，以市中心向外围辐射形成一个综合整体布局，考虑中心区、次级区、郊区的布局方案，可依据道路交通布局及主要交通流量进行规划。

（2）规划停车库的位置要选择在交通流量大、集中、分流的地段，应掌握该地段的交通流量与客流量，以及是否有立交、广场、车站、码头、加油站、食宿场所等。

（3）考虑地上、地下停车库的比例关系。尽量利用地面上原有的停车设施。

（4）考虑机动车与非机动车的比例，并预测非机动车转化为机动车的预期，使地下停车库的容量有一定的余地。

（5）城市某个区域的地下公共停车库的规划在容量、选址、布局、出入口设置等方面要结合该区域内已有或待建建筑物附建地下停车库（库）的规划来进行。

（6）要考虑地下停车库的平战转换，及其作为地下工程所固有的防灾、减灾功能，可能将其纳入城市综合防护体系规划。

（7）规划停车库要同旧区改造相结合，注意对土地节约利用，保护绿地，重视拆迁的难易程度等。

（8）尽量缩短停车位置到目的地的步行距离，一般不大于 0.5 km。

12.2.3　地下停车库形态与布局

1. 地下停车库的平面形态

地下停车库的平面形态可分为广场式矩形平面、道路长条形平面、竖井环形式及不规则平面。

（1）广场式矩形平面：通常是地面环境为广场，周围是道路，即在广场下设地下停车库，总平面大多为矩形、近似矩形、梯形等规则形状。

（2）道路式条形平面：停车库设置在城市道路下，基本按道路走向布局，出入口设在次要道路一侧，此种平面基本为长条形。

（3）竖井环形式：是一种垂直井筒的地下停车库，通常采用地下多层，环绕井筒四周呈放射形布置泊车位。

（4）不规则平面：主要是地段条件不规则或专业车库的某些原因造成的，这种地下停车库平面不规整、施工复杂、造价增加。此外，岩层中的地下停车库，其平面形式通常是以条状通道式连接起来，组成 T 形、L 形、井形或树状平面等多种形式。

2. 地下停车系统的整体布局形态

城市某个区域内，具有联系的若干个地下停车库及其配套设施，则构成该区域的地下停车系统，具有区域整体的平面功能布局和泊车、管理、配套等综合功能。城市的空间结构决定了城市的路网布局，而城市的路网布局决定了城市的行车行为，进而决定了城市的停车行为。所以，地下停车系统的整体布局必然要求与城市的空间结构相符合。城市特定区域的多种因素，如建筑物的密集程度、路网形态、地面开发建设规划等，也对该区域地下停车系统的整体布局形态产生影响。

城市地下停车系统的整体布局形态主要可以分为四种：脊状布局、环状布局、辐射状布局和网状布局。

（1）脊状布局。在城市中心繁华地段，地面往往实行中心区步行制，地面停车方式被取消，停车行为一部分转移到附近地区，更多的会被吸引入地下。沿着步行街两侧地下布置停车库，形成脊状的地下停车库，如图 12-5 所示。出入口设在中心区外侧次要道路上，人员出入口设在步行街上，或与过街地下步道相连通。

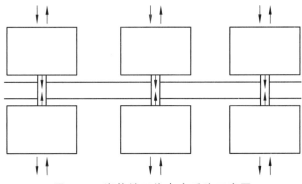

图 12-5　脊状地下停车库系统示意图

（2）环状布局。新城区非常有利于大规模的地上、地下整体开放，便于多个停车库的连接和停车库网络的建设。可以根据地域大小，形成一个或者若干个单向环状地下停车库系统。图 12-6 所示为与北京中关村西区地下环廊连接的周边 13 个地下停车库的布置图。

（3）辐射状布局。大型地下公共停车库与周围小型地下停车库相连通，并在时间和空间两个维度上建立相互关系，形成以大型地下公共停车库为主，向四周呈辐射状的地下停车库系统（图 12-7）。所谓时间维度上建立其调剂互补的关系，即在一段时间内（如工作日），公共停车库向附建式地下停车库开放，另外一段时间内（如法定假日）各附建式地下停车库向公共停车库开放。

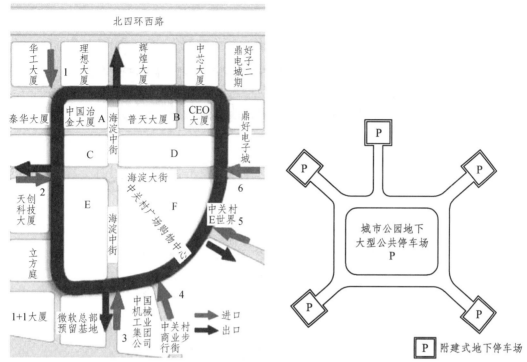

图 12-6　北京中关村西区地下停车系统环状布局　　图 12-7　辐射状地下停车库系统示意图

（4）网状布局。团状城市结构一般以网格状的旧城道路系统为中心，通过放射型道路向四周呈环状发展，再以环状道路将放射型道路连接起来。团状结构的城市布局决定了城市中心区的地下停车设施一般以建筑物下附建式地下停车库为主，地下公共停车库一般布置到道路下，且容量不大。与这种城市结构相适应的地下停车库，宜在中心区边缘环路一侧设置容量较大的地下停车库，以作长时间停车用，并可与中心区内已有的地下停车库做单向连通。中心区内的小型停车场具备条件时可个别地相互连通，以相互调剂分配车流，配备先进的停车诱导系统，形成网状的地下停车系统。

12.3　地下停车库设计

自走式地下停车库是目前国内外采用最多的地下停车库类型，本节以自走式地下停车库为例，介绍相应的设计技术要点。

12.3.1　地下停车库交通组织

停车库交通涉及停车位、行车通道、坡道、出入口等要素。停车位是汽车的最小存储单元；行车通道、坡道提供车辆行驶的路径；出入口是车辆进、出地下车库和加入地面交通的哨口或门槛。停车库交通组织就是协调各要素之间的关系，确定合理的路径轨迹。当以上关键要素的关系明确以后，再根据车库的功能定位和实际需求，合理布置好车库区、管理区、服务设施和辅助设施，地下停车库的建筑布置也就基本确定了。

1. 停车位的停车方式

按车位长轴线与行车通道轴线交角之间的关系，停车方式可以分为平行式、斜列式、垂直式（图 12-8）或混合式，其中斜列式的常见相交角度有 30°、45°、60°。

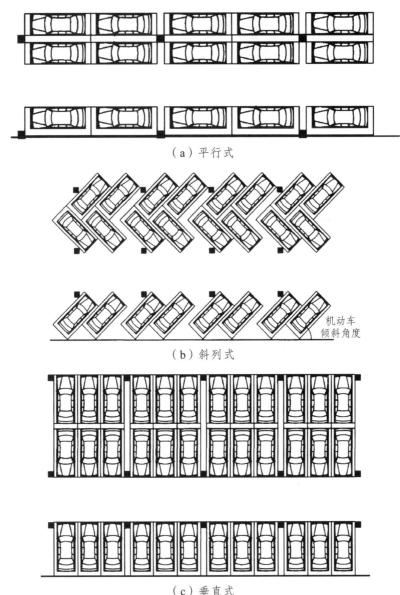

（a）平行式

（b）斜列式

（c）垂直式

图 12-8　停车方式

2. 行车道与停车位的关系

根据行车道与停车位之间的位置关系，可以分为一侧通道一侧停车、中间通道两侧停车、两侧通道中间停车及环形通道四周停车等多种形式，如图 12-9 所示。

采用中间通道、两侧停车的位置关系时，车辆可以在行车通道的两侧找到位置，而行车通道同时为道路两侧的车辆提供通行空间，利用率高。

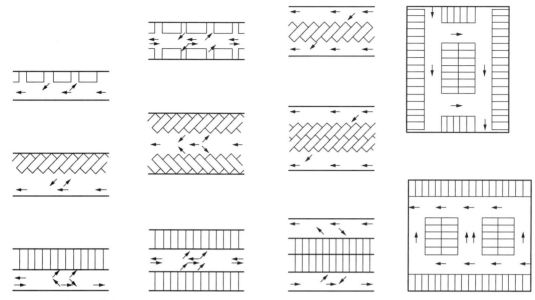

（a）一侧通道一侧停车 （b）中间通道两侧停车 （c）两侧通道中间停车 （d）环形通道四周停车

图 12-9 库内行车道与停车位的关系

采用两侧通道、中间停车的位置关系时，可以从双侧道路进出车位，一侧顺进，一侧顺出，进出车位安全、快速，适合于要求紧急出车的专用车使用。其不足之处是通道占用空间大，在停车库有效面积中，停车位面积与通行道路面积比相对较低，空间利用率低。

采用环形通道时，线路流畅，但须保证必要的转弯半径和通视距离。

3. 行车通道与坡道及出入口的位置关系

行车通道与坡道、出入口之间的位置关系取决于地下停车库布置与地面道路的关系。根据地面道路与地下停车库的相对位置关系，通常可分为地面道路在地下停车库的一侧、两侧、两端、四周和地下停车库位于地面道路下方，并据此确定出入口的位置。

（1）当地面道路在地下停车库一侧布置时候，有六种基本的位置关系（图 12-10）：（a）为小型地下车库，只有 1 条直线行车通道、1 个出入口，车辆直进直出，较简单；（b）～（f）为较大型地下车库，行车通道多采取一组直线通道，由环形通道并联布置，较简捷，两个出入口或分处两端 [如（b）、（e）]，或集中在一端 [如（c）、（f）]；（d）因容纳不下直线坡道，故采用直线加曲线互相交错的两条坡道；（f）出入口集中于一端，是由外部不利条件造成，车辆在库内行驶路距长，出入口处易形成车辆集中。

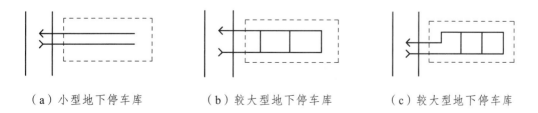

（a）小型地下停车库 （b）较大型地下停车库 （c）较大型地下停车库

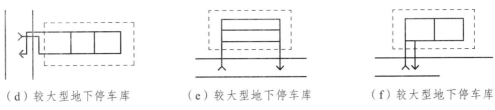

（d）较大型地下停车库　　　（e）较大型地下停车库　　　（f）较大型地下停车库

图 12-10　地面道路位于地下停车库一侧时的布置方式

（2）当地面道路位于地下停车库两侧时，分两种布置形式，分别将出入口布置在一侧道路或两侧道路上（图 12-11）。其特点是出入口相对分散，车辆在库内行驶路距比较合理，车辆进、出和车库内行驶都比较顺畅。

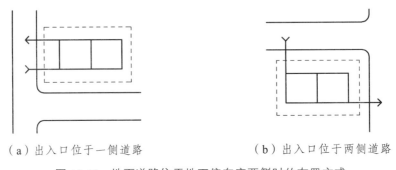

（a）出入口位于一侧道路　　　　　　　（b）出入口位于两侧道路

图 12-11　地面道路位于地下停车库两侧时的布置方式

（3）当地面道路位于地下停车库两端时，行车通道的布置分三种方式（图 12-12）：（a）为直进直出式，出入口设于车库两端道路，通常为小型车库采用；（b）为直线并联环行式，在车库两端道路各设置两个出入口，库内、外行车方便，通常为大型地下停车库采用；（c）为环形直通式，与（a）相比，增加了环行通道，一般适合于较大型的停车库。

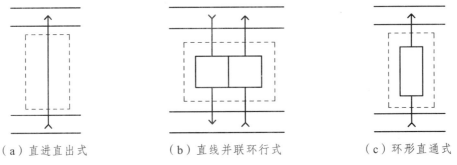

（a）直进直出式　　　　　（b）直线并联环行式　　　　　（c）环形直通式

图 12-12　地面道路位于地下停车库两端时的布置方式

（4）当地面道路在地下停车库四周时，行车通道出入口的数量及布置取决于地下停车库规模的大小及地面交通情况。大型地下停车库出入口的设置尽可能与四周地面道路连通，常见行车通道的布置方式如图 12-13 所示。

（5）当地下停车库位于城市道路下方时，由于地下停车库为狭长形，左右两组出入口均位于地面道路中央，库内两个环行通道行车（图 12-14）。

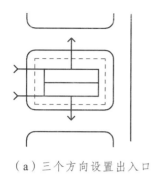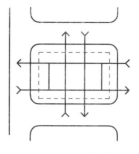

（a）三个方向设置出入口　　　　　　　（b）四个方向设置出入口

图 12-13　地面道路位于地下停车库四周时的布置方式

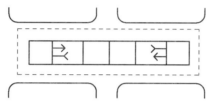

图 12-14　地下停车库位于地面道路下方时的布置方式

4. 库内人行交通的组织

车库区一般不单设人行通道，一般在行车通道范围一侧划出宽 1 m 左右的人行线，行人利用停车位空间暂避。供人使用的楼梯、电梯应满足使用、安全疏散要求。单建式地下停车库超过 4 层时应设电梯，附建式地下停车库内的电梯可利用地面建筑电梯延伸到地下层，为驾驶员存、取车提供便利。地下车库内设置的人行线及通行设施如图 12-15 所示。

（a）设置于行车通道一侧的人行线　　　　（b）与地下停车库连通的人行扶梯

图 12-15　地下车库内的人行通道及设施

12.3.2　地下停车库坡道设计

地下停车库通常通过坡道与地面出入口连接，实现与地面建筑、地面交通的衔接。对自走式地下停车库来说，坡道是主要的运输设施，也是车辆通向地面的唯一渠道。

1. 坡道的类型

坡道的类型很多，但从基本形式上分类，只有直线型和曲线型两种（图 12-16 和图 12-17）。

（1）直线型坡道也称为斜坡道，指层间采用直线式坡道进行连接。在地下停车库布置多层时，可以采用折返式斜坡道进行多层之间的连接。直线式的特点是坡道视线好、可视距离长、上下方便、施工容易，但占地面积大。根据上下层间的连接形式，折返式斜坡道可以分为连续折返和分离折返。采用连续折返时［图 12-16（b）］，车辆无须经过库内通道直接进出上下分层，结构紧凑，行车距离小，但干扰大；采用分离式折返时［图 12-16（a）］，车辆需经过库内通道出入上下分层，各层之间的直线坡道相互独立，干扰小，但行车距离长。倾斜楼板式［图 12-16（c）］为各停车层楼面倾斜，并兼作楼层间行驶坡道的停车区域，一般仅在地形倾斜或因场地狭窄时在地下停车库中采用。

（a）直线长坡道　　　　　　（b）直线短坡道　　　　　　（c）倾斜楼板

图 12-16　直线型坡道

（2）曲线型坡道又称为螺旋式斜坡道，指层间采用一定曲率半径的弯道进行连接。根据弯道在平面上的投影，又分为整圆形坡道［图 12-17（a）］和半圆形坡道［图 12-17（b）］。曲线型坡道的特点是视线效果差、视距短、进出不方便，但占地小，适用于狭窄地点。

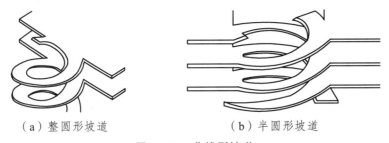

（a）整圆形坡道　　　　　　　　　（b）半圆形坡道

图 12-17　曲线型坡道

2. 坡道的设置位置

对自走式地下停车库来说，坡道是进行地下停车库交通流线组织设计时需要考虑的重要部位。坡道与地下停车库主体交通流线功能的关系如图 12-18 所示。因此，在考虑坡道的设置位置和形式时，通常需要结合地下停车库行车通道及出入口的设置、库内交通组织等一并考虑，形成与地面道路交通衔接良好的垂直交通流线。如图 12-19 所示，坡道与地下停车库主体之间有四种流线类型，分别是直线式、曲线式、回转式及拐弯式。坡道与地下停车库主体流线设计的基本要求是形成完整的交通流线，方向尽可能单一、流线清楚、出入口明显，保证交通流线的顺畅、方便和安全。

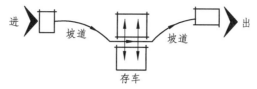

图 12-18 坡道与主体交通流线功能关系

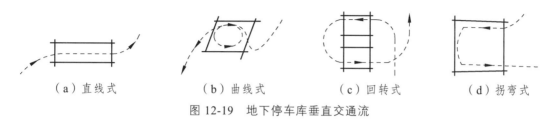

（a）直线式　　　　（b）曲线式　　　　（c）回转式　　　　（d）拐弯式

图 12-19 地下停车库垂直交通流

坡道应具有足够的通过能力，满足进、出车速度和数量的要求。此外，坡道可以根据地下停车库主体交通流线设计、建造和运营条件等情况设置在地下停车库的主体建筑之内和之外（图 12-20）。

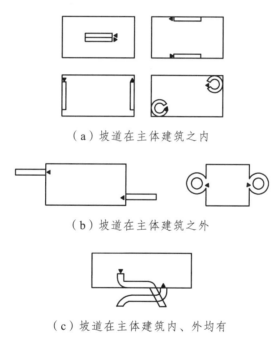

（a）坡道在主体建筑之内

（b）坡道在主体建筑之外

（c）坡道在主体建筑内、外均有

图 12-20 坡道的设置位置

12.3.3 地下停车库出入口设计

地下停车库的出入口包括车辆出入口和人员（疏散）出入口，其中车辆出入口设计涉及的影响因素比较多，设计过程中需要重点考虑。

1. 出入口的数量

车辆出入口和车道数量与地下停车库的规模、高峰小时车流量和车辆进出的等候时间相关。通常情况下，每增加一定的停车泊位就需要设置一个出入口。实际设计中，只要确保地下停车库出入口的进出与周边道路通行能力相适应，且车辆能安全、快捷的进出，就可以尽可能地减少出入口数量。

不同规模的地下停车库最少需要设置的机动车出入口数量见表 12-2。

表 12-2　机动车库出入口数量

规模	特大型	大型		中型		小型	
停车当量	>1 000	501 ~ 1 000	301 ~ 500	101 ~ 300	51 ~ 100	25 ~ 50	<25
机动车出入口数量	≥3	≥2		≥2	≥1	≥1	

2. 出入口的位置

确定出入口位置时需要参考的因素很多，包括与地下停车库连接的地面道路的等级、地下停车库的规模及出入口处的动态交通组织状况等，需要保障地下停车库良好的运营周转，停车库内外交通流线连接流畅，在高峰时段不至于堵塞或排队过长。

确定车辆出入口位置的基本原则包括：

（1）出入口宜布置在流量较小的城市次主干道或支路上，并保持与人行天桥、过街地道、桥梁、隧道、道路交叉口等一定的安全距离。

（2）出入口应尽量结合地下停车单元的设置，也可以根据合适的位置设置后，再用地下匝道与停车单元相连。

（3）在地下停车库服务区域范围内的主要交通吸引源如大型购物中心、娱乐设施附近，要保证出入口数量充足、位置合理。

（4）为了便于地下停车库内外交通衔接、减少干扰和阻塞，车辆出入口宜采用进、出口分开的设置方法。

（5）出入口必须易于识别，可通过醒目的标志或建筑符号等帮助用户辨别。

（6）当出入口附近有大型公共建筑、纪念性建筑或历史性建筑物时，应考虑出入口建筑风格与周围环境协调。

3. 出入口通视要求

为使出入口具备良好的通视条件，确保驾驶员可以看到全部通视区范围的车辆、行人情况，车辆出入口应退后城市道路的规划红线不小于 7.5 m，并在距出入口边线内 2 m 处视点的 120°范围内至边线外 7.5 m 以上不应有遮挡视线的障碍物（图 12-21）。

此外，应在车辆出入口设置明显的减速或者停车等交通安全标识。

4. 出入口交通组织原则

车辆出入口的进、出车方向应符合"右进右出"的原则，禁止车辆左转弯后跨越右侧行车线进、出地下停车库。一般有以下情况：

（1）地下停车库外道路为单行道 ［图 12-22（a）］。

（2）地下停车库外道路为双行道 ［图 12-22（b）］。

（3）地下停车库外道路为十字路口 ［图 12-22（c）］。

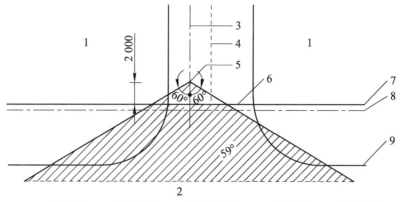

1—建筑基地；2—城市道路；3—车道中心线；4—车道边线；5—视点位置；
6—机动车出入口；7—基地边线；8—道路红线；9—道路缘石线。

图 12-21　机动车出入口通视要求示意图（单位：mm）

通常情况下，地下停车库外围应按顺时针方向进行交通组织。一方面便于大多数出入口处采用右进右出的交通组织设计，减少左转进出和车流冲突点，避免产生交通拥堵和交通事故；另一方面，由于中国道路交通靠右行驶的规定，顺时针的交通组织符合大多数驾驶员的驾驶习惯，便于驾驶员尽快进、出地下停车场。而与之相适应，在地下停车库内则通常按逆时针方向进行交通流线组织，能使停车者方便、顺畅、安全地以右转弯的形式，由地面道路以右进右出交通组织形式进、出停车场。

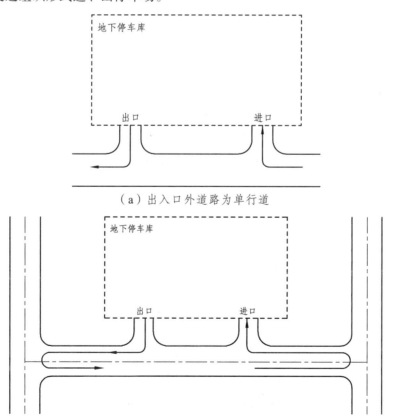

（a）出入口外道路为单行道

（b）出入口外道路为双行道

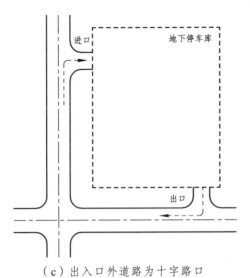

（c）出入口外道路为十字路口

图 12-22　地下停车库出入口交通组织方式

12.3.4　地下停车库柱网设计

柱网设计是地下停车库设计中的关键问题之一，其合理布置会直接关系到整个设计的经济性和合理性。

1. 柱网选择的基本要求

在地下停车库内，柱是影响车辆进、出停车位的效率和在行车道上行驶的通达性的关键因素，因此地下停车库设计中，应在柱跨、车位跨和通道跨三者之间找到合理的比例关系。

地下停车库柱网的选择应同时满足以下几点基本要求：

（1）适应一定车型的停车方式和行车通道布置的各种技术要求，同时保留一定的灵活性。

（2）保证足够的安全距离，使车辆行驶通畅，避免遮挡和碰撞。

（3）尽量减少停车位以外不能充分利用的建筑空间。

（4）结构合理、经济、施工方便。

（5）尽量减少柱网种类，统一柱网尺寸，并保持与其他部分柱网的协调一致。

2. 柱网单元的合理尺寸

柱网是由跨度和柱距两个方向上的尺寸所组成，在多跨结构中，几个跨度相加后和柱距形成一个柱网单元（图 12-23）。

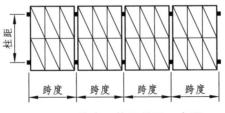

图 12-23　停车区柱网单元示意图

在确定地下车库的停车区、通道等部位的柱距和跨度时，需要综合考虑的因素包括：需要停放的车型长度与宽度；柱间停放的汽车台数；车辆停放方式（平行、垂直、斜列、混合式等）；车与车、车与柱（墙）间的安全距离；行车通道的最小宽度；行车线路的数量（单行或双行）；柱子的结构断面尺寸。

目前，对于地下停车库柱间停放 3 辆小型车时，通常多采用 8.0 m×8.0 m、8.1 m×8.1 m、8.4 m×8.4 m 的柱网，并根据设计具体要求进行灵活运用。下面以小型车（外轮廓尺寸为 1.8 m×4.8 m）、柱径 0.8 m 为例，分别给出两柱间停放 1 辆、2 辆、3 辆小型车时所需的最优柱距尺寸，如图 12-24 所示。

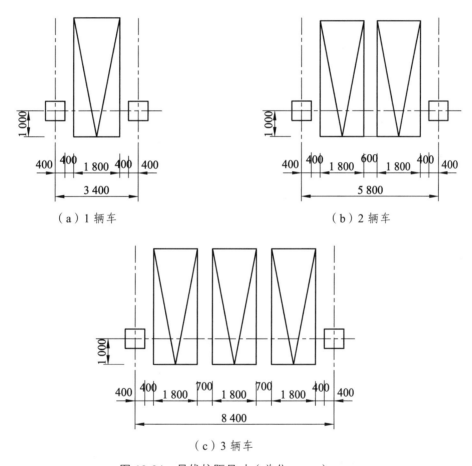

（a）1 辆车

（b）2 辆车

（c）3 辆车

图 12-24　最优柱距尺寸（单位：mm）

12.3.5　地下车库层高设计

地下停车库停车区的层高是停车区的净高加上各种管线所占空间的高度和结构构件的高度；净高是指车辆本身的高度加上 0.2 m 的安全距离。

对于停放小型车的地下停车库，其层高可按式（12-1）计算。

$$H = h_{净高} + h_{结构} + h_{风} + h_{喷淋}$$ （12-1）

式中　H——地下停车库层高（m）；

　　　$h_{净高}$——室内最小净高（m），小型车为 2.2 m；

　　　$h_{结构}$——结构构件高度（m）；

　　　$h_{风}$——风管截面高度（m），通常为 0.3 ~ 0.5 m；

　　　$h_{喷淋}$——喷淋头高度（m），通常为 0.15 ~ 0.2 m。

地下停车库的层高对建筑埋深和工程造价均有直接影响，故在设计中应采用合理的结构形式、优化设备专业管线设计，在满足各专业条件下采用合理经济的层高。为减少层高，设备管道应优化设计，比如暖通风管与电气桥架及给排水管道平行敷设，尽量减少空间上的垂直交叉等。一般情况下，停放小型车的地下停车库，层高在 3.6 ~ 3.8 m 范围内均较为经济。

12.4　地下停车库规划与设计案例

本节介绍成都地铁 2 号线龙泉驿站地下停车场的规划案例。

1. 项目背景

成都地铁 2 号线龙泉驿站是该线路地铁起始站，位于成都市龙泉驿区旧城中心音乐广场，是龙泉旧城核心地段，该地铁站点地下空间的方案设计，采用 P + R（Park and Ride 停车换乘）的设计理念，解决地铁乘客停车换乘问题，建成后车辆可直接开到地下一层，乘客可以在距离地铁最近的地方下车，既能实现高效换乘，也可以缓解地面广场周边拥堵。

2. 区位现状概况

龙泉驿站位于龙泉驿区旧城中心音乐广场，是龙泉驿区市中心的标志性广场，市民健身休闲聚集地，周围商业氛围较为浓厚。

龙泉驿音乐广场总用地面积约 16 000 m²，周边业态较多，且多围绕广场散乱分布，如建设局、农机广场、步行商业街、金龙大酒店、人民商场以及住宅等。建筑多为 20 世纪 80 至 90 年代所建，建筑以多层建筑为主，多为七、八层。龙泉驿音乐广场位于老城区中心位置，周边路网较不规则，道路等级、宽度不一。驿都东路、欧鹏大道为城市主干道，分别向西、向东南延伸；建设路、广场路、中街、洪升路等属于区域性市民生活类街道；另外还有广场巷、爱明街、芝龙步行街等传统巷道与音乐广场相连接。广场外环交通为逆时针单行循环，目前交通压力较大。

3. 选址分析

音乐广场为龙泉老城区的核心地段，人口聚集度最高，为成都地铁 2 号线龙泉驿站所在地，站场主体将音乐广场分为南、北一大一小的两个地块（图 12-25），可进行综合利用。

音乐广场所处地势平坦，进行明挖地下工程建设土石方工程量不大，地面没有对地下工程产生限制的建（构）筑物，广场所在地邻近周边无学校、医院等对声环境要求较高的建筑设施。经调查，音乐广场现状地下无市政工程管线和其他地下工程，在南、北地块地下空间进行地下停车场的建设，与地铁枢纽站主体紧密衔接，有利于控制停车步行距离实现快速换乘。由于地铁站场主体结构建设施工在前，地铁枢纽站地下停车场建设施工在后，地下停车场基坑的建设开挖不应对地铁枢纽站基础和主体结构产生影响，因此地下停车场基坑的建设开挖深度不应低于地铁站场底板底面标高 − 16 m（地面标高以 ± 0 m 计）。

图 12-25　成都地铁 2 号线龙泉驿站主体位置及地铁线路走向

经综合分析众多因素，地铁站地下停车场拟选址在音乐广场南、北地块的地下空间，设计深度最低处不低于地铁站场底板底面标高。考虑到土地的综合开发，地下可置入其他功能设施，在地下停车场上部可设置部分商业（购物、餐饮），提高综合效益。综合测算地下停车位的规模需求，南地块面积比北地块大，首选南地块，无法满足停车位需求规模时，将北地块纳入地下停车场设计范围。如仍不能满足停车需求，停车位需求差额由周边外围区域的地下空间分担。

4. 停车规模预测

龙泉东站地下停车位规模包括两部分，一是轨道换乘产生的停车需求，二是服务范围内社会停车需求。

（1）轨道换乘停车位需求

参考国内其他城市轨道交通车站交通衔接的方式比例，结合成都市轨道交通线网规划中各出行方式的比例，考虑到龙泉东站服务范围大致为老城区，龙泉东站进站客流衔接方式构成以总数 100%计，预计步行出行方式占比为 40.5%，自行车出行方式占比为 4%，公交出行方式占比为 52%，出租车出行方式占比为 3%，小汽车出行方式占比为 0.5%。据统计，龙泉驿站客流日出行量为 43 073 人次/日，高峰小时进出站 1 106 人次，根据各衔接方式构成比率，可以得到进站客流分别采用各种衔接方式的客流量，其中步行、出租车、公交车以高峰小时需求为设置依据，而对于自行车、小汽车以全天需求为依据。以步行衔接的 4 425 人次/高峰小时，以自行车衔接的 1 723 人次/日，以公交车衔接的 5 753 人次/高峰小时，以出租车衔接的 332 人次/高峰小时，以小汽车衔接的 215 人次/日。因此，龙泉东站进站客流采用小汽车衔接方式的全日客流为 215 人次，考虑地铁吸引机动车停车换乘基本在核心区外，车位周转率取 1.0，以交通换乘为目的的小汽车平均每辆载客人数取值 2，可以得到龙泉东站地下停车场承担全日轨道换乘小汽车停车需求为 108 个泊位。

（2）周边社会停车需求

对成都市停车场驾驶员进行问询调查，超过半数的驾驶员（60%）认为 100 m 之内是最可容忍的步行距离，近 3/4 的驾驶员（88%）认为 200 m 之内是可容忍的步行距离。因此，可以认为停车场的最佳服务区域为方圆 200 m 范围内的城市功能区。

音乐广场 200 m 范围内主要为商业设施，据统计，其商业总体量约为 32 万 m²。根据成都市停车生成率调查，商业设施停车生成率取值为 0.45 个泊位/100 m²，200 m 范围内各设施的平均停车泊位周转率取值 1.5，由于周边停车设施缺乏，参考国内外经验取值，可以认为音乐广场地铁龙泉东站地下停车场承担周边范围 200 m 内约 40% 的社会停车需求，因此可以得到龙泉东站地下停车场承担周边社会停车需求为 385 个泊位。

（3）停车场规模测算

根据（1）、（2）的分析，龙泉东站地下停车位规模总需求为 493 个标准车位。

小汽车停车场规模：地面停车场小型车单车停放面积宜采用 25～30 m²，因此音乐广场地下停车场面积估算约为 14 780 m²。

自行车设施规模：车位周转率取 1.0、1.5（中心区周转率较高，外围区域周转率稍低），每车位取 0.9～1.0 m²（用地紧张情况下取低限，用地宽松情况下取高限），因此音乐广场自行车停车场面积估算约为 1 378 m²。

公交车港湾式停靠站个数：公交车满载率按 30 人/车，发车频率 5 min 一班，单个港湾停车站按承担 4 条线路考虑，可以得到音乐广场公交港湾式停靠站需求数量为 4 个。

出租车停靠站个数：出租车满载率按 1.8 人/车，上客时间 40 s，下客时间 50 s 考虑，可以得到音乐广场出租车停靠站需求数量为 5 个。

5. 交通组织及方位引导

根据前述关于地下停车位规模的预测和地下停车场空间区位的分析可看出，停车位要满足使用需求必须紧凑设置，加之广场地下空间被分割后的平面形状不太规则，地下停车场使用并联式通道形式对于紧凑设置停车位更为有利，布置手法也更为灵活。考虑到周边地块拆迁难度，本案例将地下停车场出入口布置在广场内并采用螺旋坡道的形式连接。结合龙泉东站地下停车场的平面空间区位，驾驶员停车步行采用升降电梯的方式换乘进入龙泉东站站厅层。停车场对地下空间的利用限制在音乐广场平面的垂直下方空间以规整平面构形，简化内部空间。

6. 规划成果

同时利用南北地块，皆设计成地下一层为商业，地下二至三层为地下停车场。东西广场各设置一个地铁进出口方便旅客进入地铁换乘。广场地下二层和地下三层都设计为停车场，每层停车场车位数为 245 个，一共可停放 490 辆汽车，北广场设置一个机械化停车进出口，南广场设计一个入口和出口。北广场地下一层设计一个区域专门停放非机动车。停车场面积为 800 m²。广场预留 5 处地下通道和各个地块相接。

广场地下一层为商业空间开发，商业面积达到 7 050 m²。地下二层和地下三层由于是地下空间，旋转坡道、设备用房、楼梯、电梯、扶梯、柱网会占用较多面积，因此每层最多停车 245 辆，两层一共停车 490 辆，基本达到预测停车需求量。

【习　题】

1. 请简述地下停车库的定义。

2. 请说明地下停车库的分类方式有哪些？

3. 地下停车库的建筑规模是依据什么指标进行划分？可以分为哪几类？

4. 地下停车库的规划要点和选址原则有哪些？

5. 地下停车库的平面形态有哪几种？适用条件是什么？

6. 地下停车系统的整体布局形态有哪几种？分别在什么情况出现？

7. 在进行地下停车库的交通流线组织时，需要考虑的关键要素有哪些？

8. 地下停车库的坡道有哪几种类型？分别有什么特点？

9. 在进行地下停车库出入口设计时，其交通组织原则是什么？

10. 柱网包括哪两个方向上的尺寸？对于地下停车库柱间停放 3 辆小汽车时，通常采用的柱网尺寸有哪些？

11. 地下停车库的层高包括哪些尺寸？

第 13 章　城市地下市政公用设施规划与设计

@ 本章教学目标

　　1. 熟悉城市地下市政公用设施的分类、常见形态和作用。
　　2. 熟悉城市综合管廊总体规划的原则、主要内容，以及网路系统的布局和可容纳管线的种类。
　　3. 熟悉城市综合管廊设计的基本内容和要求，其中掌握城市综合管廊标准断面的形式及特点。

　　城市市政公用设施，是城市基础设施的主要组成部分，是城市物流、能源流、信息流的输送载体，是维持城市正常生活和促进城市发展所必须的条件。从国内外一些大城市已经采取的措施和发展趋势来看，城市市政公用设施的大型化、布置的综合化、设施的地下化和废弃物的资源化，是城市公用设施现代化的主要途径。本章结合目前地下市政设施的建设发展趋势，主要介绍城市综合管廊的规划与设计的技术要点。

13.1　城市地下市政公用设施概述

　　城市地下市政公用设施，是指利用城市地下空间实现城市给水、供电、供气、供热、通信、排水、环卫等市政公用功能的设施，包括地下市政场站、地下市政管线、地下市政管廊和其他地下市政设施。

13.1.1　城市地下市政场站

　　大量城市市政设施的地面化建设，不仅占用了大量的城市土地资源，而且给周围生态环境保护带来了巨大的压力，尤其是污水处理厂与变电站的地面建设不仅需要大量土地作为绿化防护带，而且加深了其与周围环境的矛盾。市政公用设施的适度地下化还包括地下污水处理厂、地下垃圾集运站、地下变电站、地下雨水收集处理设施等。因此，根据城市市政设施场站的特点和现实条件，采取必要措施使之适应城市发展的需要，是城市现代化进程中所面临的必须妥善加以解决的紧迫问题。

　　1. 地下污水处理场站

　　与传统地面污水处理厂相比，地下污水处理厂不需要考虑绿化及隔离带等要求，因此具

有占用空间小、环境污染小、噪声低、安全
性高、节省土地资源、能够与周边环境相协
调等优势，成为城市污水治理工程建设发展
的新趋势和方向。由于地下污水处理厂是全
封闭式，因而可以对通风、热、潮湿以及臭
气进行有效控制，从而不会对当地的居民生
活产生任何影响。法国、德国、英国、挪威、
日本、美国以及中国等国家和地区已经建设
了多座地下污水处理厂（实例见图 13-1），
对改善当地的生活环境及防治环境污染具有
重大的意义。

图 13-1　挪威 Bekkelaget 污水处理厂

　　在地下污水处理厂的规划设计中，考虑
到地下空间和投资的限制，构筑物的设计都比较紧凑，在技术上尽可能选用占地面积小的处
理工艺。例如，荷兰鹿特丹 DOKHAVEN 地下污水处理厂占地面积仅为传统工艺占地面积的
1/4 左右，日本神奈川县叶山镇地下污水处理厂占地面积仅是地上污水处理厂用地面积的
1/3。此外，由于地下污水处理厂只有部分辅助建筑物建在地面，占用土地资源很少，节省
了城市地面空间资源，而且对处理厂站周边区域的发展不存在阻碍。因此，地下污水处理
厂的地面空间可用来建设城市公园绿地和商业设施，既提升了城市生态环境质量，又繁荣了
城市经济。

　　中国大陆地区第一座地下污水处理厂——深圳布吉地下污水处理厂于 2012 年投入运营
（图 13-2）。布吉地下污水处理厂 2007 年开工建设，占地 6 hm²，扣除河道整治改道占用面积
后，污水处理厂净用地面积 4.60 hm²。地下最深处与地面距离达到 18 m，建设规模 20.0 万
m³/d。地面上除了规划建设工作人员办公建筑，还修建了一处高质量的休闲公园。休闲公园
建设面积 4.3 hm²，覆土厚度为 1.5 m，可以种植深根型大株热带植物。厂区环境以及休闲公
园景观整体建设既能与周边地形地貌衔接协调，又能与粤宝路段街心公园、绿化带浑然一体，
充分体现了人与自然融为一体的和谐理念。

（a）建设效果图　　　　　　　　　　　　（b）污水处理设施

图 13-2　深圳布吉地下污水处理厂

2. 地下变电设施场站

随着城市经济建设的不断发展，城市用电需求日益增加，由于传统的地面变电站满足不了日益增加的用电负荷，亟须扩容改造。但是在城市土地资源逐渐紧缺的城市中心区，地面的扩容改造非常困难，因此对城市的可持续发展产生了严重的阻碍。虽然将变电站建设在地下的成本要比在地面建设高出 3~4 倍，但若扣除地面土地成本后，地下变电站的经济效益还是非常可观的。随着我国各地对地下变电站设施需求的不断增加，2005 年国家发改委发布了我国首部地下市政设施的行业标准《35 kV~220 kV 城市地下变电站设计规定》（DL/T 5216—2005）。

上海静安全地下 500 kV 大容量变电站是上海市电力公司贯彻国家电网"一强三优"的发展战略和上海城市发展规划，为从根本上解决上海浦西内环以内、中心城区电力供应，确保 2010 年上海世博会的供电需要，在中心城区建设的地下变电设施（图 13-3）。该变电站位于上海北京路与成都路口，南北长约 220 m，东西宽约 200 m。该工程于 2006 年 3 月 23 日奠基动工，工程建设历时 50 个月，于 2010 年 3 月 18 日启动调试，4 月 16 日投入运行。变电站本体为筒形全地下结构，地下主体为 4 层。筒体外径 130 m，基坑开挖深度 34 m，基坑围护结构的连续墙厚达 1.2 m，内衬墙厚 0.8 m，本体连续墙入土深度 57.5 m。工程桩基 800 余根，其中抗拔桩 665 根，一柱一桩 201 根，相当于 12 层楼深入地下。全站总建筑面积约为 57 000 m²，地下部分占地近 56 000 m²，地上则恢复成了静安雕塑公园，体现了高压等级电力工业生产场所和城市绿化环境的完美融合，为 2010 年上海世博会、上海社会经济发展和市民生活水平的进一步提高发挥了积极的作用。

（a）地面实景　　　　　　　　　　　　　　（b）构造示意图

图 13-3　上海静安全地下变电站

3. 地下固体废物输送及处理设施

城市固体废物主要分为三种：一般工业固体废物、工业危险废物、城市垃圾。工业固体废物主要包括工业生产活动中产生的废渣、废屑、污泥、尾矿等废弃物，分为一般工业废物与工业危险废物两类；城市垃圾主要包括在日常生活中或者为日常生活提供服务的活动中产生的日常生活垃圾和保洁垃圾、商业垃圾、医疗服务垃圾、城镇污水处理厂和文化娱乐业产生的垃圾等。

城市固体废物处置不当而带来的危害主要体现在土壤、大气、水体和市容市貌等几个方面。大量的城市固体废物的堆放和填埋不仅占用了耕地及建筑面积，而且垃圾中的有害物质会流入土壤，杀死土壤中的微生物，导致土壤酸化、硬化、碱化，给农作物的生长带来不利的影响，而且农作物中的重金属会在人体中富集，危害人类健康；固体废物随着降雨或者直接排入河流中，给居民的用水带来了危害；城市固体废物在堆放、焚烧的过程中会产生大量的恶臭气体，这些恶臭气体不仅会污染环境，并且对人体呼吸系统、眼睛、皮肤等造成危害，除此之外，小颗粒的废渣会在风的作用下进行迁移，影响市容。因此，充分开发利用地下空间，在地下建立固体废物的输送及处理设施，是减小城市地面二次污染、降低处理过程中风险、节约城市用地的重要措施。

与城市生活密切相关的地下固体废物输送及处理设施是垃圾收集系统，目前主要的发展方向是真空管道垃圾收集系统（图 13-4）。它是近年来发展使用的一种高效、卫生的垃圾收集方法，在国外应用广泛且技术已经相对成熟，主要适用于高层公寓楼房、现代化住宅密集区、商业密集区及一些对环境要求较高地区。该类系统在欧洲城市新建区及卫星城、世博会、体育运动村等有过示范性质的应用。

图 13-4 真空管道垃圾收集系统示意图

目前，国内已经建成并投入使用的实例为上海世博园真空管道垃圾收集系统，于 2010 年世博会举行前投入使用。世博园区内的生活垃圾全部在密闭管道内由气流运送到压缩站，然后经历分离、压缩、过滤、净化、除臭等处理后排放。垃圾气力输送系统工程主要服务区域为世博中心、中国馆、主题馆、演艺中心等核心区，总覆盖面积约 0.5 km²，气力运输管道总长 4 230 m。这套系统同时覆盖的还有贯穿这些永久性场馆的公共市政道路，在这些道路两侧人行道上将安装 64 个智能化垃圾投放口（图 13-5）。当储存的垃圾达到一定量后，它们将进入地下管道网络。此时，距离投放口近千米外的抽风机用强大的吸力将垃圾吸到垃圾收集站，平均运送速度可达 60 m/s。随后，垃圾分离器会将垃圾从气流中分开，压进相连的垃圾集装箱，而空气经过滤和净化后排到户外。整个流程无须人工操作。

图 13-5 上海世博会垃圾管道化收集投放口

13.1.2　城市地下管线与城市综合管廊

城市地下管线主要分为两大类——地下管道和地下电缆，包括给排水管道、热力管道、燃气管道、电力电缆、通信电缆和工业管道。随着城市规模的不断扩大，土地开发强度不断增加，现代城市对市政管线的需求量也越来越大。特别是一些城市的旧城区，由于道路狭窄、地下管线种类越来越多、管线长度越来越长，城市浅层的地下空间资源已经接近饱和，传统的直埋方式已不适应现代化城市发展的需要。因此，近年来逐步在提倡采用城市综合管廊的管线建设方式，以对地下管线所占用的地下空间实现集约化的使用，节约城市地下空间资源。

城市综合管廊，也称为综合管廊、地下综合管廊、共同沟、综合管沟等，是建于城市地下用于容纳两类及以上的城市工程管线的构筑物及附属设施。城市综合管廊主要适用于给水、电力、热力、燃气、通信、电视、网络等公用类市政管线，是实施市政管网的统一规划、设计、建设，以及共同维护、集中管理的一种现代化、集约化的城市基础设施。城市综合管廊已经存在了一个多世纪，最早出现于 1833 年，巴黎为了解决地下管线的敷设问题和提高城市环境质量，兴建了世界上第一条城市综合管廊，随后陆续在欧美、日本等国得到广泛推广和应用。我国的城市综合管廊建设历史较晚，最早于 1959 年在北京建成第一条城市综合管廊，但直到 2015 年前后才开始大规模修建城市综合管廊，建设速度和规模后来居上。伴随着我国城市地下空间开发利用高峰期的到来，城市综合管廊也将在城市的基础设施建设和经济发展中发挥越来越重要的作用。

1. 城市综合管廊的分类

城市综合管廊根据其所容纳的管线不同，其性质及结构亦有所不同，根据我国国家标准《城市综合管廊工程技术规范》（GB 50838—2015），城市综合管廊按照功能可以分为干线综合管廊、支线综合管廊、缆线综合管廊三种。

（1）干线综合管廊。干线综合管廊是用于容纳城市主干工程管线，采用独立分舱方式建设的综合管廊。干线综合管廊一般设置于机动车道或道路中央下方，主要连接原站（如自来水厂、发电厂、热力厂等）与支线综合管廊，一般不直接服务于沿线地区。干线综合管廊内主要容纳的管线为高压电力电缆、信息主干电缆或光缆、给水主干管道、热力主干管道等，有时结合地形也将排水管道容纳在内。在干线综合管廊内，电力电缆主要从超高压变电站输送至一、二次变电站，信息电缆或光缆主要为转接局之间的信息传输，热力管道主要为热力厂至调压站之间的输送。干线综合管廊的断面通常为圆形或多格箱形（图 13-6），结构断面大、覆土深，系统稳定且输送量大，内部一般要求设置工作通道及照明、通风等设施，具有高度的安全性，维修及检测要求高。

（2）支线综合管廊。支线综合管廊是用于容纳城市配给工程管线，采用单舱或双舱方式建设的综合管廊。支线综合管廊一般设置在道路的两旁，容纳直接服务于沿线地区的各种管线。支线综合管廊的截面以矩形较为常见，一般为单舱或双舱箱形结构（图 13-7），内部一般要求设置工作通道及照明、通风等设备。

（3）缆线综合管廊。缆线综合管廊是用于铺设低压电力和电信或信息电缆的综合管廊，也称为电缆沟。缆线综合管廊一般设置在道路的人行道下面，其埋深较浅，一般在 1.5 m 左右。缆线综合管廊的断面以矩形断面较为常见（图 13-8），一般不要求设置工作通道及照明、通风等设备，仅增设供维修时用的工作手孔即可。

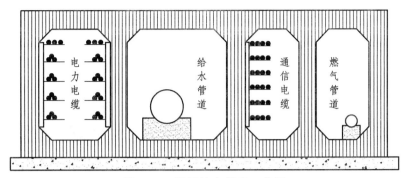

图 13-6 干线综合管廊示意图

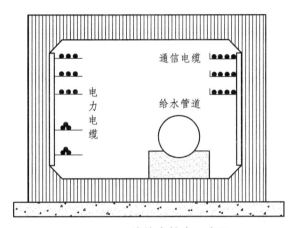

图 13-7 支线综合管廊示意图

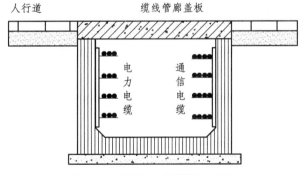

图 13-8 缆线综合管廊示意图

2. 城市综合管廊的组成

城市综合管廊通常由主体工程和附属设施两大部分所组成，其中主体工程包括综合管廊本体和管线，附属设施包括消防系统、通风系统、供电系统、照明系统、监控与报警系统、排水系统、标识系统等设施。

（1）综合管廊本体。城市综合管廊的本体，通常是以钢筋混凝土为材料，采用现浇或预制结构建设的地下构筑物，其主要作用是为收容各种市政管线提供物质载体，图 13-9 是典型的综合管廊本体。在综合管廊本体上，通常又设有投料口、人员出入口、通风口等孔口设施。

（2）管线。城市综合管廊中所容纳的各种管线是综合管廊发挥作用的核心和关键，通常情况下城市综合管廊所能容纳的市政管线包括电力、电信、电视、网络、燃气、给水等各类常见管线（图 13-10），雨水、污水等重力流管线可根据实际情况经入廊适应性分析后确定是否纳入。

图 13-9　综合管廊本体

图 13-10　综合管廊内部布置的管线

（3）消防系统。设置在管廊内部，用于对火灾进行阻隔和扑救的设施，通常包括防火门、防火墙、自动灭火系统等。

（4）通风系统。为改善综合管廊内部空气质量，确保综合管廊内各类管线处在良好的工作环境中，保证有害气体的浓度处在较低的水平，确保维修人员人身安全和降低事故发生率，以及在火灾时有利于控制火势蔓延、人员安全疏散和有害气体及烟雾的及时排出，需要在综合管廊内设置通风系统。综合管廊的通风系统主要有自然通风和机械通风这两种方式，目前较为常见的是机械通风方式，当地形和气候条件允许时可采用自然通风。

（5）供电系统。为综合管廊的正常使用、检修、日常维护等工作的正常开展，以及维持综合管廊内各类附属设施的正常工作，需要为综合管廊设置供电系统，主要包括电源、变配电所、供电线路及配套设备等。

（6）照明系统。为保证综合管廊的检修、维护及安全疏散的需要，综合管廊内需要设置正常照明和应急照明，主要包括照明回路和灯具等设施。

（7）监控与报警系统。通常包括环境与设备监控系统、安全防范系统、通信系统、预警与报警系统、地理信息系统和统一管理信息平台等。

（8）排水系统。综合管廊内出现渗水或进出口位置雨天进水，以及管道检修放水，会在综合管廊内形成一定的积水，因此应在综合管廊内设置包括排水沟、集水井（坑）和水泵等组成的排水系统。

（9）标识系统。标识系统在综合管廊的日常维护、管理中具有重要作用，主要用于标识管廊内部各种管线、设备的信息，以及管廊里程、方向、各种出入口的位置信息等。

3. 城市综合管廊的作用

城市综合管廊的开发利用促进了城市市政管线从各自为政、零散利用，向综合开发、统一集约方向发展，也有利于城市地下空间资源的高效利用和环保节约。总体来看，建设城市综合管廊具有以下作用：

（1）避免了以往的埋设、维修管线而导致的道路反复开挖，减少对环境的影响，有利于道路交通通畅，确保道路交通功能的充分发挥，并提高道路使用寿命。

（2）便于各种工程管线的敷设、增设、维修和综合管理，提高了管线的安全性和稳定性。

（3）管线可分阶段敷设，增设、扩容方便，能满足管线远期发展需要，有效、集约化地利用道路下方的空间资源，为城市发展预留宝贵空间。

（4）管线不直接与土壤、地下水、道路结构层的酸碱性物质接触，可减少对管线的腐蚀，延长管线使用寿命。

（5）管廊结构能抵御一定程度的冲击荷载，具有较强的防灾、抗灾性能，保证水、电、气、通信等城市生命线工程的安全，提高了城市的综合防灾与减灾能力。

（6）可容纳架空管线，减少了道路的杆桩及各工程管线的检查井、室，改善城市景观，提高城市环境质量，也减少了管线的暴露和提高了城市的安全性。

13.1.3　其他城市地下市政公用设施

除了以上介绍的类型以外，还有一些其他类型的城市地下市政公用设施，比如近年来在国内一些大城市中为解决城市内涝而正在发展中的深层排水隧道，此处结合城市地下防涝设施一并进行介绍。城市地下防涝设施属于地下市政公用设施的一部分，但与一般的地下市政排水管网不同。地下防涝设施主要包括地下雨水调蓄设施、深层排水隧道、地下雨水管渠以及配套的排水泵站等附属设施（图 13-11）。

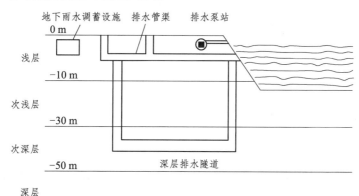

图 13-11　排水防涝系统地下设施示意图

雨水调蓄设施是一种滞洪和控制雨水污染的手段。调蓄池最初仅作为暂时储存过多雨水的设施，常利用天然的池塘或洼地等储水。随着人们对雨洪和污染的日益重视，调蓄池的功能和形式逐渐多样化。对于城市的建成区，由于占地和对周边环境的影响等条件有限制，往往将雨水调蓄池建成地下式的钢筋混凝土构筑物，即地下雨水调蓄设施。在城市排水系统规划设计中，利用管道本身的空隙容量调节洪峰流量是有限的，为提高系统排水能力，在排水系统中建设人工调蓄池以削减洪峰流量是可行的工程方案之一。大型雨水调蓄系统可以有效地将雨水迅速收集储存起来，使道路不形成径流，有效缓解排水管网和河道的压力，起到"雨峰调蓄，错峰排流"的关键作用。

深层排水隧道是有别于传统排水管渠的次浅层、次深层地下排水工程，目前建设深度为 −50～−30 m。雨水通过深隧调蓄、输送，并在末端提升、净化，能有效缓解城市内涝、初期雨水污染和合流制溢流污染。深层排水隧道的运行原理是：降雨时，多余雨水由竖井进入深层隧道,减轻浅层排水管压力;降雨停止时,隧道内存储的雨污水经由泵站输送到浅层管网,进入地面污水处理厂处理。

目前,日本已建成 4 条深隧系统,分别为首都圈外围排水深隧(江户川)、东京都环状七号地下深隧(和田弥生干线)、寝室川南部地下深隧以及今井川地下深隧,其长度共计约 23.9 km,调蓄量达 2 180 万 m³。其中,江户川排水深隧工程始建于 1992 年,总投资约 200 亿人民币,由地下隧道、5 座竖井、调压水槽、排水泵房和中控室组成,最大排洪流量可达 200 m³/s(图 13-12)。除此之外还有规划及正在施工中的 3 条深隧,分别为矢上川地下深隧调节池、鹤见川地下深隧以及东京都古川地下深隧调节池,总长度为 11.26 km,调蓄量约 640 万 m³。

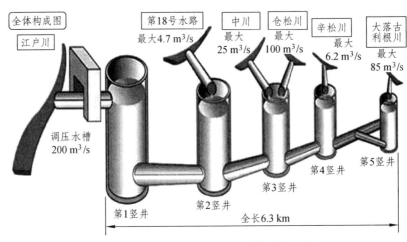

图 13-12　日本排水深隧设计构成示意图

13.2　城市综合管廊规划

城市综合管廊工程规划主要是结合土地利用规划、地下空间开发利用、各类地下管线、道路交通等各类规划,合理确定城市综合管廊建设布局、管线种类、断面形式、平面位置、竖向控制等,是城市各种地下市政管线的综合规划。

13.2.1　城市综合管廊总体规划的原则

城市综合管廊规划应符合城市各种市政管线布局的相关规定,并遵循以下原则:

(1)综合原则。城市综合管廊是对城市各种市政管线的综合,因此在规划布局时,尽可能让各种管线进入管廊内,以充分发挥其作用。

(2)长远原则。城市综合管廊规划必须充分考虑城市发展对市政管线的要求,既要符合城市市政管线的技术要求,充分发挥市政管线服务城市的功能,又要符合城市规划的总体要求,为城市的长远发展打下良好基础。

(3)协调原则。城市综合管廊应与其他地下设施(如地铁、地面建筑及设施)的规划相协调,且服从城市总体规划的要求。

(4)结合原则。城市综合管廊规划应当和地铁、道路、地下街等建设相结合,综合开发城市地下空间,提高城市地下空间开发利用的综合效益,降低综合管廊的造价。

（5）安全原则。城市综合管廊中管线的布置应坚持安全性原则，避免有毒有害、易燃及爆炸危险等管线与其他管线共置，避开强电对通信、有线电视等弱电信号干扰，以及强电漏电、火灾等对燃气管道等的危害。

13.2.2 城市综合管廊规划的主要内容

城市综合管廊的规划是一项系统工程，从整体到局部，从建设期到运营期，在空间与实践上综合考虑、逐步深化，并始终注意到规划的可操作性。城市综合管廊的规划以区域现状规划和区域发展状况为依据，在分析城市建设综合管廊的必要性和可行性的基础上，合理确定综合管廊的系统布局、入廊管线、管廊断面、三维控制、重要节点控制、配套附属设施、安全防灾规划等。城市综合管廊主要的规划内容如图 13-13 所示。

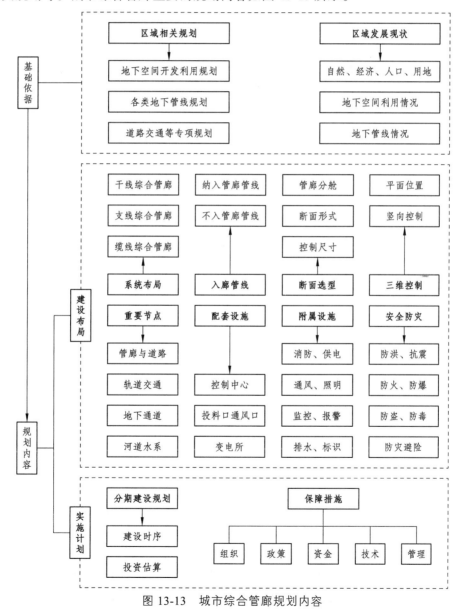

图 13-13　城市综合管廊规划内容

13.2.3 城市综合管廊网路系统的布局

城市综合管廊网路系统对一个城市的地下综合管廊建设乃至整个地下空间的开发利用都具有特别重要的意义。网络系统规划应根据城市的经济能力，确定合适的建设规模，并注意近期建设规划和远期规划的协调统一，使得网络系统具有良好的扩展性。

城市综合管廊是城市市政设施，因此其布局与城市的理念有关，与城市路网紧密结合，其中干线综合管廊主要是在城市主干道下，最终形成与城市主干道相对应的城市地下综合管廊布局形态。在局部范围内，支、干线综合管廊布局应根据该区域的情况合理进行布局。

城市综合管廊的布局形态主要有以下几种：

（1）树枝状。城市综合管廊以树枝状向其服务区延伸，其直径随着管廊延伸逐渐变小。树枝状城市综合管廊总长度短、管路简单、投资省，但当管网某处发生故障时，其以下部分受到影响大，可靠性相对较差，而且越到管网末端，质量下降越明显。

（2）圆环状。圆环状布置的城市综合管廊的干管相互联通，形成闭合的环状管网。在圆环状管网内，任何一条管道都可以由两个方向提供服务，因而提高了服务的可靠性。圆环状管路越长，投资越大，但是系统的阻力越小，动力消耗越少。

（3）鱼骨状。鱼骨状布置的城市综合管廊，以干线综合管廊为主骨，向两侧辐射出许多支线综合管廊或综合电缆沟。这种布局分级明确，服务质量高，且管网路线短，投资较小，相互影响小。

13.2.4 城市综合管廊容纳的管线种类

城市综合管廊容纳的管线，因管理、运营、维护及防灾救援上的不同，应以同一类型的管线收纳在同一管道空间为原则。但因碍于断面等客观因素的限制，必须采取同室收纳时，必须征得相关管线单位同意后进行规划，并采取妥善的防范措施。

各类管线收纳原则具体如下：

（1）电力及电信：两者基本上可兼容于同一室，但高压电缆宜独立于一室，并应采取隔离防护措施，预防强电的电磁感应干扰问题。

（2）燃气：以独立于一室为原则，必须特别规划设计防灾安全设施。

（3）自来水和生活污水：自来水管线与污水下水道管线可收纳于同一室，上方为自来水管，下方为污水压力管线。

（4）雨污水和垃圾收集：一般可以将雨污水下水道管线（压力管线）与真空垃圾收集管线共同收纳于同一室。

（5）警讯与军事通信：关于警讯与军事通信管线，因涉及保密问题，是否收纳于地下综合管廊内，需要与相关单位磋商之后再决定。

（6）路灯及交通标志：根据断面容量，可一并考虑与电力、电信共室。

（7）热力管道：热力管道不应与电力电缆同舱敷设，并且采用蒸汽介质时应在独立舱室敷设。

（8）其他：原则上输油管道是不允许收纳于地下综合管廊内的；其他非民用维生管线，也不能收纳，若经有关部门批准可独室收纳，并设置相应的防护措施。

13.3 城市综合管廊设计

本节内容主要介绍城市综合管廊在规划阶段涉及的相关设计内容要点，主要包括城市综合管廊的线形设计、断面设计、节点设计等内容。

13.3.1 城市综合管廊线形设计

1. 平面线形设计要求

干线综合管廊原则上设置于道路中心车道下方，因此其中心线平面线形应与道路中心线一致。支线综合管廊通常设置在慢车道或道路两侧的人行道下，缆线综合管廊通常设置在道路两侧的人行道下，其平面线形应与相应道路线形一致。

一般情况下，综合管廊的平面线形规划与设计，需要满足以下要求：

（1）管廊平面中心线宜与道路中心线平行，一般不宜从道路一侧转到另一侧。

（2）当城市综合管廊沿铁路、地铁、公路敷设时应与其线路平行。如必须交叉时，宜采用垂直交叉；受条件限制时，可倾斜交叉布置，最小交叉角宜大于60°（图13-14）。

（3）城市综合管廊最小转弯半径，应满足综合管廊内各种管线的转弯半径要求。

（4）干线、支线城市综合管廊与相邻地下构筑物（管线）之间的最小间距，应根据地质条件和相邻构筑物性质确定，且不得小于表13-1规定的数值。

（5）干线接支线、支线接支线、支线接用户节点设计应综合考虑管线的种类、数量、转弯半径等要求。

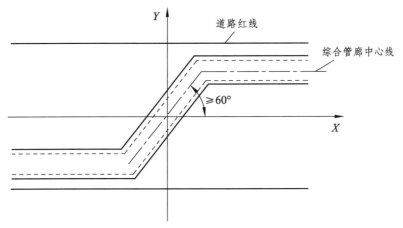

图 13-14　综合管廊最小交叉角示意图

表 13-1　城市综合管廊与相邻地下构筑物（管线）之间的最小间距

相邻情况	明挖施工	顶管、盾构施工
与地下构筑物水平相邻	1.0 m	管廊结构外径
与地下管线水平相邻	1.0 m	管廊结构外径
与地下管线交叉垂直相邻	0.5 m	1.0 m

2. 纵断面线形设计

城市综合管廊的纵断面线形应视其上覆土层深度而定，规划时应尽量将开挖深度减到最小。城市综合管廊埋深的确定主要根据其在道路横断面下的具体位置，以及排水管道、过路涵洞与其发生交叉穿越的情况、结构抗浮要求、道路结构等情况综合考虑。当综合管廊设置在道路机动车道下面，其埋深尚需考虑车载对其结构的影响，当置于绿化带下方时还需考虑绿化植物对种植土的厚度要求。因此，综合管廊一般覆土较深，可达 1.5~2.5 m。一般标准段应保持在 2.5 m 以上，以利于横越其他管线或构造物通道，特殊段的硬土深度不得小于1.0 m，而纵向坡度应维持 0.2%以上，以利于管廊内的排水。

综合管廊的埋置深度对工程造价影响显著，尤其是在软土地基广泛分布的地区，影响更为显著。当综合管廊的埋置深度较深时，有利于其他没有纳入综合管廊的管线敷设和交叉节点的躲避，但施工措施费用较高。当综合管廊的埋置深度较浅时，施工方便，施工措施费用较低，但不利于其他没有纳入综合管廊的管线敷设。因而综合管廊的具体埋置深度应结合不同的具体工程特点来确定。

综合管廊的纵断面线形规划与设计，通常需要满足以下要求：

（1）管廊的覆土厚度宜满足管廊内管线从管顶部穿出、管廊外管从管廊顶横穿以及管廊顶设置通风风道的要求。

（2）综合管廊的最小埋设深度应根据路面结构厚度、必要的覆土厚度以及横向埋管的安全空间等因素确定。

（3）综合管廊的纵坡应考虑综合管廊内部自流排水的需要，其最小纵坡应不小于 2%；其最大纵坡应符合各类管线敷设方便，一般控制值为 20%，特殊情况例外。

（4）管廊纵断面纵坡变化处应综合考虑各类管线折角的要求；纵向坡度超过 10%时，应在人员通道部位设防滑地坪或台阶。

（5）穿越河道时应选择在稳定河段，埋设深度应按不妨碍河道功能和管廊安全的原则确定。在 I~V 级航道下敷设时，廊顶应在河底设计高程 2 m 以下；在其他河道下敷设时，廊顶应在河底设计高程 1 m 以下；当在灌溉渠道下敷设时，廊顶应在渠底设计高程 0.5 m 以下。

13.3.2 城市综合管廊标准断面设计

城市综合管廊的标准断面应根据容纳的管线种类、数量和施工方式综合确定。

1. 标准断面的形式

根据施工方法，可以分为明挖、暗挖（非开挖）两大类，对应的断面形式可以分为矩形、圆形、马蹄形等几种。一般情况下，采用明挖现浇施工时宜采用矩形断面，采用明挖预制装配施工时宜采用矩形断面或圆形断面，采用非开挖技术时宜采用圆形断面或马蹄形断面。综合管廊标准断面的比较可参考表 13-2。

表 13-2 综合管廊标准断面比较

施工方式	特点	断面示意
明挖现浇施工	内部空间使用比较高效	
明挖预制装配施工	施工的标准化、模块化比较易于实现	
非开挖施工	受力性能好、易于施工	

2. 净高、净宽要求

综合管廊标准断面内部净高和净宽，应根据容纳的管线种类、数量、管线运输、安装、维护、检修等要求综合确定。既要满足管线安装的空间要求，又要考虑到运行维护及管理人员的通行舒适性，其断面尺寸没有严格的规定，国内外综合管廊的尺寸也各不相同。综合管廊标准断面构造形式示例如图 13-15 所示。

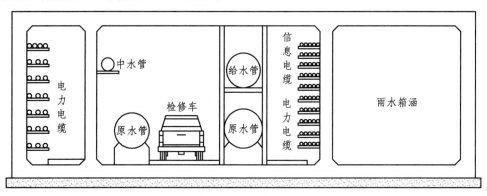

（a）设有检修车通道、人行通道

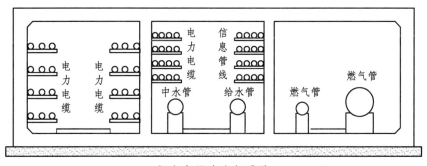

（b）仅设有人行通道

图 13-15 综合管廊标准断面构造形式示例

247

一般情况下，干线、支线综合管廊的内部净高不宜小于 2.4 m；综合管廊与其他地下构筑物交叉的局部区段的净高，一般不应小于 1.4 m；当不能满足最小净空要求时，可改为排管连接。

为了便于检修人员和车辆在管廊内部通行，根据综合管廊支架单侧或双侧布置的不同，检修道的最小宽度亦有所区别。当综合管廊内两侧设置支架或管道时，人行通道最小净宽不宜小于 1.0 m；当综合管廊内单侧设置支架或管道时，人行通道最小净宽不宜小于 0.9 m。配备检修车的综合管廊检修通道宽度不宜小于 2.2 m。缆线管廊（电缆沟）的情况比较特殊，一般情况下不提供正常的人行通道。当需要工作人员安装使用时，其盖板为可开启式，内部设置的人行通道的净宽，不宜小于表 13-3 所列值。

表 13-3　缆线管廊（电缆沟）人行通道净宽　　　　　　　单位：mm

电缆支架配置方式	电缆沟净深		
	≤600	600～1 000	≥1 000
两侧支架	300	500	700
单侧支架	300	450	600

13.3.3　城市综合管廊特殊部位设计

城市综合管廊网络构成过程中可能会产生很多特殊部位，例如管廊之间的交叉（包含立体交叉和平面交叉）、管廊与既有地下设施（市政管线、地下道路和地铁等）的交叉以及管线的引出等。在进行城市综合管廊特殊部位的规划时，要考虑它的机能、配置位置、内部空间大小等，在满足必要条件的同时，还要与既有道路以及现场施工条件相协调。

综合管廊与综合管廊交叉以及在综合管廊内将管线引出是比较复杂的问题，它既要考虑管线间的交叉对人行通道等整体空间的影响，又要考虑防渗漏、出口井的衔接等出入口的处理。无论何种综合管廊，管线的引出都需要专门的设计，一般有以下两种模式：

（1）立体交叉。立体交叉是指管线与管线在不同水平面上相互交叉的一种连接方式，根据不同平面之间管线连接路径的方式，可分垂直相交式、直线倾斜式和曲线斜坡道式三种基本的连接方式。由于管线安装等方面的原因，常采用侧线斜坡道和螺旋式斜坡道连接方式。采用螺旋式斜坡道连接时，管廊曲率半径受干线及支线的规格大小影响。在工程应用中采用类似于道路匝道的连接方式将管线引出，在交叉处或分叉处，综合管廊的断面要加宽加深，干线管廊保持原高程不变，而拟分叉的管线逐渐降低高程，在垂井中转弯分出，如图 13-16 所示。

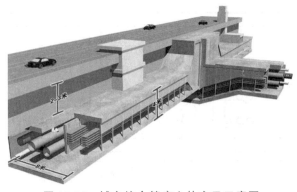

图 13-16　城市综合管廊立体交叉示意图

（2）平面交叉。综合管廊的平面交叉是指管线和管线在同一水平面上的交叉连接方式。按照管廊连接的平面形态，通常分为 T 形、Y 形、X 形、十字形、环形等连接方式，具体取决于综合管廊的空间形态与布局。城市综合管廊平面交叉如图 13-17 所示。

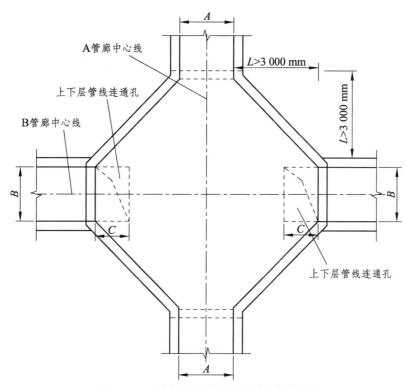

图 13-17 城市综合管廊十字交叉平面图

13.3.4 城市综合管廊节点设计

城市综合管廊结构还包括人员出入口、逃生孔、吊装口、通风口、管线分支口等节点，以下简述相关的节点设计要求。

1. 人员出入口、逃生孔

干线综合管廊、支线综合管廊应设置人员出入口或逃生孔（图 13-18）。一般情况下，人员逃生孔不应少于 2 个，逃生孔可以同投料口、通风口结合设置。采用明挖法施工的综合管廊，人员逃生孔间距不宜大于 200 m；采用非开挖施工的综合管廊，人员逃生孔间距应根据综合管廊地形条件、埋深、通风、消防等条件综合确定。

人员逃生孔盖板应设有在内部使用时易于开启、在外部使用时非专业人员难以开启的安全装置。人员逃生孔内径净直径不应小于 1 000 mm，并应设置爬梯。

2. 通风口

综合管廊内外空气的交换通过通风口进行（图 13-19）。通风口尺寸由通风区段长度、内部空间、风速、空气交换时间所决定。通风口的位置根据道路横断面的不同而异，可设置在道路的人行道市政设施带。

（a）人员出入口　　　　　　　　　　　　（b）人员逃生孔

图 13-18　综合管廊人员出入口、逃生孔

3. 吊装口（投料口）

综合管廊的吊装口（图 13-20）的主要作用是满足管线、管道配件等进出综合管廊，一般情况下宜兼顾人员出入功能。吊装口最大间距不宜超过 400 m。吊装口净尺寸应满足管线、设备、人员进出的最小允许限界要求。

图 13-19　通风口实例　　　　　　　　　　图 13-20　吊装口实例

4. 管线分支口

管线分支口是综合管廊和外部管线相互衔接的部位，分支口的设置部位一般根据综合管廊总体规划确定。在和综合管廊横向交叉的路口，应设置分支口。如果道路路网比较稀疏，在综合管廊沿线每隔 150~200 m 设置一处管线分支口。

综合管廊的管线分支口类型多样，没有固定的规模和形式，但管线分支口的空间尺寸应满足管线转弯半径的需要。当管线的直径较小时，可直接在综合管廊壁板预埋电缆预埋件代替分支口，即直埋出线的方式（图 13-21）；当管线数量较多时，管线的分支口（支沟出线）设计形式可参考图 13-22。

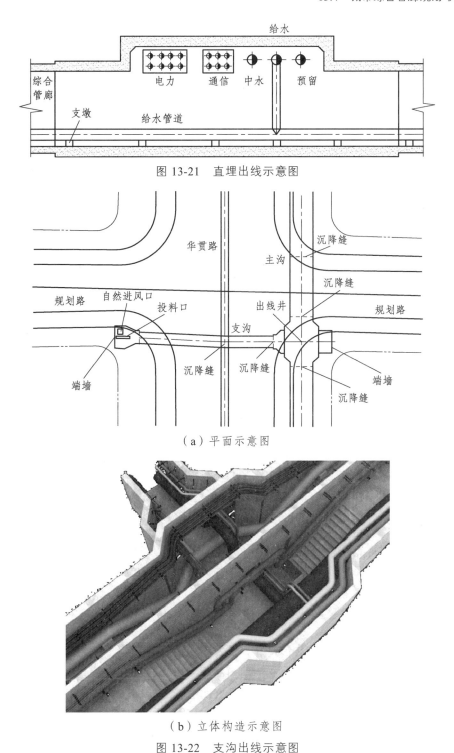

图 13-21 直埋出线示意图

（a）平面示意图

（b）立体构造示意图

图 13-22 支沟出线示意图

13.4 城市综合管廊规划与设计案例

本案例为浙江省苏州市城北路综合管廊工程，现已建成投入使用。

1. 工程概况

苏州城北路位于苏州城区重要地段，紧邻古城区，穿越平江新城商贸核心区；周边区域规划稳定、需求充分；原 312 国道路面下无市政管线，有充足的地下空间结合道路改造同步建设地下综合管廊。

该项目位于苏州市姑苏区，沿城北路建设，起于金政街，止于齐门外大街，规划建设地下综合管廊 11.5 km，管廊类型为干支混合型。入廊管线包括：电力、通信、军用、自来水、污水、有线电视、燃气、热力、预留中水，共 9 类管线。综合管廊布置于道路南侧绿化带，两端预留节点，便于向新区、园区延伸。项目建设内容主要包括管廊工程及附属工程。在上林路附近设置市级监控中心一座。

相邻道路建设计划：与该项目相交叉的新建、改造或规划城市主次干路 8 条，分别为在建项目：虎丘北侧支路、齐门外大街，规划项目：上林路、永方路、江天路、齐溪街、东升街、虎泾路。城北路地下管廊规划考虑预留与这些交叉道路的地下管廊接口。

2. 技术方案

本项目综合管廊干线管廊采用外框尺寸 10.9 m × 5.23 m（宽 × 高）断面。管廊中收容电力、自来水、污水、燃气、热力、预留中水、通信及有线电视、军用保密专线等管线，不设置雨水排放管道。

纳入管线：自来水（DN1000、DN300）、燃气（DN400，中压和次高压各一根）、电力（两回 220 kV、三回 110 kV、三回 35 kV、24 孔 10 kV）、污水、通信及有线电视、军用保密专线、热力、预留中水。该管廊接纳该路段规划的全部管线种类。

管廊断面：考虑管廊专用车通过，断面尺寸 10.9 m × 5.23 m（宽 × 高，外径），采用现浇混凝土结构。

城北路综合管廊干线、支线管廊截面如图 13-23、图 13-24 所示；干线综合管廊与支线管廊交叉口断面如图 13-25 所示。

综合管廊交叉口设计：综合管廊交叉口是道路交叉位置管线的互通与转接的重要节点，城北路与主要交叉道路的管线连接将采用该节点实现，管廊中管线转接至交叉道路支线管廊后预留端部井与道路埋地管道连接。

3. 运营管理模式

该项目主要采用 PPP 模式建设、管理和运营。

2014 年 12 月 12 日，市长办公会议明确由苏州城投公司按 PPP 模式牵头组建苏州城市地下综合管廊开发有限公司，市政府对该公司授予地下管廊特许经营权，由该公司按照规划承担市区地下综合管廊投资、建设、运营及维护管理任务。

通过《苏州市地下综合管廊特许经营框架协议》，清晰界定苏州市政府和苏州城市地下综合管廊开发有限公司在特许经营期间的权利和义务。苏州城市地下综合管廊开发有限公司在协议框架下享有自身的合法权益并履行相应的义务。政府按照协议的约定，对项目的投资建设进度、工程质量、服务水平、社会责任等方面进行严格监督，并依法保障项目公司的合法权益。

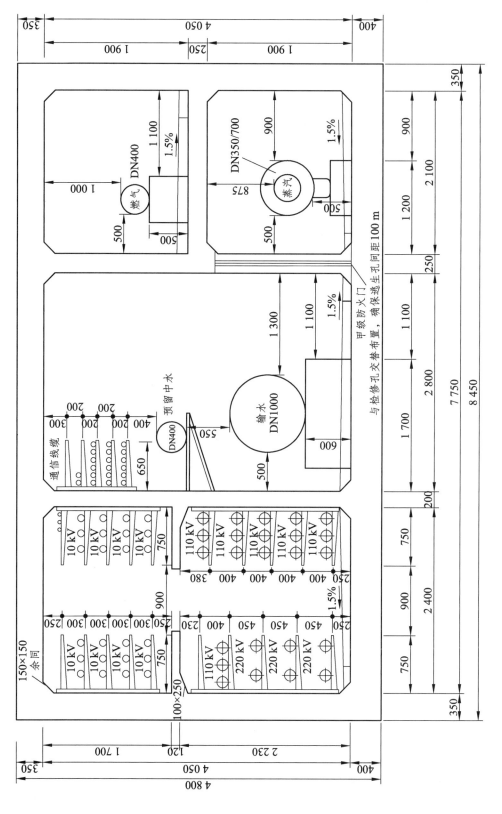

图 13-23 苏州城北路综合管廊干线截面图（单位：mm）

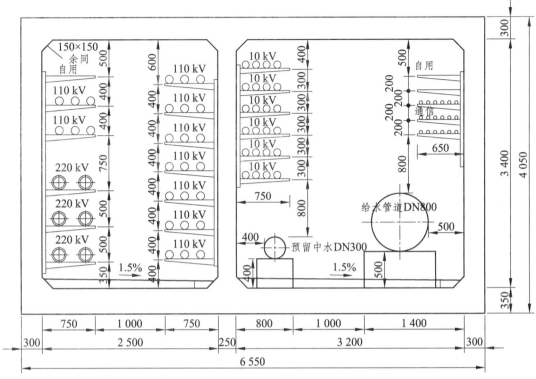

图 13-24　苏州城北路综合管廊支线截面图（单位：mm）

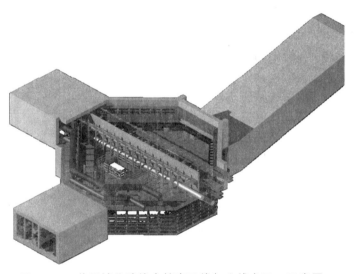

图 13-25　苏州城北路综合管廊干线与支线交叉口示意图

【习　题】

1. 城市地下市政公用设施包括哪些主要类别？请举例说明典型的形态。

2. 请简述城市综合管廊的定义。

3. 按所容纳的管线类别及功能差异，城市综合管廊可以分为哪几种类型？各自有什么特点？

4. 城市综合管廊的组成部分有哪些？

5. 请简述城市综合管廊的作用。

6. 城市综合管廊总体规划的原则有哪些？

7. 城市综合管廊规划的主要内容有哪些？

8. 城市综合管廊网络系统的布局有哪几种形态？

9. 城市综合管廊可容纳的管线种类及相关收纳原则是什么？

10. 请简述城市综合管廊平面线形的设计要求。

11. 请说明城市综合管廊顶板埋深的基本要求有哪些？

12. 城市综合管廊标准断面的形式及各自的特点是什么？

13. 城市综合管廊节点主要包括哪些类型？其中管线分支口又有哪几种形式？

第 14 章　人防工程规划与设计

⊚ **本章教学目标**

1. 熟悉人防工程的定义、分类、分级，以及平战结合的作用和功能的平战转换。
2. 熟悉人防工程规划的总体原则，了解人防工程规划的基本依据，熟悉不同层级的人防工程规划的内容。
3. 熟悉人防工程的常见防护措施与防护设施，掌握人防工程防护分区的划分原理和基本方法。

人民防空工程，也称为人防工程、民防工程，是为战时保障国家人民生命财产安全而修建的地下防护工程。人防工程在城市建设中有多重作用，能够在满足战时需要的同时，增强城市抗震抗损毁的能力，减轻各种灾害事故的破坏程度，是建设安全型城市的需要。同时，人防工程建设在提高城市土地利用效率、缓解城市中心密度、促进人车立体分流、扩大基础设施容量、减少环境污染、改善城市生态、完善城市功能等方面也有着重要的作用。

14.1　人防工程概述

人防工程是为保障人民防空指挥、通信、掩蔽等需要而建造的具有一定防护功能的场所，包括保障战时人员与物资掩蔽、防空指挥及医疗救护等而单建或附建的地下防护建筑、构筑物及地下室。人防工程属于城市防灾建设空间，大型人防工程也可作为固定避震疏散场所。

14.1.1　人防工程的分类

根据人防工程的构筑形式、战时功能、建造位置及与地面建筑的关系、建筑材料、防护类型、工程规模与投资大小等，人防工程可划分以下几种类型：

1. 按构筑形式分类

人防工程按构筑形式分为掘开式和暗挖式两大类，其中掘开式可分为单建式和附建式两种，暗挖式可分为坑道式和地道式两种，如图 14-1 所示。

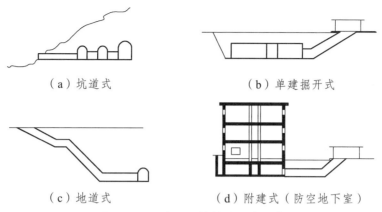

（a）坑道式 　　　　　　　（b）单建掘开式

（c）地道式 　　　　　（d）附建式（防空地下室）

图 14-1 人防工程按构筑形式分类

（1）掘开式人防工程。掘开式人防工程是指采用掘开（明挖）方法修建的工程，即在施工时先开挖基坑，而后在基坑内修建工程，主体建好后再按要求进行土方回填。

① 单建式人防工程：指人防工程独立建造在地下土层中，工程结构上部除必要的口部设施外不附着其他建筑物的工程。单建式人防工程一般受地质条件限制较少，作业面大，便于施工，平面布局和埋置深度可根据需要确定。

② 附建式人防工程：指结合民用建筑修建的防空地下室。附建式人防工程也是其上部地面建筑的组成部分，一般与上部建筑同时修建，不需要单独占用城市用地，可以利用上部建筑起到一定防护作用，同时对上部建筑起到抗震加固作用。

（2）暗挖式人防工程。暗挖式人防工程是指在施工时不破坏工程结构上部自然岩层或土层，并使之构成自然防护层的工程。

① 坑道式人防工程：指在山丘地段用暗挖方法修建的人防工程。这种人防工程具有较厚的自然防护层，因而具有较强的防护能力，适宜修建抗力较强的工程，岩体具有一定承载作用，能抵抗核爆炸动荷载和炸弹冲击荷载，主体厚度可大大减薄，因而比掘开式人防工程节省材料。

② 地道式人防工程：指在平地采用暗挖方法修建的人防工程。这种工程具有一定的自然防护土层，能有效减弱冲击波及炸弹杀伤破坏；在相同抗力条件下，较掘开式人防工程经济，且受地面建筑物影响较小。

2. 按战时功能分类

按战时使用功能，人防工程可以分为指挥通信工程、医疗救护工程、防空专业队工程、人员掩蔽工程和其他配套工程五大类。

（1）指挥通信工程：指各级人防指挥所及其通信、电源、水源等配套工程的总称。人防指挥所是保障人防指挥机关战时能够不间断工作的人防工程。

（2）医疗救护工程：战时为抢救伤员而修建的医疗救护设施，包括地下中心医院、地下急救医院、医疗救护站/点。医疗救护工程根据作用不同分为三个等级，一等为中心医院，二等为急救医疗，三等为救护站。

（3）防空专业队工程：战时保障各类专业队掩蔽和执行勤务而修建的人防工程。防空专业队是按专业组成担负防空勤务的组织。在战时担负减少或消除空袭后果的任务。按战时任务，防空专业队分为抢险抢修、医疗救护、消防、防化、通信、运输和治安等。

（4）人员掩蔽工程：指战时供人员掩蔽使用的工程。根据使用对象不同，人员掩蔽工程分为一等人员掩蔽工程和二等人员掩蔽工程。其中，一等人员掩蔽工程是为战时留城的地级及以上党政机关和重要部门用于集中办公的人员提供掩蔽的工程；二等人员掩蔽工程是为战时留城的一般人员提供掩蔽的工程。

（5）配套工程：指战时用于协调防空作业的保障性工程。此类建筑主要有各类仓库、各类物资及食品生产车间、区域电站、供水站、生产车间、疏散干（通）道、警报站及核生化监测中心等。

3. 按防护特性分类

按防护特性，人防工程分为甲类与乙类工程。甲类和乙类人防工程主要的区别在于是否考虑防核武器，因此在防早期辐射、口部设置和抗力要求等相关方面有所不同。

（1）甲类人防工程是指战时能抵御预定的核武器、常规武器和生化武器袭击的工程。

（2）乙类人防工程是指战时能抵御预定的常规武器和生化武器袭击的工程。

14.1.2　人防工程的分级

人防工程按是否划分等级可以分为等级人防工程和非等级人防工程，其中等级人防工程是指按照有关规定的防护要求修建，并达到规定防护标准的人防工程。等级人防工程按防常规武器或防核武器分为若干不同防护等级的工程，各类工程的防护等级应按防空工程战术技术要求规定进行确定。

1. 抗力分级

抗力是指结构或构件承受外部荷载作用效应的能力，如强度、刚度和抗裂度等。人防工程的抗力等级用以反映工程能够抵御核、生、化和常规武器袭击能力，是一种国家设防能力的体现。在人防工程中，通常按防核爆炸冲击波地面超压的大小和不同口径常规武器的破坏作用进行抗力等级的划分。

抗力等级按防核爆炸冲击波地面超压的大小和抗常规武器的抗力要求划分，在我国现行相关人防工程标准中，人防工程的抗力等级由高到低划分为 1、2、2B、3、4、4B、5、6 八个等级，工程可直接称为某级人防工程。对于量大面广的防空地下室而言，防常规武器抗力级别为 5 级和 6 级（简称为常 5 级、常 6 级），防核武器抗力级别为 4 级、4B 级、5 级、6 级和 6B 级（简称为核 4 级、核 4B 级、核 5 级、核 6 级和核 6B 级）。

2. 防化等级

防化等级是以人防工程对化学武器的不同防护标准和防护要求划分的等级，防化等级反映了对生物武器和放射性沾染等相应武器或杀伤破坏因素的防护。

按防化的重要程度，人防工程的防化等级由高到低分为甲、乙、丙、丁四个等级。其中，人防指挥所、防化监测站掩蔽工程要求防化级别为甲级，医疗救护、防空专业队和一等人员掩蔽所要求防化级别为乙级，二等人员掩蔽所防化级别为丙级，物资库、防专业队装备掩蔽部等防化级别为丁级。

防化等级是依据人防工程的使用功能确定的，防化等级与其抗力等级没有直接关系。例如，核武器抗力为 5 级、6 级和 6B 级的人员掩蔽工程，其防化等级均为丙级，而物资库的防化等级均为丁级。

14.1.3 人防工程的平战结合

和平与发展是当今世界的两大主题，然而，战争的危险依然存在。因此，为充分发挥地下建筑的防护投资的效益，就要使地下工程同时具有平时和战时的两种功能，即平战结合。这两种功能又必须能迅速转换，这就是平战功能转换问题。

1. 平战结合

任何类型、规模的城市地下空间，特别是地下公共空间，应纳入城市人防体系和规划中，视之为解决大量人员掩蔽工程不足问题的有效手段。任何等级的人防工程，都应当平战结合，即使像指挥所这样高等级的工程，平时用于突发事件应急指挥也是适合的。例如：以平时开发的城市地下空间建立战时人员掩蔽系统，以平时建设的地下交通和公用设施系统满足战时疏散、运输、救援的需要，以平时有关业务部门（医疗救护、物资储备）的地下设施满足群众防空组织的战勤需要。

2. 平战转换

人防工程为了平时使用的方便和节省投资而暂时简化其防护设施，在必要时迅速使之完善，达到应有的防护能力。另外一种是指在平时城市建设中大量建造的非防护地下建筑，或在战时可以利用的其他城市地下空间，利用这些工程主体部分本身具有的防护能力，在需要时适当增加口部防护设施，使其具有人防工程的功能。

（1）平战转换大体上包含的内容：使用功能的转换、建筑结构的转换、内部环境的转换、防护设备的转换。

（2）平战转换方式包括如下几种：

① 不转换：一次达到应有的防护标准，或者是平战功能完全一致。

② 全转换：平时达不到防护等级要求，或者平战功能截然不同。

③ 部分转换：一次完成一部分防护功能，剩余部分待临战时二次完成（该转换形式比较现实可靠，较为普遍采用）。

（3）平战转换时间通常为完成转换所需要的时间要小于所能争取到的时间。许多国家根据自己的情况规定了完成平战转换的时间限制，如 72 小时、48 小时。从我国的情况来看，工程的平战功能转换时间与人口疏散的几个阶段大体保持一致是比较合理的，即前期转换（6~3 个月）、临战转换（4~2 周）、紧急转换（72~48 小时）。

14.2 人防工程规划

人防工程规划是指在一定区域内，根据国家对不同区域实行分类防护的要求，确定防空工程建设的总体规模、布局、主要建设项目、与城市建设相结合的方案及规划实施步骤和措施的综合部署，是区域总体规划的组成部分，也是进行人防建设的依据。

14.2.1　人防工程规划的总体原则

根据《中华人民共和国人民防空法》，我国人防工程的建设需要贯彻"长期准备、重点建设、平战结合"的方针，并应坚持人防建设与经济建设协调发展、与城市建设相结合的原则。因此，人防工程建设应结合城市建设和规划布局、城市的重点目标和人口分布情况等，对各类人防工程的布局和建设做出规划，对城市建设提出合理、明确的建议和要求，并与城乡规划相协调。

14.2.2　人防工程规划的基本依据

人防工程规划的主要编制依据是相关的国家法律和法规，包括《中华人民共和国人民防空法》《中华人民共和国城乡规划法》《人民防空工程战术技术要求》、城市类别、城市防空袭预案、本地区国民经济和社会发展规划、省级以上人民防空主管部门有关民防工程规划编制的意见要求和必要的基础资料等。此外，在编制人防工程规划时，还应遵循的技术标准依据包括如下内容：

1. 城市人口疏散比例

城市人口在战争时期不可能全部掩蔽，过多的人口留城会增加战时补给的困难，也不可能全部疏散。根据有关学者对城市人口结构、职业结构、健康结构、需要陪护结构多方面研究结果，建议城市城区人口战时应以 0%～60% 的比例疏散为宜。表 14-1 为我国一些一、二类城市的疏散比例，各城市应根据确定的人口疏散比例开展人防工程的规划和建设。

表 14-1　我国部分城市的人口疏散比例

城市名称	宁波	芜湖	蚌埠	杭州	合肥	上海	沈阳	南京	杭州
防护类型	二	二	二	二	一	一	一	一	一
疏散比例/%	65	70	60	68	60	60	60	76	60

2. 规模标准

根据有关法律和标准，各类人防工程规划应满足的主要规模标准如表 14-2 所示。

表 14-2　我国城市人防工程规划的规模标准

序号	项目	规模/m^2
1	使用面积	人均 1
2	粮库面积	$\dfrac{0.5\times45\times留城人员}{1\,000}$
3	食油库面积	$\dfrac{食油标准\times消耗时间\times留城人员}{食油比例\times2}$
4	水库面积	$\dfrac{用水标准\times储存时间\times留城人员}{人口相对密度\times2}$
5	燃油库面积	$\dfrac{耗油标准\times每日运行里程\times车辆数\times消耗时间}{2}$
6	医药及医疗器械库规模	$0.05\times受伤人数$
7	工程防护设施等	按有关规定执行

3. 人防设施比例

各级各类人防设施比例尚无统一可执行的规定，某城市的各类人防工程参考比例见表14-3。

表 14-3　某重点设防城市人防设施比例

类别	指挥通信	医疗救护	专业车库	后勤保障	居民掩蔽	专业队隐蔽	地下通道	其他	合计
面积比例/%	2.9	5.2	4.3	8.5	48.2	6.6	22	2.3	100

14.2.3　人防工程规划的主要内容

按规划的阶段性，人防工程规划分为总体规划、分区规划及详细规划。其中，总体规划和分区规划是依据区域性进行的人防工程规划，通常以国家民防政策、方针、法律、法规为指导，以城镇为单位，进行人防工程的规划。

1. 总体规划的主要内容

城市人防工程总体规划的期限要与城市总体规划一致，一般为 20 年，同时可以对城市人防工程远景发展的空间布局提出设想，并符合城市总体规划的要求。

城市人防工程总体规划纲要包括下列内容：

（1）研究论证现代战争条件下城市防空的特点，确定规划期内城市人防工程总体规划的指导思想。

（2）依据城市总体规划和城市防空要求，按照城市防空袭预案，将城市划分为若干防空区、片，确定城市战时组织指挥体系。

（3）原则确定规划期内城市重要目标防护及防空专业队伍组建措施。

（4）分析城市人口构成及其特点，确定规划期内留城人口比例。

（5）原则确定规划期内人防工程发展目标、规模、布局和配置方案。

（6）提出建立城市综合防空防灾体系的原则和建设方针。

（7）提出规划实施步骤和重要政策措施。

2. 分区规划的主要内容

分区规划可以分为市域城镇人防工程规划和中心城区人防工程规划。

（1）市域城镇人防工程控制体系规划的内容

① 提出市域城镇人防工程统筹协调的发展战略，确定人防工程重点建设的城镇。

② 确定人防工程发展目标和空间发展战略，明确各城镇人防工程发展目标和各类工程配套规模。提出重点城镇人防工程建设的原则和措施。

③ 提出实施规划的措施和有关建议。

（2）中心城区人防工程规划的内容

① 城市概况和发展分析，包括城市性质、地理位置、行政区划、分区结构、城市规模地形特点、建设用地、建筑密度、人口密度、战略地位、自然与经济条件等。

② 根据城市遭受空袭灾害背景判断和对城市威胁环境的分析，提出城市对空袭灾害的总体防护要求。

③ 分析人防工程建设现状,提出工程总体规模、防护系统构成及各类工程配套比例,确定工程总体布局原则和综合指标。

④ 确定总体规划期内工程规划目标和各类工程配套规模,提出工程配套达标率和城市居民人均占有人防工程面积、战时留城人员掩蔽率等控制指标。

⑤ 确定防空(战斗)区、片内人防工程组成、规模、防护标准,提出各类工程配置方案。

⑥ 综合协调人防工程与城市建设相结合的空间分布,确定地下空间开发利用兼顾人民防空要求的原则和技术保障措施。

⑦ 提出早期人防工程加固、改造、开发利用和报废的要求和措施。

⑧ 编制近期人防工程建设规划,明确近期内实施人防工程总体规划的重点和建设时序,确定人防工程近期发展方向、规模、空间布局、重要人防工程选址安排和实施部署。

⑨ 确定人防工程空间发展时序,提出总体规划实施步骤、措施和政策建议。

3. 详细规划的主要内容

城市人防工程详细规划分为控制性详细规划和修建性详细规划。根据深化人防工程规划和实施管理的需要,一般应当编制控制性详细规划,并指导修建性详细规划的编制。控制性详细规划在城市规划体系中是以总体规划、分区规划为依据,以落实总体规划、分区规划意图为目的,以土地使用控制为重点,详细规划建设用地性质、使用强度和空间环境,规定各类用地适建情况,强化规划设计与管理结合,规划设计与开发衔接,将总体规划的宏观控制要求,转化为微观控制的转折性规划编制层次。

(1)控制性详细规划的主要内容

① 人防工程土地使用控制,主要规定各地块新建民用建筑附建防空地下室的控制指标、规模、层数及地下室室外出入口的数量、方位,以及各类人防工程附属配套设施和人防工程设施安全保护用地控制界线。

② 人防工程建设控制,主要规定人防工程防护功能及其技术保障等方面的内容,包括各地块人防工程战时、平时使用功能和防护标准等。

③ 人防工程建筑建造控制,主要对建设用地上的人防工程布置、人防工程之间的群体关系、人防工程设计引导做出必要的技术规定,主要内容包括连通、后退红线、建筑体量和环境要求等。

④ 规定各地块单建式人防工程的位置界线、开发层数、体量和容积率,确定地面出入口数量、方位。

⑤ 规定人防工程地下连通道位置、断面和标高。

⑥ 制定相应的地下空间开发利用及工程建设管理规定。

(2)修建性规划的主要内容

① 城市概况和发展分析,包括城市(镇)的性质、地理位置、行政区划、分区结构、城市(镇)规模、地形特点、次生灾害源、建设用地、建筑密度、人口密度、战略地位、自然与经济条件等。

② 根据城市(镇)遭受空袭灾害背景判断和城市(镇)威胁环境的分析,提出空袭灾害的总体防护要求,确定人口疏散比例、疏散地域分布和疏散路线,提出疏散地域的建设原则,提出人防工程总体规模、防护系统构成及各类人防工程配套比例,确定人防工程总体布局原则和综合指标,提出重要经济目标防护的原则措施。

③ 划分防空区，确定区内人防工程组成、规模、布局、防护标准和地面出入口间距指标等，提出工程配套达标率和防空区居民人均占有人防工程面积等控制指标。

④ 确定本区域民防指挥通信工程、一等人员掩蔽工程、医疗救护工程、专业队工程地下疏散干道工程等公用工程的布局。

⑤ 分析现有人防工程和普通地下工程现状，提出早期人防工程加固、改造、报废和人防工程及普通地下工程平战转换原则和措施，确定地下空间开发利用和重大基础设施规划建设兼顾民防要求的原则。

⑥ 制定人防工程防灾利用原则。

⑦ 近期人防工程建设规划：明确近期内实施人防工程建设规划的重点和建设时序，确定人防工程近期发展方向、规模、空间布局、重要人防工程选址安排和实施部署。

⑧ 提出人防工程建设规划实施的保障措施和政策建议。

此外，人防工程修建性规划应对下列事项进行详细、重点规划：① 城市（镇）应建防空地下室的区域及其类别（甲、乙类）；② 人防疏散干道网和连通口；③ 公用的人员掩蔽工程和出入口；④ 战时生命线工程。

14.3 人防工程防护设计

人防工程的设计主要针对核冲击波、常规武器、各种毒剂（化学武器、生物武器、放射性沾染的总称）、早期核辐射、地面建筑物坍塌进行相应的防护设计。此处以城市人防工程中量大面广的防空地下室为例，介绍人防工程的防护设计。

14.3.1 人防工程的防护措施与设施

1. 常见防护措施

人防工程的防护通常分为主体防护和口部防护，以防空地下室为例，常见的防护措施见表 14-4。

表 14-4 人防工程防护措施

武器及次生灾害			主体	口部	
				出入口	通风口
化学武器			围护结构密闭 一定室内空间	密闭门 防毒通道 洗消间	密闭阀门 进风滤毒器
生物武器					
核武器	放射性沾染		结构厚度 顶板上方覆土	通道拐弯 通道长度	密闭阀门
	早期核辐射				
	热辐射				
	城市火灾				
	冲击波	空气冲击波	结构抗力	防护密闭门	防爆波活门 扩散室
		土中压缩波			
		房屋倒塌		出入口数量 防倒塌棚架	防塌通风口 防堵篦子
常规武器			防护（抗爆）单元		

2. 常用防护设施

防空地下室设计中，最重要的内容就是针对不同的防护对象，而采取一种或多种综合的防护措施（及设施）来保证防空地下室的防护密闭特性。

人防工程中常用的防护设施包括如下种类：

（1）防护密闭门与密闭门（统称为人防门）。防护密闭门是指防空地下室出入口处既能防核冲击波又能防止毒剂进入工程内部的一种防护设备，密闭门是指防止放射性灰尘及化学、生物毒剂进入工程内部的一种防护设备。在出入口部位，按从外到内的顺序，应依次设置防护密闭门、密闭门，其中防护密闭门应向外开启，密闭门宜向外开启。人防门的示意图如图14-2 所示。

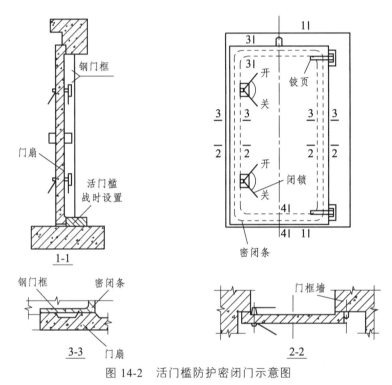

图 14-2　活门槛防护密闭门示意图

（2）防爆波活门。防空地下室通风口需要保证在核冲击波到来时及时关闭，而冲击波过后又能自动开启，以便继续通风。目前工程中采用的方法是阻挡与扩散相结合的做法，即采用以防爆波活门为主，结合扩散室设置的消波系统，以削弱冲击波的压力。防爆波活门可以分为悬板式防爆波活门、胶管式防爆波活门和防爆超压排气活门，由于悬板式防爆波活门的结构简单、工作可靠，是目前防空地下室采用较多的防护设施（图14-3）。

（3）扩散室。扩散室是利用其内部空间来削弱进入的冲击波能量，使冲击波的高压气流突然扩散从而达到降压的要求（图14-4）。冲击波由断面较小的入口进入断面较大并有一定体积的扩散室时，高压气体迅速扩散、膨胀，使其密度下降，压力降低。为简化口部设计，节省空间，方便施工和降低造价，在乙类防空地下室和核 6 级、核 6B 级甲类防空地下室也可用扩散箱（图14-5）代替扩散室。

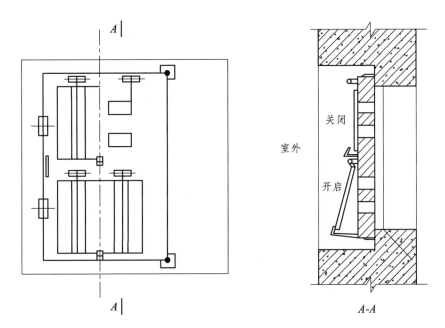

图 14-3　悬板式防爆波门示意图

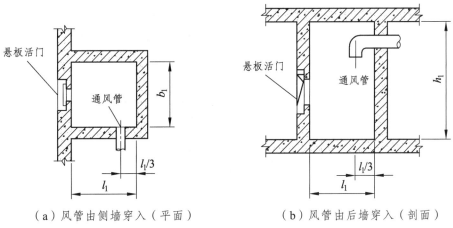

（a）风管由侧墙穿入（平面）　　　　　（b）风管由后墙穿入（剖面）

图 14-4　扩散室风管位置

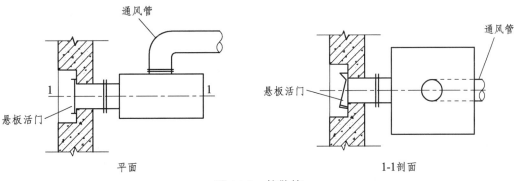

图 14-5　扩散箱

（4）密闭通道。密闭通道是由防护密闭门与密闭门之间或两道密闭门之间所构成的空间，依靠该空间的密闭隔绝作用阻挡毒剂侵入室内。密闭通道一般和防空地下室的进风口、连通口和备用出入口结合设计（图 14-6）。

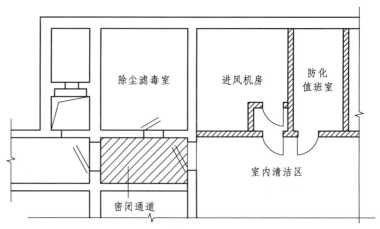

图 14-6　与次要出入口结合的密闭通道

（5）防毒通道。防毒通道是防护密闭门与密闭门之间或两道密闭门之间所构成的、具有通风换气条件、依靠超压排气阻挡毒剂侵入室内的空间。当外界染毒时，先打开防护密闭门，人员进入防毒通道，然后关闭防护密闭门，利用防毒通道内的换气设备将染毒空气排出室外，使防毒通道内毒剂浓度迅速下降到安全程度，再开启密闭门进入室内（图 14-7）。

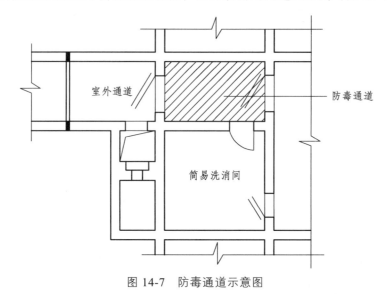

图 14-7　防毒通道示意图

（6）洗消间与简易洗消。洗消间是供外部染毒情况下受染人员通过和消除全身有害物的房间，通常由脱衣间、淋浴间和检查穿衣间三部分组成（图 14-8）。受染人员从室外经第一防毒通道进入脱衣间，脱掉身上的染毒衣物，在淋浴间进行全身洗消，洗消后进入检查穿衣间检查，如合格换上清洁衣物，由第二防毒通道进入室内清洁区。防毒通道的换气设备将洗消间内的染毒空气直接排出室外，不会进入工程内部污染防空地下室清洁区。二等人员掩蔽工程等应设置简易洗消设施，且宜与防毒通道合并设置（图 14-9）；当带简易洗消设施的防毒通道不能满足规定的换气次数要求时，可单独设置简易洗消间（图 14-10）。

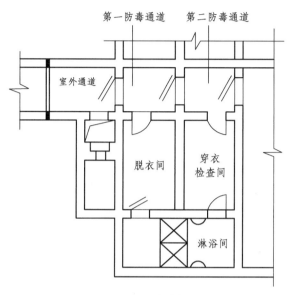

图 14-8 洗消间

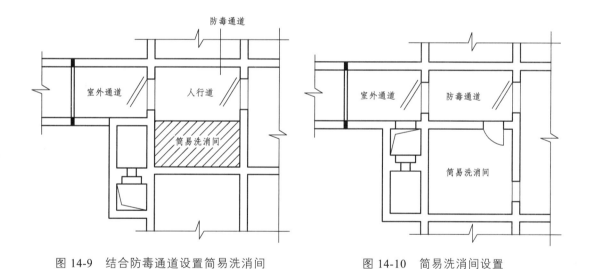

图 14-9 结合防毒通道设置简易洗消间   图 14-10 简易洗消间设置

14.3.2 人防工程的口部防护设计

人防设施处于地下，为使之与地面或地面建筑物保持必要的联系，如人员、设备的进出，通风换气，给排水及内外联系所设置的各种管线等，就必须设置一定数量的孔口，这些孔口统称口部。口部既是工程联系的重要途径，又是容易暴露和遭受敌方攻击破坏的主要目标，同时也是工程防护的最薄弱部位。因此口部防护设计是人防工程战时防护的关键环节，也是人防工程设计中的重点和难点。

1. 出 入 口 的 设 置 及 防 护

（1）出入口的分类及特点

① 按设置位置，防空地下室出入口可分为：

a. 室内出入口：通道敞开段（即无顶盖段）位于防空地下室上部建筑范围以内的出入口，通常位于上部建筑的楼梯间。

b. 室外出入口：通道敞开段位于防空地下室上部建筑范围以外的出入口，一般用作主要出入口。

c. 连通口：人防工程（包括防空地下室）之间在地下相互连通的出入口。防空地下室中防护单元之间的连通口又称单元连通口。

② 按战时使用功能，防空地下室出入口可分为：

a. 主要出入口：战时能保证人员或车辆不间断地进出，且使用较为方便的出入口。

b. 次要出入口：主要供平时使用，战时可以不再使用的出入口。

c. 备用出入口：平时一般不使用，战时在必要时（如其他出入口被破坏或被堵塞时）才被使用的出入口。

（2）出入口的形式及特点

按平面形状，出入口分为直通式出入口、单向式出入口和穿廊式出入口。按纵坡坡度出入口分为水平式出入口、倾斜式出入口和垂直式出入口。选择出入口形式的主要原则是：除满足使用条件外，主要针对常规武器和核武器冲击波的破坏作用特点，增强出入口的防堵塞能力，以及减少作用于出入口通道内防护密闭门的压力。

① 直通式出入口。防护密闭门外的通道在水平方向上无转折的称为直通式出入口（图 14-11）。直通式出入口形式简单、出入方便、造价较低，但对防炸弹射入和防早期核辐射及防热辐射不利；特别是遭核袭击后，大量的抛掷物可能会从地面进入通道内，并直接堆积在防护密闭门外，从而影响防护密闭门的开启。

② 单向式出入口（亦称拐弯式）。防护密闭门外的通道在水平方向上有 90°左右转折，而从一侧通至地表的称为单向式出入口（图 14-12），地下人防工程经常采用此种出入口形式。单向式出入口结构形式简单，人员出入较方便，同时可以避免直通式出入口的诸多缺点，但大型设备出入不便，其造价也略高于直通式。

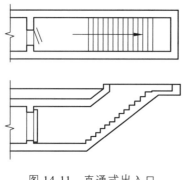

图 14-11　直通式出入口

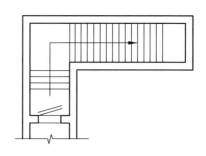

图 14-12　单向式出入口

③ 穿廊式出入口。防护密闭门外的通道在水平方向上有 90°左右转折，而从两侧通至地表的称为穿廊式出入口（图 14-13）。穿廊式出入口进出较方便，且不易被堵塞，并对防早期核辐射、防热辐射均有利。同时，位于地面的敞开段在形式上是两个独立的出入口，因此其防常规武器以及防堵塞能力较强。其缺点是占地面积大、结构形式复杂、造价较高，一般用于高抗力的人防工程之中。

④ 垂直式出入口。小型垂直式出入口主要是指结合通风竖井设置的应急出入口（图 14-14）。竖井式出入口占地面积小，造价低，防护密闭门上受到的荷载小，防早期核辐射、防热辐射性能好，但进出十分不便，结合应急出入口的竖井平面净尺寸不宜小于 1.0 m × 1.0 m，并应设置爬梯。

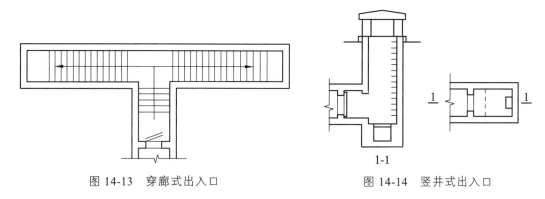

图 14-13　穿廊式出入口　　　　　　　　图 14-14　竖井式出入口

（3）出入口的数量

出入口的数量对工程的使用、防护性能及造价影响较大。出入口数量增多，便于人员和设备的进出，同时可以提高工程出入口对常规武器的防护能力；但出入口数量过多，将会影响工程对核冲击波、毒剂等的防护，使防护设施与设备增多，同时增加了非使用性面积，提高了工程造价。

在我国现行相关规范中，对出入口数量的规定如下：

① 防空地下室的每个防护单元不应少于两个出入口（不包括竖井式和连通口），其中至少有一个阶梯式（坡道）室外出入口，战时出入口设置在室外出入口。

② 消防车库、中心医院、急救医院、大型物资库（大于 6 000 m²）应设置两个室外出入口。

③ 两相邻防护单元，在满足下列条件时，防护密闭门外可共用一个室外出入口通道：一侧为人员掩蔽，另一侧为物资库；两单元均为物资库，且面积之和不大于 6 000 m²。

（4）室外出入口的设置

室外出入口是保证防空地下室战时能够发挥作用的重要部位，因此要求尽可能布置在倒塌范围之外，以免被倒塌物堵塞。甲类防空地下室中，战时作为主要出入口的室外出入口，其通道出地面段（无顶盖段）宜布置在地面建筑的倒塌范围以外，其口部建筑应满足下列要求：

① 当室外出入口的通道出地面段设置在地面建筑倒塌范围以外时，可根据平时使用要求不设置口部建筑，但要设置相应的安全围护设施（图 14-15）；也可以根据平时使用需求设置单层的轻型口部建筑。

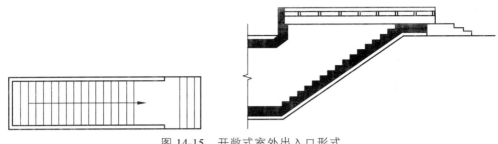

图 14-15　开敞式室外出入口形式

②　因条件限制，室外出入口的通道出地面段设置在地面建筑倒塌范围以内时，核 4 级、核 4B 级的甲类防空地下室，口部建筑应采用防倒塌棚架。防倒塌棚架是在预定的冲击波压力和建筑物倒塌荷载的分别作用下，使口部建筑不致坍塌的一种结构（图 14-16）。核 5 级、核 6 级以及核 6B 级的甲类地下室，当平时设置口部建筑时应采用防倒塌棚架；当平时不宜设置口部建筑时，应在临战时在倒塌范围内的通道出地面段上方设置装配式防倒塌棚架。

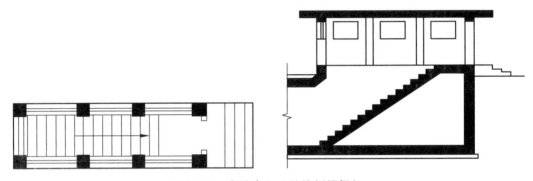

图 14-16　室外出入口的防倒塌棚架

（5）室内出入口及电梯等井道的设置

室内出入口的设置，主要取决于防空地下室及地面建筑平时的使用要求。当上部建筑底层与防空地下室的平时使用功能一致时，室内出入口可设置在建筑楼梯间内，以便于上下连通，有益于平时的管理和使用；当防空地下室的平时功能与上部建筑关联不大时，其平时使用的室内出入口宜与上部建筑的出入口分开设置，这样既可避免相互干扰，又方便防空地下室的管理。

由于战时供电没有保证，而且在空袭中地面建筑又容易遭到破坏，故防空地下室战时不考虑使用电梯。为便于平时使用，电梯通向防空地下室内部时，必须将电梯间设置于防护密闭区以外（图 14-17 为示例）。当电梯的位置在防空地下室内部时，可采用图 14-18 所示的做法，设置一个钢筋混凝土现浇构筑的前室，在出入口的门框上同时设置防护密闭门和密闭门，同时为满足工程防火设计的要求，在门框墙内侧设置防火门。

2. 通风口等设备孔口的设置与防护

为满足防空地下室的使用功能，必须设置相应的通风、给排水、电气以及通信等系统，因此防空地下室还应设置各种内部设备系统的专用孔口，这些孔口也是工程防护的重点。

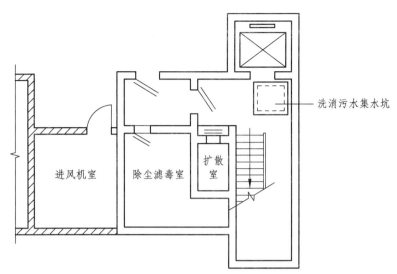

图 14-17 电梯处理方式（设于防护密闭区外）

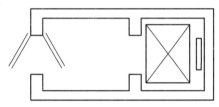

图 14-18 主体内部电梯间处理方式

（1）通风口的防护

对平时开发利用的防空地下室，通风口的设计内容主要包括平时专用的进风口、排风排烟口，战时专用的进风口、排风口和排烟口（柴油电站专用），以及平战两用的通风口等。

① 通风口数量。防空地下室平时通风口的数量主要由工程的规模以及防火分区划分等因素确定。防空地下室战时进风口设置，一般情况下，每个防护单元的进风口数量为 1～2 个，对于通风可靠性要求高，或风量需求较大的过程，其数量也可以增多。防空地下室的战时排风口不宜过多，一般情况下，每个防护单元的排风口数量为 1 个。

② 通风口的位置要求。通风口中的柴油电站机组的排烟口应在室外单独设置，进风口和排风口宜在室外单独设置。平时进风口、排风口应单独设置。室外通风口一般采用位于上部建筑投影范围之外，并与其有一段距离的独立式室外通风口。当不具备设置独立室外通风口时，可采用设在防空地下室外墙外侧的附壁式室外通风口；或者采用设置在外墙内侧，但上端风口朝向室外的附壁式通风口。所有通风口应采取防雨及防地表水措施，同时供战时使用以及平战两用的通风口设置在倒塌范围以内时，应采取防倒塌、防堵塞措施。

③ 通风口对冲击波的防护。防空地下室所有通风口都要考虑对冲击波的防护，只用于平时的通风口可采用口部封堵方式，平战两用的通风口要考虑平战转换措施；而战时通风口的防冲击波措施按照工程的不同使用功能可采用以下方式："防爆波活门＋扩散室（或扩散箱）""防护密闭门＋密闭通道＋密闭门""防护密闭门＋集气室＋普通门"。

④ 通风口对毒剂等的防护。根据工程的不同要求，防空地下室通风系统对毒剂的防护主要采用隔绝式防护和滤毒式通风两种方式。隔绝式防护就是将进风及排风口的密闭阀门关闭，

271

做到既不进风也不排风。而滤毒式通风就是在进风系统上安装除尘滤毒设备，采用过滤吸收的方法，消除毒剂、生物战剂及放射性物质。为安放除尘滤毒设备，要求在防空地下室的进风口处设置除尘室和滤毒室（根据工程情况可合并设置为除尘滤毒室）。

（2）其他孔口的设置及防护

① 当供水管线从外墙直接引入时，应在引入管靠近外墙的内侧设置防爆波阀门。排水系统的压力排出管应在水泵出口处设止回阀和闸板阀，以防止污水倒灌和防冲击波。自流排出管可根据防护等级，采用防毒消波槽、防爆水封检查井（图 14-19）等方式进行防护。

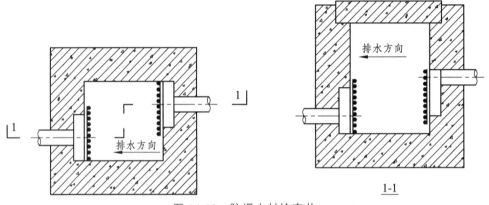

图 14-19　防爆水封检查井

② 进、出防空地下室的电气线路，应一律采用埋地敷设的电缆并经电缆的防爆波井引入，并预留备用穿线管。当电气线路穿越防护密闭墙时，其防护设置的关键部位是电缆与墙体孔之间的间隙（常见做法见图 14-20）。

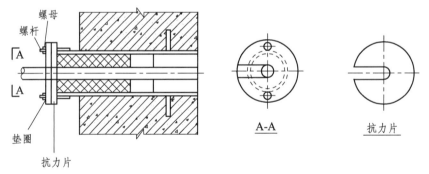

图 14-20　电缆穿越防护密闭墙做法示意图

14.3.3　人防工程的工程防护分区

常 5 级及以下的防空地下室其结构不具备抗炸弹直接命中的能力，因此此类防空地下室主要通过设置防护单元以及抗爆单元等防护分区来抗击常规武器的打击，以提高战时工程抗破坏能力和保护掩蔽人员及物资的安全。

1. 防护分区及防护单元设置

常 5 级及以下的防空地下室主要通过设置防护单元将工程划分为若干个独立自成体系、

具有完备防护密闭特征的单元,以缩小炸弹破坏的范围,提高工程的抗打击及破坏能力。工程在每个防护单元中按照一定的要求设置抗爆挡隔墙,划分若干个抗爆单元,以提高掩蔽人员与储备物资的生存概率(图 14-21)。

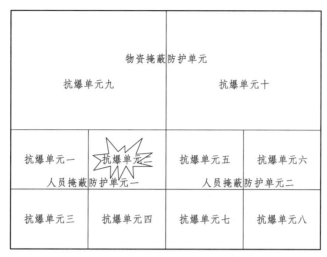

图 14-21 防空地下室的防护分区作用原理示意图

相邻防护单元是通过整体浇筑的钢筋混凝土防护密闭隔墙(也称为防护单元隔墙)来进行划分。一般情况下为单墙,当相邻防护单元之间设有伸缩缝或沉降缝时,单元隔墙应采用双墙。为保证战时维护管理以及疏散人员方便,两相邻防护单元之间应至少设置一个连通口,在其两侧各设置一道防护密闭门(图 14-22),或在连通口处设置一道连通口专用双向受力防护密闭门。对于有防毒要求的防护单元,无论出入口还是连通口,都要求设置两道密闭门,以保障工程的防毒密闭性能。

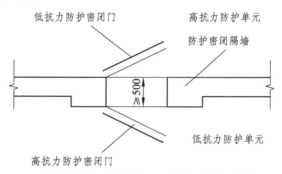

图 14-22 单防护单元隔墙连通口做法示例(单位:mm)

在多层防空地下室中,当上下相邻两楼层被划分为两个防护单元时,其相邻防护单元之间的楼板应为防护密闭楼板,并在上下防护单元之间连通口位置设置防护密闭门进行防护。多层防空地下室划分防护单元比较复杂,设计时应考虑各种因素的影响,如上下层交通联系方式、使用功能需要以及造价等因素。图 14-23 为一个双层防空地下室的防护单元划分实例,平时为商场,战时作为人员掩蔽,考虑平时使用方便,在两处位置设置了上下连通的自动扶梯。在这种情况下,垂直方向上划分防护单元要比水平方向上划分单元无论在防护可靠度、使用功能以及造价等方面都比较合理。

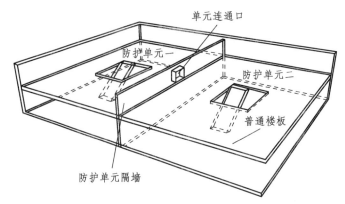

图 14-23　多层防空地下室划分防护单元示意图

2. 抗爆单元设置

在一个较大的防护单元内，通过分设抗爆单元，一旦某抗爆单元被炸弹击中，相邻抗爆单元的人员可免受伤害。抗爆单元之间的抗爆挡隔墙的作用是阻挡炸弹气浪及碎片，防止相邻抗爆单元内的人员受伤害。

相邻抗爆单元之间应设置抗爆隔墙，两相邻抗爆单元之间应至少设置一个连通口，在连通口处抗爆隔墙的一侧应设置抗爆挡墙，如图 14-24 所示。不影响平时使用的抗爆挡隔墙，宜在平时采用厚度不小于 120 mm 的钢筋混凝土或厚度不小于 250 mm 的混凝土整体浇筑；不利于平时使用的抗爆挡隔墙，可在临战时构筑。

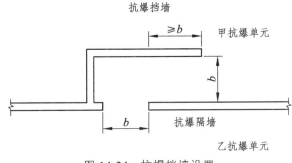

图 14-24　抗爆挡墙设置

3. 防毒分区

大部分防空地下室均有防毒要求，为了保证防空地下室能够发挥预定的战时功能，必须严格划分清洁区和染毒区，并在清洁区和染毒区之间设置密闭隔墙。当密闭隔墙上有管道穿过时，应采取密闭措施。在密闭隔墙上开设门洞时，应设置密闭门。

14.4　人防工程规划与设计案例

本节以郑州市秦岭路和大同路人防地下街为例，介绍人防工程规划与设计的相关实例。

1. 郑州市秦岭路人防地下街概况

秦岭路人防地下街位于郑州市西部中原区，中原区为市政府所在地，现有人防工程有效面积 15 万 m², 人均面积 0.26 m², 低于郑州市平均水平。借着郑州市政府批准的打通秦岭路及该路沿线旧城改造的发展机遇, 落实市政府关于人防工程建设要与城市建设协调发展、同步实施的指示, 市人防办决定修建郑州市秦岭路人防工程 (分区示意图见图 14-25)。

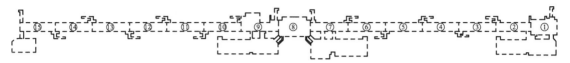

图 14-25　秦岭路地下街分区示意图

该工程位于中原区西南端秦岭路, 南起颍河路口, 北至建设西路路口, 中间与伊河路、中原西路、岗坡路相交, 沿路主要有大型蔬菜水果批发市场、大型服装批发市场、汽车训练厂、居民区, 路面拆迁工作已经基本完成。该工程为掘开式人防工程, 地下一层 (图 14-26)。

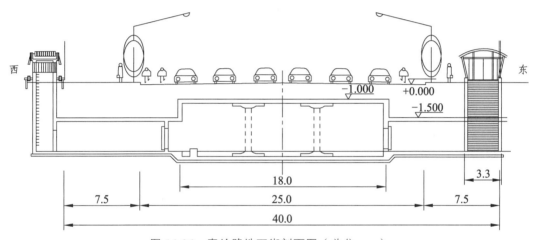

图 14-26　秦岭路地下街剖面图 (单位: m)

该地下街总建筑面积约 5 万 m², 工程主体平均埋深约 8.0 m, 主体部分层高 5.1 m, 宽度 18 m, 总长度约 1 048 m, 设出入口 30 多个, 进排风竖井 20 多个, 并结合口部设 3 个平时用行人过街道。工程建成后, 将成为提供战时人员掩蔽、物资储备等人防功能的大型骨干工程, 同时配套建设地下停车库、地面管理用房、下沉式广场等。平时将为市民提供一个丰富的购物场所和人行过街通道, 将发挥较好的战备效益、社会效益、经济效益。

2. 郑州市大同路人防地下街

大同路人防地下街位于郑州市中心二七区, 工程拟建于郑州火车站前大同路、南乔家门至福寿街路面以下, 为二层地下商业街 (局部三层), 如图 14-27 所示。

南乔家门至福寿街基本为南北走向, 大同路基本为东西走向, 路旁汇集了银基商贸城、天隆服装城、锦荣服装广场、敦睦路服装城、金鑫宾馆、天鹅宾馆、大同宾馆等, 形成以服装批发为主的商业区域中心, 其中银基商贸城素有服装天下的美称。在交通方面, 该地段周围有郑州火车站、郑州市汽车客运中心站、郑州地铁 1 号线, 为郑州市陆运交通枢纽中心, 属于火车站地区。该地区的人流、物流量很大, 是郑州市的主要商业密集街区之一。同时, 郑州有亚洲最大的货车编组站, 郑州火车客运站是全国特级站之一, 京广、陇海两大交通动脉交汇于此, 火车站地区的战略地位也十分重要。在未来高技术条件下的防空袭战争中, 火车站地区是敌人打击的重点目标，一旦发生战争，后果不堪设想。因此，在火车站地区修建一座大型平战结合的人防工程，既蕴藏着无限商机，又方便人们的日常生活及战时的掩蔽疏散，满足现代高技术防空袭战争要求，可谓一举两得。

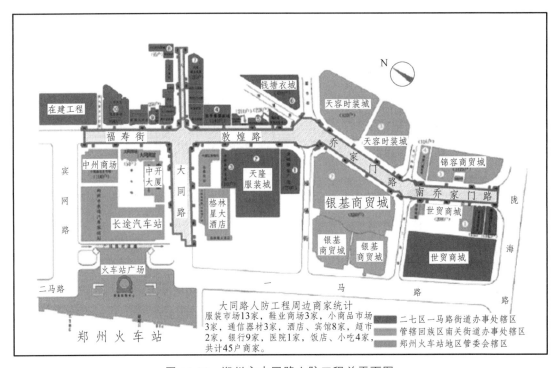

图 14-27　郑州市大同路人防工程总平面图

该工程主体位于大同路、敦睦路、乔家门路街道下，沿街道地下长向布局，规划设计有40 个直通地面出入口，8 部室外自动扶梯，5 部货梯，均设置在道路两侧人行道上。该人防工程开发总长度为 1 500 m 左右，最大埋深约为 20.2 m，为二层地下商业街（局部三层），如图 14-28 所示。

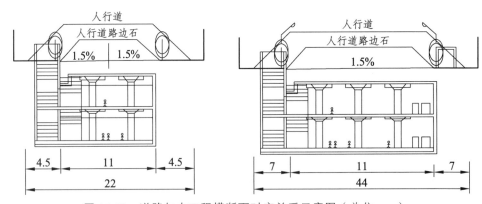

图 14-28　道路与本工程横断面对应关系示意图（单位：m）

该工程由 50 个防火分区组成，工程总建筑面积 94 180 m²。由于沿街道地下布局，该工程宽度方向随街道的宽窄而变化，福寿街段、敦睦路段、乔家门路段拟建地下商业街宽为

30 m，大同路东段拟建地下商业街宽为 45 m，大同路西段拟建地下商业街宽为 11 m，根据路边现状及预留地下管道位置，结合道路设计在 1 区、3 区、6 区、9 区、12 区、15 区、17 区、19 区、23 区、24 区设计有 10 个过街通道。

3. 工程主体设计分析

人防地下街的主体是指整个工程中能满足战时防护和主要使用功能的部分，即指最后一道密闭门以内的部分。

（1）人防地下街的主体设计要满足防护要求

人防地下街的主体设计必须具有可靠的预定防护能力。在设计中应利用一切可利用的客观有利条件，尽可能满足工程的防护要求。如合理选定平面布局、结构尺寸，利用天然材料增加自然防护层，合理伪装，合理布置工程内部各个组成部分，合理划分防护分区等。保证人防地下街战时使用功能，是修建人防工程的最终目的。这也是有别于普通商业地下街的地方。

大同路人防地下街的战时功能按二等人员掩蔽部和战备物资库考虑，平时功能按商业购物街考虑，兼作地下过街通道。大同路人防地下街在平面布局时，根据道路宽度的不同，工程主体宽度分别设计为 45 m、30 m 和 11 m。根据防护要求，柱网跨度不能太大，分别为 8 m×8 m、8 m×7 m、6 m×4 m 等，根据计算，该柱网能够满足防护要求。大同路工程在设计时按规范要求划分防护单元和防火单元，两者尽量互相一致，因为物资库规定防护面积为 4 000 m²，所以设计时将一个防护分区划分为两到三个防火分区，防火分区不跨越防护分区，满足防护要求。

因工程防核武器抗力级别按 5 级考虑，防早期核辐射室内剂量应为 0.2 Gy。大同路人防地下街在竖向设计时，顶板根据结构专业计算，顶板钢筋 NT 厚度约为 600 mm，折算土壤厚度为 900 mm，考虑到城市管线敷设等因素，覆土厚度约为 2 m 左右可以满足人防防护要求。

秦岭路人防地下街的防护设计按二等人员掩蔽部、专业队人员掩蔽部和战备物资库考虑，平时功能按商业购物街考虑，兼作地下过街通道和休闲广场。因为该工程没有十字交叉，相对简单。根据道路宽度的不同，工程主体宽度设计为 18 m。柱网跨度比较统一，大部分为 7.2 m×6 m，比较容易满足防护要求。工程防护单元和防火单元互相一致，因为规范规定人员掩蔽部一个防护单元的面积为不大于 2 000 m²，所以设计时一个防护分区为 72 m×18 m，同时也是一个防火分区，满足防护和防火要求。

考虑到城市管线敷设等因素，覆土厚度约为 1.5 m 左右，满足工程防护要求。

（2）人防地下街的主体设计要满足平时使用要求

人防地下街主要是为战时各种人员、物资器材的防护与储备而建造的，应坚持人防建设与经济建设协调发展、与城市建设相结合的原则，充分发挥其战备效益、经济效益和社会效益。因此平战两用人防地下街除满足战时使用要求外，还需要满足平时的使用要求。

秦岭路人防地下街在设计时，横向柱网为 6 m×6 m×6 m，中间为 6 m 宽通道，两侧为店铺，满足平时通行和商业经营要求。工程的层高为 5.1 m，净高大于 3.5 m，满足平时商店净高要求。

大同路人防地下街工程根据主体宽度分别为 45 m、30 m 和 11 m 的不同，相应的内通道分别为双通道、中间通道和单侧通道，通道宽度为 5 ~ 8 m，满足商业经营和通行的需要。工程的层高为 5.1 m，净高大于 3.5 m，满足平时使用要求。

人防地下街在设计时，还应将工程与地下过街通道和已建人防工程连通，便于平时使用及战时疏散。大同路、秦岭路人防地下街在设计时，分别与周边人防工程、火车站进行了连通。并且预留了多个连通口备用，以供将来发展需要。

（3）人防地下街的主体设计必须具有良好的经济效果

平战结合人防地下街单位面积造价显著高于普通地下街，工程防护措施应用合理与否对工程造价的影响也很大。应在满足使用要求和防护要求的条件下力求经济是人防地下街设计的重要原则。提高建筑空间利用率，采取适宜的层数、跨度和断面形式，力求各部位抗力协调等都有利于降低工程造价。

大同路、秦岭路人防地下街在设计时，非常注意柱网的规整，尽量减少柱网种类，秦岭路人防地下街柱网跨度统一，基本为 7.2 m × 6 m，经济合理。大同路人防地下街也比较规整，力求各部位抗力协调。大同路人防地下街在设计时，对于十字交叉部分，采取多边形设计而不是圆形设计，降低造价。建筑面积控制在 10 万 m² 左右，并采用节能产品，节省建设投资和平时维护费用。在满足市政道路管线要求和商业经营的前提下，将工程埋深平均控制在 13 m 左右，取得了较好的经济效果。

【习　题】

1. 请简述人防工程的基本概念和作用。
2. 请简述人防工程的分类及各自的特点。
3. 何为人防工程的抗力分级及防化分级？抗力等级和防化等级是如何划分的？
4. 人防工程为何要考虑平战结合？如何实现平战转化？
5. 人防工程的建设需要贯彻的方针是什么？
6. 在人防工程的不同规划阶段，各层级规划内容上有什么区别？
7. 人防工程需要考虑哪些方面的防护设计？
8. 常见的人防工程防护设施有哪些？
9. 人防工程的出入口有哪些形式？各自特点是什么？
10. 人防工程的通风口等设备孔口的防护措施有哪些？
11. 防护单元的作用是什么？如何实现人防工程的防护单元划分？
12. 抗爆单元的作用是什么？如何实现人防工程的抗爆单元划分？
13. 防毒分区的作用是什么？如何实现人防工程的防毒分区划分？

第 15 章　地下物流仓储设施规划与设计

　本章教学目标

　　1. 熟悉地下物流仓储设施的定义、分类、作用及常见类型。

　　2. 熟悉地下物流系统规划的原则及主要内容，了解地下物流系统的规划步骤。

　　3. 熟悉地下粮库、地下冷库及地下液体燃料库的规划与设计要点，掌握地下液体燃料库的岩洞水封储存的原理、基本条件和方法。

　　地下仓储设施是用于储存各种食品、物资、能源、危险品、核废料等的地下工程设施，又称为地下贮库、地下储库；而地下物流系统是采用现代运载工具和信息技术实现货物在地表下运输的物流系统。这两种类型的地下空间设施都是为满足人类生活、生产需要，而逐渐出现和长期发展而来的地下空间开发利用形态。

15.1　地下物流仓储设施概述

15.1.1　地下物流系统

　　地下物流经历了一个漫长的发展过程，地下物流系统最初是以管道运输系统的形式出现的。采用管道运输来分送固体、液体、气体的构想由来已久，现有的城市自来水、暖气、煤气和排污管道可以看作是管道物流的原始形式。19 世纪末，人们开始采用气力管道系统（PCP）和水力管道系统（HCP）来运输颗粒状的大批量货物。自 20 世纪 90 年代以来，利用地下物流系统进行货物运输的研究受到了广泛重视，并被视为未来可持续发展的高新技术领域。

　　1. 地下物流系统的组成

　　目前世界各国对城市地下物流系统的概念和标准尚不统一。例如，荷兰称为地下物流系统（Underground Logistic System，ULS）或地下货运系统（Underground Freight Transport System，UFTS），运送工具为自动导向车；英国、美国早期以地下运输管道为主，所以称为地下管道货物运输（Freight Transport by Underground Pipeline，FTUP）；德国称为 Cargocap 系统；日本称为地下货运系统（UFTS），运输的工具为两用卡车。在国内的翻译也不是很统一，一般翻译为城市地下物流系统、城市地下管道快捷物流系统、城市地下货运系统等。

　　从物流系统的组成来说，物流系统是由物流功能单元构成，以完成物流服务为目的的有机集合体，通常包括包装与信息处理、流通加工、装卸、搬运、运输、存储、配送等功能要素。因此，物流系统的组成结构主要包括物流中心、配送中心、运输网络线路等关键部分（图15-1）。而城市地下物流系统则通常是将运输网络线路及部分物流节点从地面转入地下，所形成的专用、高效物流系统。

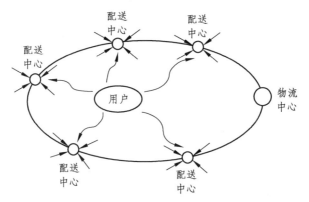

图 15-1　物流系统组成结构示意图

2. 地下物流系统的分类

地下物流系统根据运输的形式，主要分为管道形式和隧道形式两种。

（1）管道形式的地下物流系统

现有的城市供水、暖气、煤气、石油和天然气输送管道、排污管道都可以看作地下物流的原始方式，但这些管道输送的都是连续介质，而此处主要讨论的则是固体货物的输送管道。这类管道运输方式可以分为气力输送管道、浆体输送管道、舱体运输管道。

① 气力运输管道。气力输送管道是利用气体作为传输介质，通过气体的高速流动来携带颗粒状或粉末状的物质。可输送的物质种类通常有煤炭和其他矿物、水泥、谷物、粉煤灰以及其他固体废物等。第一个气力管道输送系统是 1853 年在英国伦敦建立的城市管道邮政系统，随后 1865 年在德国柏林也建立了一个管道邮政网。发展至今，气力运输管道又开拓了一个新的应用领域——管道废物输送，尤其是用于自动化的垃圾处理管道。

② 浆体输送管道。浆体输送是将颗粒状的固体物质与液体输送介质混合，采用泵送的方法运输，并在目的地将其分离出来。浆体管道一般可以分为两种类型，即粗颗粒浆体管道和细颗粒浆体管道。前者借助于液体的紊流使得较粗的固体颗粒在浆体中呈悬浮状态并通过管道进行输送，而后者输送的较细颗粒一般为粉末状，有时可均匀地浮于浆体中。

③ 舱体运输管道。分为水力舱体运输管线（HCP）和气动舱体运输管线（PCP），一般采用带轮的舱体作为货物的运载工具，利用水或空气作为驱动介质。PCP 系统更适合于需要快速输送的货物，如邮件或包裹、新鲜蔬菜和水果等；而 HCP 系统在运输成本上则比 PCP 系统更有竞争力，适合输送固体废物等不需要即时运输的大批量货物。

（2）隧道形式的地下物流系统

隧道形式的地下物流系统是各国研究最多的地下物流系统类型，其以电力为驱动，结合信息控制系统，具有自动导航功能，可实现地下全程无人自动驾驶，最高时速可达 100 km/h，运输通道直径一般在 1 ~ 3 m。目前国内外研发的以电力为驱动的地下物流系统运载工具主要有 3 种，即德国的 Cargocap 系统、日本的两用卡车 DMT 和荷兰的自动导向车（Automated Guided Vehicle，AGV）。此外，我国的京东也正在筹划基于磁悬浮为动力的地下物流系统。

① 德国的 Cargocap 系统由变频器供电，三相电机驱动，在雷达监控系统的监控下实现在直径约 1.6 m 的地下运输管道中无人驾驶运行。在此系统中，每个运输单元都是自动的，通过计算机信息系统对其进行导航和控制。通过这个系统，一般情况下可以维持 36 km/h 的恒定运输速度。

② 日本设计了既可以在常规道路上行驶也可以在地下物流系统的特殊轨道上运行的两用卡车（DMT）。其在地面可以由司机驾驶，而在地下隧道中借助信息导航系统可实现无人自动驾驶。以电能为驱动，采用激光雷达控制车距，运输单位载重 2 t 以内的两用卡车，全程运输时速可达到 45 km/h。

③ 荷兰设计了 3 种自动导向车（AGV），这 3 种模型均能运输托盘及标准集装箱单元。此系统可以运输不同类型的货物，是目前很多国家研究的热点。

3. 地下物流系统的功能

现代化地下物流系统的功能主要有：

① 稳定、快捷的运输功能。货物地下物流系统中货物主要在专用的地下管道或隧道中通过或转运，可以避开地面拥挤的交通，运输稳定、快捷。

② 仓库保管功能。地下物流系统一般都建设有库存保管的储存区，可以将不能迅速由终端直接运送到顾客手中的货物进行临时保管。

③ 分拣配送功能。地下物流系统的分拣配送效率是城市地下物流系统质量的集中体现，能根据客户的要求进行分拣配货作业，并以最快的速度送达客户手中，或者是在指定时间内配送给客户。

④ 流通行销功能。在信息化时代，货品可以通过地下物流系统、配送中心，通过有线电视或互联网等配合进行商品行销，可以大大降低购买成本。

⑤ 信息提供功能。城市地下物流系统能通过信息化的运行，提供货物的各种即时信息情报，为政府和企业制定如物流网络、商品路线开发的政策做参考。

15.1.2 地下仓储设施

地下空间独具的热稳定性和封闭性可以为物资储存提供更为适宜的环境。我国建设地下仓储设施的历史十分悠久，设施建设可以追溯到公元前 5000 年前，在仰韶文化时期就已经有了口小底大的袋装储粮地窖。随着技术的不断发展进步，现代地下仓储设施有了很大的发展，如瑞典等北欧国家利用有利的地质条件，大量建造大容量的地下石油库、天然气库、食品库等。在近几十年中，地下仓储设施由于其特有的经济性、安全性等特点，发展很快，新类型不断增加，适用范围迅速扩大，涉及人类生产和生活的许多重要方面。

1. 地下仓储设施的分类

到目前为止，根据储存品的不同，地下仓储设施可大体概括为五大类型，即地下水库、地下食品库、地下综合物资库、地下能源库和地下废物库等（图 15-2）。

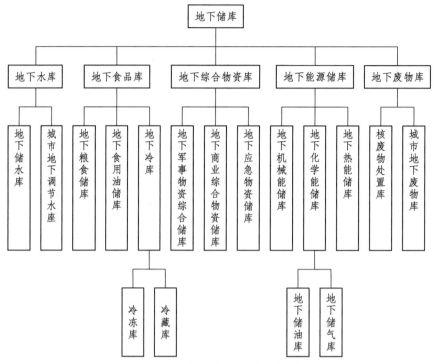

图 15-2　地下仓储设施的类型

图 15-2 中的一部分类型，如水库、食品库、石油库、物资库等，按照传统的方法，都可以建在地面上，但如果有条件建在地下，则能表现出多方面的优越性，因而受到广泛的重视，有的甚至基本取代了地面库。另一部分类型，由于使用功能的特殊要求，建在地面上有很大困难，甚至根本无法实现，如热能、核能、电能、核废物、危险化学品等，在地下建造成为唯一可行的途径，这些类型的地下库具有更大的发展潜力。此外，有一些新类型的地下储库，已经突破了传统的储存和周转功能，像工业余热的回收、太阳能的夜间和冬季储存、城市污水循环利用等。

2. 地下仓储设施的存在条件

地下仓储设施必须依靠一定的地质介质才能存在。从宏观上看，存在条件不外岩层和土层两大类（图 15-3），一般的地下贮库都是通过在岩层中挖掘洞室或在土层中建造地下建筑来实现。随着贮库使用功能的增多，地下贮库的存在条件也在发生变化，一方面充分利用多种自然条件，另一方面通过发展某些新技术，人工创造一些存在条件，如岩盐地层、废弃的矿井和矿坑等。

3. 地下仓储设施的综合效益

（1）经济效益。地下仓储设施建设投资有可能低于地面工程，运行费的节省则更为显著。单从建设投资上考虑，地下贮库低于地面仓库的实例：地下油库超过一定容量后，综合考虑全使用期造价，包括地下油库储存环境要求（加热）、保险费用、工程维护费用，则地下油库优于地面油库。

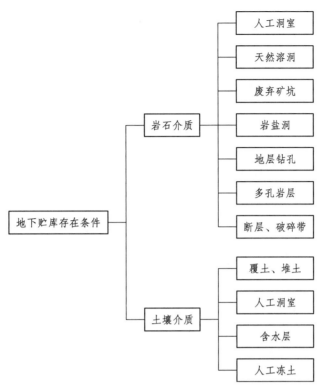

图 15-3　地下仓储设施的存在条件

（2）节能效益。岩石和土壤都具有良好的蓄热性能，又有在大范围内整体连续的特点，因此地下贮库在节能方面的效益相当明显。典型实例为地下冷库，利用地下环境储存热能和冷能，其能耗节约效益要远高于地面冷库。因此，地下贮库的节能效益已经超出了节省运行费用的狭义概念，在更宏观更广泛的意义上起到了节约能源的作用。

（3）节地效益。把宝贵的可耕地用于建造仓库是很不合理的，特别是在城市中，土地价值和价格都很高，更应节约使用。还有一些地下贮库，把在施工过程中挖出的石碴或土用于造地，以补偿建设所占用的部分土地。此外，有一些能源的贮存，由于占用土地过多，在地面上建库已很不现实。

（4）减小库存损失。贮存在地面上各种贮库中的物品，由于种种原因，在贮存过程中总会有不同程度的消耗和损失，如粮食的霉变、油品的挥发等，地下贮库能减少相应的损耗。例如，以水为介质贮存热能，能量密度较低，因此应尽可能减少贮存过程中的热损失以提高贮热效率，存入地下后，由于地下贮库热稳定性和密闭性较好，在减少库存损失方面的作用是较明显的。

（5）满足物资贮存的特殊要求。有一些物资的贮存，要求相当低或相当高的温度，容器需要承受很大的压力，如液化天然气的存储、压缩空气的存储、原油或重油的存储。这些技术要求在地面上要付出很高的代价，然而在不同深度的岩层中，只要存在完整的岩石和稳定的地下水位，又具备开挖深层地下空间的技术能力，就可较容易地满足这些要求（对温度的保持、对压力的承受）。

（6）环境和社会效益。为了贮存有可能对环境造成污染的物品，以及有一些物品在贮存过程中存在一些不安全因素，地下贮库比在地面上贮存有许多有利条件，例如核废料、化工废料、城市污水、垃圾、油品和高压气体等。从更积极的意义上说，大量兴建地下贮库，可以为城市留出更多的土地和空间进行绿化和美化，也是一种较高的环境效益。地下贮库不论在防止外部因素的破坏，还是防止贮存物品对外界造成危害等方面，比地面库都有很大的优势，这是一种重要的社会效益，同时也是间接的经济效益。

15.2　地下物流系统规划与设计

城市地下物流系统的实施是一项庞大复杂的系统工程，涉及交通运输、土木、机械、电子信息、物流、经济、环境等多学科领域，需要考虑城市布局、交通规划、物流管理工程建设、运输方式、运输安全、信息传递与自动控制、技术经济分析、环境影响评价等多个方面。

15.2.1　地下物流系统规划

1. 地下物流系统的规划原则

地下物流系统的规划应遵循以下原则：

（1）物流规划应与经济发展规划一致。不同层级的地下物流规划应与国家、区域及城市经济发展规划一致，并与城市总体规划的功能、布局相协调。在城市规划中应充分考虑物流规划，同时物流规划要在城市总体规划的前提下进行，与城市总体规划一致。

（2）地下物流规划应坚持以市场需求为导向。只有根据市场需求，才能设计、构建出有生命力的、可操作的物流系统，并使其经济运行取得最佳效益。

（3）地下物流系统规划要具有一定的超前性。不同层级的物流系统既要考虑现实需求，又要有长远战略规划，具有一定的超前性。因此，城市地下物流系统要立足城市经济发展现状和未来发展趋势的科学预测，使资源最大限度发挥效益。

（4）地下物流要和地面物流相结合，实现物流优势互补和协调发展。

（5）地下物流应与地面、地下交通的规划一致，协调发展。地下物流系统应与地面交通、地下交通相结合，充分发挥已有车站、码头、机场、配置中心、交通枢纽等优势，在指定区域发展规划中应考虑地下物流系统。在城市发展规划中，地铁等地下交通、地下商业街、地下商场、仓储、综合管廊等应与地下物流系统统一规划。

（6）地下物流系统应与地质环境条件相适应。地下物流系统的建设涉及工程地质、水文地质及环境地质等多方面，要避免复杂的地质环境条件，防止次生地质灾害的发生，确保环境的可持续发展。

2. 地下物流系统的规划内容

地下物流系统是物流系统的子系统，既要有物流系统、交通系统、仓储系统及区域发展统筹规划内容，又有其相对独立的规划内容。具体包括以下方面：

（1）确定地下物流系统的适用范围和功能需求。地下物流系统的适用范围不同，所涉及的区域、功能需求及规模不同。按照地下物流范围的不同，应从战略层面上综合考虑不同层级的物流系统规划，确定需求量和需求类型。

（2）确定地下物流系统的物流类型、流量和服务对象。地下物流涉及能源与清洁水输送、城市垃圾及污水输送、日用货物运输、邮件传送等不同类型，同质及非同质流，采用的输送方式和运载工具完全不同。因此，应确定物流类型，同时明确服务对象及流向，确定物流起、止点及配置中心，对流量进行预测。

（3）确定地下物流系统的基本结构配置，明确地下物流系统与地面物流系统的关系。采用何种网络线路形态、布置形式，应进行合理选择和确定。地下物流与地面物流应统筹规划、功能互补。

（4）确定地下物流系统的形态、规模和选址。地下物流系统的形态应与地面、地下交通相衔接，形态基本一致，其规模由需求量决定，具有前瞻性和发展空间。选址应充分考虑地质条件的变化，考虑车站、码头、机场及港口的运输集散及仓储等的位置。对于城市地下物流，还应充分考虑地面建筑、文化古迹、主要街道、地面与地下交通以及市政综合管廊/管线、地面物流系统、配置中心的布置。

（5）确定地下物流系统的运输方式、运载工具选择。运输方式及运载工具的选择是由运输介质的属性决定的。城市地下物流系统应考虑与地下综合管廊、地铁、地下商业街等统一规划和设计；其他非城市地下物流系统应与铁路、车站、码头及机场、仓储等的规划设计协调统一。

（6）系统终端和整体布局。根据运载工具及其货物装卸方式、进站方式及物流管线布局方式，可以形成不同形式的终端。城市地下物流系统的整体布局取决于很多因素，如计划链接的不同区域的位置及其相互间的距离和障碍物，位于不同区域的终端数量、位置及其功能定位等。应实现物流网络的合理布局、物流通道的合理安排和物流节点的规模层级优化。

（7）物流信息及其自动化控制系统规划。地下物流系统的信息数字化及其自动控制系统是实现地下物流系统自动化、智能化的关键，在地下物流系统规划设计时应充分考虑。

（8）地下物流系统的总体发展战略和政策规划。

15.2.2　地下物流系统设计

城市地下物流系统的设计主要包括如下步骤：

1. 定义系统边界和功能需求

城市地下物流系统总体上由两部分组成，即终端子系统和运输子系统，运输子系统承担货物在各终端之间的实际运输，而终端子系统负责运输子系统和地面之间的衔接。如图 15-4 中的虚线部分所示，城市地下物流系统连接着城市边缘的机场、货运站、物流园区等以及城内的超市、酒店、仓库、工厂、配送中心等。

城市地下物流系统必须达到其使用者的期望和目标，由此可以确定系统的功能需求。但问题在于城市地下物流系统的建设期和使用期较长，很难明确这种新型物流系统在其将来使用期间有哪些使用者，从而无法完全确定使用者的需求，对此需要进行科学的预测。

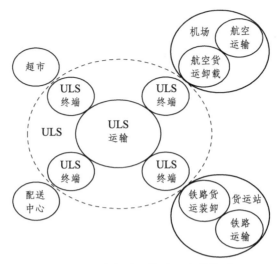

图 15-4　城市地下物流系统的构成

2. 确定系统使用期间运输的货物类型及流向、流量预测

确定城市地下物流系统在其使用期间运输的货物类型非常重要，因为它决定了运输管道的直径、集装箱和货盘的标准尺寸等。比如管道直径越大，需要的建设成本越高，但单位时间运输的货物也越多，收益越大，为此需要进行合理地权衡。为表示货物的流动情况，还需要确定各种货物的流向（即货物流的起点和终点）和流量，这是城市地下物流系统中设置站点（即区域配送中心）的重要依据。

3. 确定系统的结构配置

城市地下物流系统有三种基本的网络结构配置（图 15-5）：

（1）线形结构：投资少，但只能连接少量区域配送中心，限制了配送中心的布局。

（2）环形结构：可以连接较多配送中心，但配送中心的布局仍受到限制，而且货物需要路过多个配送中心才能运达目的地。

（3）分支结构（格栅状、树状及混合布局）：可以连接所有配送中心，但由于需要建造更长的管道，投资高。在实际应用中，也可能采用不同结构的组合。

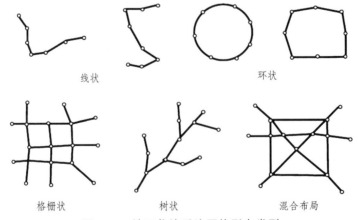

图 15-5　地下物流系统网络形态类型

城市地下物流系统有单线和双线（双向）之分：

（1）单线系统易于建造，占用空间少，所以投资低，但有如下缺点：①运输能力低；②多采用环形结构配置，但由于所有货物只能沿一个方向运行，运输距离不一定是最短的；③如果出现故障，必须关闭整个管道，系统中的所有货物将出现阻塞；④必须等到整个系统全部完工后才能开始运行，这意味着不便于根据货物流量变化的需要对系统进行逐步扩建。因此，最好采用双线系统。

（2）双线系统还有单管（双线同时位于一个直径较大的管道）和双管（双线各自位于一个直径较小的管道）之分，应根据具体情况（如速度、柔性、运输能力、成本等）进行合理选择。

4. 货运方式选择及运载工具开发

城市地下物流系统采用的货运方式主要有两类：

（1）舱体管道运输，根据驱动方式又分为气力舱体管道和水力舱体管道，后者实际应用较少，近年来还出现由线性马达驱动的舱体管道。

（2）车辆运输，主要有轨道导向车、自动导向车和地上地下两用车。开发的运载工具必须能够运输各类需要通过城市地下物流系统运输的货物，能够实现全自动导航运行、自动控制车距和自动装卸货物，并尽可能采用无污染驱动方式。此外，开发的运载工具必须能够满足规定的运行条件（如速度、加速度、倾斜度、转弯半径等）。

5. 系统终端及整体布局设计

根据所用运载工具及其货物装卸方式、进站方式，以及物流管线布局方式，可以形成不同形式的终端。例如，运载工具可以通过斜坡进入终端，沿着终端内的环形路线运行并停靠在不同的码头装卸货物，之后重新进入环形路线运行并离开终端，或暂时停在终端内的停泊区。城市地下物流系统的整体布局取决于很多因素，如计划连接的不同区域的位置及其相互间的距离和障碍物。位于不同区域的终端的数量、位置及其功能定位也影响着整个系统的管线布局。

6. 自动化物流控制系统设计

目前世界各国研发应用的地下物流系统均采用较高的自动化控制系统，通过自动导航系统对货物的运输进行监管、控制。因此，信息技术在地下物流系统的应用中具有极其重要的作用。自动化物流控制系统是城市地下物流系统的中枢。对于全自动、大规模的城市地下物流系统而言，其自动化控制系统非常复杂。为降低系统的复杂性和提高系统的可维护性，通常采用分层控制结构，如图 15-6 所示。

上层是物流控制模块，用来产生运输指令；

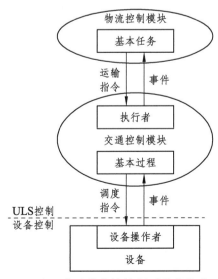

图 15-6　自动化物流控制系统的构成

中层是交通控制模块，用来协调运载工具的运行，避免发生冲突；下层表示物理设备的自我控制。它不作为整个 ULS 控制系统的组成部分，而是设备制造商根据规定接口开发的控制单元。系统中的控制指令自上而下传递，系统中有关事件发生的信息自下而上反馈。为便于系统升级，还应该采用分布式控制和本地自治结构。分布式控制系统可以采用面向对象编程技术实现，不同控制组件之间尽可能独立，且可以并行执行。设备应高度自治（自我控制），这样当控制系统的某一部分出现故障时，其他部分仍可正常运行。在地下管道中与运载工具进行通信比较困难，通常需要昂贵的专用通信设备，而设备自治可以有效减少通信需求。

7. 原型系统开发与测试

设计大规模城市地下物流系统需要开发多种不同的原型系统，并进行大量的测试工作，以便为系统的最终实施提供足够的信息和知识。为此，一方面可以利用虚拟原型或计算机仿真技术预测系统的整体性能和单个设备的动力学特性。另一方面，需要开发运载工具、装卸设备等的实体原型，用来检验设计方案的可行性和计算机仿真中所用的假定特性。关键的开发和测试工作还包括自动控制系统、传动系统、运载工具的动力学特性、高速和低速时的机动特性、稳定性和耐用性等。

8. 工程设计

在工程施工之前需要进行工程设计，主要包括初步设计和施工图设计。

初步设计是根据设计任务书的内容及基础资料，将设计任务书中所确定的各项内容做出具体安排，并在技术可行和经济合理的前提下，确定出工程建设的主要技术方案、总投资和各项主要技术指标等。

施工图设计则是在初步设计的基础上，进一步对所审定的修建原则、设计方案、技术决定加以具体和深化，最终确定各项工程数量，提出文字说明、图表资料和施工组织计划，编制施工图预算，以适应工程施工的需要。

15.3　地下仓储设施规划与设计

根据目前我国地下开发利用的现状，本节以地下食品库（地下粮库与地下冷库）、地下液体燃料库为例，介绍地下仓储设施的规划与设计。

15.3.1　地下粮库

地下粮库是用于储存粮食且满足储粮功能要求的地下储藏设施。在地下环境中贮粮的主要优点是贮量大、占地少、贮存质量高、库存损失小、运行费用省。只要具备一定的地质条件和交通运输条件，大规模发展地下贮粮具有明显的优越性，地下粮库具有很大的发展潜力和重要的战略意义。地下粮库的规划与设计要点简述如下：

1. 选址与建筑布置

地下粮库的选址和建筑布置在地质、结构、施工等方面的考虑，一般与地下建筑没有很大的差别，但是为了降低地下粮库的造价和储粮成本，提高粮食的储存质量，以及使用和管理的方便，在建筑布置中应注意提高粮库使用的效率，保证适宜的储粮环境，组织库内外的交通运输等问题。

在浅埋土层中的地下粮库，以中、小型周转库为主，可兼作战备粮库，仓体多采用明挖形式（图 15-7）；而大型地下粮库多建在山体岩层中，仓体为暗挖洞室；还可根据当地具体条件，安排库内粮食加工设施，利用附近水库和发电站条件设置碾米和磨面等工房（图 15-8）。

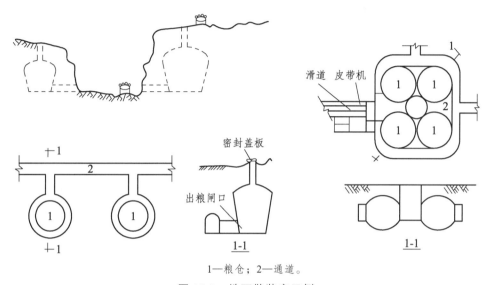

1—粮仓；2—通道。

图 15-7　地下散装库示例

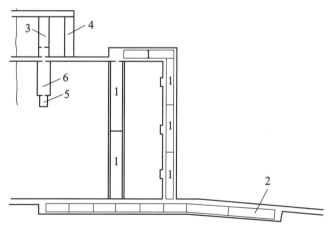

1—粮仓；2—食油库；3—电站；4—碾米间；5—磨面间；6—水库。

图 15-8　岩石中大型地下粮库示例

2. 粮食的储存方式

粮食储存有袋装储存和散装储存两种方式（图 15-9），需要对应设计不同的粮库建筑。散装仓的储存效率高，而且设置于地下，可避免地面库仓库壁承受较大的粮食荷载，降低结构造价，利用库体外的岩土介质，承受散装粮食形成的内压。事实上，当仓体装满粮食后，还可减轻仓体结构承受的围岩压力。

（a）袋装储存　　　　　　　　　　　（b）散装储存

图 15-9　粮食储存方式

3. 提高粮库建筑利用系数

在地下粮库的建筑布置中，运粮通道是必需的（见图 15-7），但合理的规划能最大限度地减少通道占用面积，提高粮仓的建筑系数。例如，加大单位长度通道所服务的粮仓面积，或者通过运输方式和运输工具的改进尽可能缩小运粮通道的宽度，就可提高建筑的利用系数。

4. 粮库湿度与通风

地下粮库能保障比较适宜的温度，因此只要调节好湿度，就可以获得所需要的储粮环境。粮仓本身应尽可能密闭，在通道中则加强通风，使仓内相对湿度保持在合理范围内。为了节约运行费用，在建筑布置上可尽量为自然通风创造条件，例如通过对应的两个库门洞口，形成自然风的对流等。当然，受自然通风能力的限制，适当使用机械通风和机械降湿还是必要的。

5. 粮食的运输方式

大量粮食储存在地下，入库、出库和库内运输工作都比较繁重。山体岩层中的地下粮库一般能做到库内外水平出入，土中浅埋粮库则比地面库增加了一次垂直运输。因此，在规划时，应当考虑如何从建筑布置上为库内外的交通运输提供方便。为了解决垂直运输问题，设货运电梯当然比较方便，但投资和运营费用都较高。对于土中浅埋粮库可以采用的方法有：设置地面进粮口滑道，利用重力入库；出粮时，则采用皮带运输机。

15.3.2　地下冷库

地下冷库是用于在低温条件下保藏货物的地下储藏设施，包括库房、氨压缩机房、变配电室及其附属建（构）筑物。为了降低能耗，有效地控制食品存储区域内的温度，冷库空间应尽可能绝缘。食物储罐表面会产生一定程度的隔离，而地下的环境，由于岩石本身是一个绝缘材料，特别是挖掘在具有低导热系数岩体中的存储洞穴，环境控制将会通过更有效的方式实现。因此地下冷库建设成本较低，空间不需要绝缘，所需的制冷装备容量较小。

1. 地下冷库的分类

按所需要的贮存温度,地下冷库的食品存储可分为两大类:即冷藏存储(温度在 0 ℃)和冷冻存储(远低于 0 ℃,如 – 25 ℃)。冷藏库主要用于短期保鲜,冷冻库主要是为了贮存各种易腐食品。除了食物,地下冷库还可以存储其他热敏存储物品,如有价值的工艺品、罕见的绘画、电影和许多其他可能需要冷藏的物品。

从冷库规模上看,可以分为小型(贮量 500 t 以下)、中型(500 ~ 3 000 t)和大型(3 000 ~ 10 000 t 和 10 000 t 以上)三类。按照经营性质,食品冷库可分为生产性冷库、分配性冷库和零售性冷库。

2. 规划与设计要点

(1)选址。地下冷库的选址常受到地理和地形条件的限制。冷库的周转性强,如果设置在远离城市的地区,则会造成运输不便,对造价和运行费都可能有不利的影响。同时工程地质条件对其也有重要的影响。

(2)储藏体积。一般来说地下冷库的体积较大,在库容为 10 000 ~ 50 000 m^3 时,造价不会超过地面库,体积增大时,单位体积的造价会降低。

(3)布置方式。由于受岩层成洞条件的限制,岩洞冷库不可能集中为一个大面积洞室或多跨连续的洞室,洞与洞之间必须保持一定厚度的岩石间壁,因此只能在布置方式上尽可能集中和缩小洞间的距离,其典型冷库布置方式如图 15-10 所示。

(4)运输方式及路线。地下冷库的内外交通运输一般均使用车辆和起重、升降设备,因此应尽可能短、顺,避免交叉和逆行;一般至少应设两个出入口,一个进、一个出,在库内单向运输,可减少通道宽度。

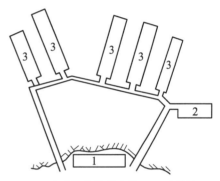

1—冷冻机房及制冰间;2—冻结间;3—冻结储存库。

图 15-10 分散布置的中型岩洞冷库

此外,根据合理的交通运输路线设计,采用"口""日""田""目"等形状的建筑布置形式(示例见图 15-11),可以使冷库的占地面积减小,对降低能耗有利。

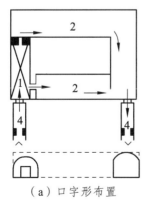

(a)口字形布置

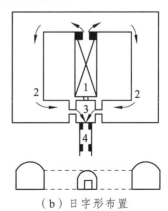

(b)日字形布置

1—急冻间;2—冻结储存库;3—转运间;4—穿堂。

图 15-11 中小型岩洞冷库布置形式示例

15.3.3　地下液体燃料库

液体燃料包括石油、天然气，以及以石油为原料生产的汽油、煤油、柴油等石油制品和煤、氢等的液化燃料，将天然气和石油炼制过程中伴生的石油气液化，即成为液化天然气（LNG）和液化石油气（LPG）。液体燃料直接关系工业生产、交通运输和生活，事关国计民生和国家能源安全问题。因此，必须对燃料采取必要的防护措施，防止储库被破坏，避免所储燃料遭受损失。地下空间以其天然具有的防护能力，成为能源战略储备的最佳选择。

1. 液体燃料的物理特性和储存要求

液体燃料与储存有关的物理特性主要有密度、黏度、温度、压力、可燃性及挥发性。石油、汽油及柴油等称为轻油，多为燃料油；密度较大的，如原油、低标号柴油及润滑油等称为重油。但不论轻油还是重油，遇水时总是浮在上面，不相混合，利用这一特点，在稳定地下水位以下，靠水和液体燃料的压力差储存液体燃料而不会流失。

油品都有一定的黏稠度，轻油黏度小，易于流动，重油黏度大，不易流动。同一种油的黏度随温度的高低而变化，温度高时黏度较小，低时则大，低到一定程度时，有的油品就会凝固，失去流动能力。因此，在储运油品时，常需要对输油管和储油罐采取加热或保温措施。

液化天然气和石油气都属于液化烃类，由气体在低温或高压条件下凝结而成，由于液化后的体积比气体状态时大大减小，故便于运输和储存，但是必须维持在液体状态的温度，则必须保持 1.0 MPa 压力才不致气化。液化石油气的要求不如天然气高，在常温下，在超压为 0.25～0.8 MPa 条件下即可储存。

燃料油品都有易燃特性，液化气在气化后与空气混合也很易燃，因此在储存时必须注意解决防火和防爆问题，严防明火和偶然的打火及静电火花等。

把液体燃料库建在地下不同深度的岩层中，满足以上各种储存方面的要求，与储存在地面上的金属容器相比，有突出的优点，只要具备适宜的地质条件和便捷的交通运输条件，完全可以用地下库取代地面库。通常，盐岩洞穴、废弃矿井、枯竭的油气层、含水层及硬岩洞穴均可用于油气储存。地下储存库的埋藏深度一般在数百米到上千米。例如，法国的 Tersanne 天然气储存库埋深为 1 500 m，盐层厚度为 650 m；德国 Bernburg 的一个天然气储存库埋深为 500～650 m；美国战略石油储备储存库，如 Big Hill 储存库、Bryan Mound 储存库及 West Hackberry 储存库等的深度均达到数百米。

2. 液体燃料岩洞水封储存的基本条件

岩洞水封储存就是利用液体燃料的密度小于水，与水不相混合的特性，在稳定的地下水位以下的完整坚硬岩石中开挖洞罐，不衬砌直接储存，依靠岩石的承载力和地下水的压力将液体燃料封存在洞罐中。

岩洞水封油库早期的布置形式是采用金属罐，沿山沟布置若干组洞罐，每一组都由通道和通道两侧交错布置的洞罐组成，俗称葡萄串式的布置。这种布置方式的主要目的是防护，把地面上的金属储油罐移到岩洞中，在洞罐中用钢板焊接成储油罐，其他储存工艺与地面钢罐油库基本相同。这种地下油库虽在防护、防灾、节地等方面有其优点，但也存在较大的局限性，如运输距离较长、高差较大、造价较高等。此外，油库的使用寿命也受到一些限制，因为钢板油罐在岩洞中比在地面上容易锈蚀，储油后如果发生渗漏，无法使用明火将钢罐切割拆除，整个洞罐只能报废。

岩洞水封技术最早出现在瑞典。石油和天然气在未开采前自然储存在地层深部的两个不透水层之间，人们从这一自然现象中受到启发开始试验利用水封原理将油储存在地下水位以下的岩洞中。图 15-12 为 1948 年瑞典某热电站利用废弃的矿坑储存重油燃料的岩洞水封油库。1950 年，瑞典开始建造第一座人工挖掘的岩洞水封油库，以后大量发展这种地下油库，并很快推广到北欧一些自然条件与瑞典相似的国家，并形成了比较成熟的储油工艺和建造技术，进一步在其他国家得到引用和推广。除容量大、造价低外，节省钢材和其他建筑材料也是岩洞水封油库的重要优点。

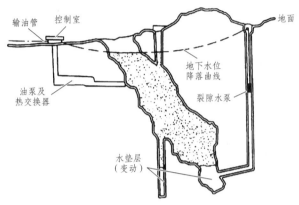

图 15-12　瑞典最早的岩洞水封油库示意图

当岩层中处于稳定地下水位以下的洞罐空间开挖成形后，周围岩石中的裂隙水就向被挖空的洞罐流动，并流入罐内，使洞罐附近的地下水位发生变化，出现降落曲线，在洞罐周围形成一个降落漏斗，在漏斗区内的岩石裂隙已经脱水。在罐内注入油品后，降落曲线随油面的上升而逐渐恢复，如图 15-13（a）所示。这时，在油的周围仍有一定的压力差，因而在任一油面上，水压力都大于油压力，使油不能从裂隙中漏走，如图 15-13（b）所示。水则通过裂隙流入洞内，沿洞壁向油的下方流动，汇聚到洞罐底部后再抽出。如果油品没有充满洞罐，则油面以上的一部分洞罐空间仍处于漏斗区中，故应保证洞罐必要的埋置深度，以防止油气沿水漏斗内的干裂隙溢出地面。一般情况下，罐顶至少应在稳定地下水位以下 5 m。

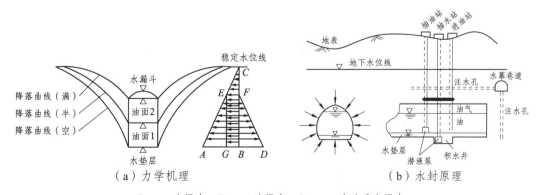

$S_{\triangle ABC}$—水压力；$S_{\triangle BDF}$—油压力；$S_{\triangle BCEG}$—存油后水压力。

图 15-13　岩洞水封油库原理

从水封储油原理可以看出，建造岩洞水封油库，必须具备三个基本条件：第一，岩石完整、坚硬、岩性均一，地质构造简单，节理裂隙不发育；第二，在适当的深度存在稳定的地下水位，但水量又不很大；第三，所储油品的相对密度小于 1.0，不溶于水，且不与岩石或水发生化学作用。只要具备这些条件，任何油品或其他液体燃料，都可以用这种方法在地下长期储存。

3. 液体燃料岩洞水封储存的方法

岩洞水封储存油品主要方法包括固定水位法和变动水位法。

（1）固定水位法。洞罐内的水垫层厚度固定在 0.3 ~ 0.5 m，水面不因储油量的多少而变化，水垫层的厚度由泵坑周围的挡水墙高度控制。水量增加时，即漫过挡水墙流入泵坑，坑内水面升高到一定位置时，水泵就自动开启抽水，如图 15-14（a）所示。

（2）变动水位法。洞罐内的油面位置固定，充满罐顶，底部水垫层的厚度则随油量的多少而上下变动。当收油时边进油边排水，发油时边抽油边进水，罐内无油时则整个被水充满。在洞罐中不需设泵坑，但要在洞罐附近设一个泵井，利用连通管原理进行注水和抽水，如图 15-14（b）所示。

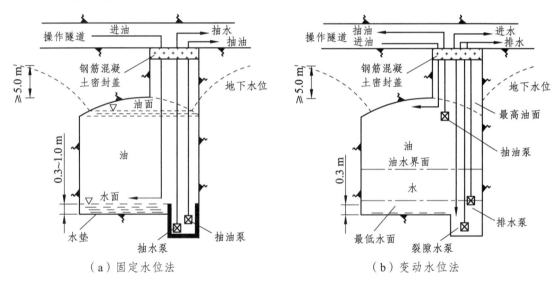

图 15-14　岩洞水封油库的储油方法

以上两种储油方法各有优缺点。固定水位法不需大量注水和排水，较节省运行费，污水处理量也小，但是当洞罐内油面较低时，上部空间加大，使油品的挥发损耗增加，充满油气的空间也增加了爆炸的危险。变动水位法的优缺点基本上与之相反，若综合加以比较，固定水位法对于多数油品，如原油、柴油、汽油等较为适用；变动水位法由于可利用水位高低调节洞罐内的压力，故对航空煤油、液化气等要求在一定压力下储存的液体燃料比较合适。

4. 岩洞水封油库选址与总体布置

库址选择的基本条件有：

（1）存在稳定的地下水位。为了做到这一点，除根据地质勘测资料加以判断外，常以海平面（退潮后的海水位）、江河的最低水位，或大型水库的死库容水位作为地下水位稳定的保障，因为岩层中的地下水位不易确定，但至少不会低于这些控制水位。

（2）油库所需要的水量能得到稳定的补给。由于以上两个方面综合的结果，水封油库的库址选在江、河、湖、海港口附近山体中的比较多。

（3）便捷的交通运输条件。例如，瑞典一座大型岩洞水封油库，8 个洞罐的总容量为 $80 \times 10^4 \, m^3$，有水路和铁路两种运输设施，分别在地下储存区的两侧，操作通道洞口距码头约 600 m，距铁路站台约 400 m，运输相当便捷。

地下水封油库的库区一般由地面作业区、地下储存区和地面行政管理及生活区三部分组成。作业区多设在码头或铁路车站；储存区根据地形和地质条件，布置在距作业区尽可能近的山体中，有一些辅助设施，如锅炉房、变电站、污水处理装置等，则宜布置在储存区操作通道的口部以外；行政和生活区可视具体情况灵活布置。

在总体布置中，除满足工艺、运输等要求外，还应注意山体开挖后洞室稳定、护坡及废石堆放和利用等环境问题。

5. 地下储存区的布置

从岩洞水封油库的特点出发，地下储存区的布置须综合考虑洞罐数量、位置、埋深、洞轴线方向、洞口位置，操作通道、竖井、施工通道、注水廊道等的布置，以及扩建等问题。

图 15-15 为我国某中型岩洞水封油库的基本构成图。其中，油品输送管道从操作通道洞口进入，沿通道经操作间，通过竖井注入储油洞罐，发油时则反方向进行。操作通道一般应与地表面在同一高程，便于油品运输，而罐则需埋置在稳定地下水位以下至少 5 m 处，由竖井上下联系。施工通道主要根据洞罐的开挖方案布置，大型洞罐一般采取分层开挖方法，施工通道要通向每一层，故比较长，建成后高程较低的部分可作为储油空间，罐底高程以上部分可用于一般物资的储存，以充分利用已经形成的地下空间。

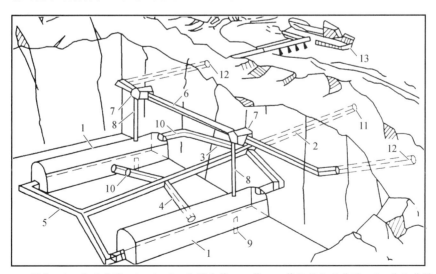

1—罐体；2—施工巷道；3、4、5—分别为第一、第二、第三层施工巷道；6—作业巷道；
7—作业间；8—竖井；9—泵房；10—水封墙；11—施工通道门；
12—作业通道口；13—码头。

图 15-15　岩洞水封油库基本构成示例

地下洞罐和通道的布置常采用环形洞罐，洞罐数量少、容量大，竖井和通道则相对较少，布置紧凑，容易适应地质条件。洞罐的排列方式与施工通道的布置和长度也有一定关系。当储存多种油品时，洞罐的排列应使用同种油品的储罐相对集中，不但便于管理，还可将施工通道布置在两组洞罐之间，储油后往施工通道中注水，将不同油品隔离，省去注水廊道，适于储存两种不同的油品。洞罐的埋深主要取决于稳定地下水位的高程，由于深度每增加 10 m 才能使压力增加 0.1 MPa，故用加大埋深以增加水压力的方法使施工通道大大加长。因此，除有特殊需要，使罐顶在稳定地下水位以下 5 m 即可。在条件允许的情况下，应尽可能减少洞罐的数量，扩大单个洞罐的容量。

15.4　地下物流仓储设施规划与设计案例

本节介绍挪威地下国际种子库的设施情况。据联合国粮农组织估计，当前全球农作物品种中已经有 3/4 停止种植。基因僵化后，农作物更易受疾病、害虫、干旱或者其他威胁侵害。因此保护农作物的基因多样性，对确保未来粮食安全至关重要。在所属农作物品种消失或者遭到破坏之后，末日种子库的种子可以帮助恢复这个品种，扮演着拯救者的角色。按照设计者构想，若有一天人类面临灾难，无论是气候变暖、传染病还是核战争等，人迹稀少的北极地区都将是受灾最少的地方。那样，人们就可以来到这里，打开种子库，寻找合适的种子重新开始生活，至少可以解决人类的吃饭问题。当前已有少数国家建造了种子库，其中最著名的当属挪威的世界末日种子库。

1. 概　况

末日种子库坐落于北极南部 1 300 km 的斯瓦尔巴群岛地下深处，耗资 900 万美元，2008 年 1 月投入使用，可储存 450 万种主要农作物的约 22.5 亿颗种子样本。斯瓦尔巴群岛位于北冰洋，处在挪威大陆与北极之间，以荒凉的山峰、冰川和北极熊著称。在漫长而寒冷的冬季，当地温度只有 −30 ～ −20 ℃，能够让存放的种子获得很好的保护。种子库长 45 m，宽、高各 4 m，内部空间有 1 000 m²，相当于半个足球场大小。库内有 3 个相互独立的冷藏室，尺寸均为 9.5 m × 27 m，内部还建有空气交换和制冷设备。

末日种子库建在一座砂岩山内部 120 m 处，地质活动不活跃并且处于永久冻结带，是保护种子的理想之地，工程安全程度堪比美国国家黄金储备库诺克斯堡。这个种子库高出海平面 130 m，即使冰川融化仍能保持干燥的环境。种子库修建在隧道的尽头，隧道和种子库的外围修筑了一层 1 m 厚的混凝土石板，隧道外面的密封门可抵抗数吨炸药爆炸的威力，图 15-16 为挪威地下国际种子库剖透视图。

2. 存储保护措施

末日种子库的储藏室温度保持在 −18 ℃，三室供电相互独立。存放种子的盒子进行真空密封处理，用以限制氧气透过量和降低代谢活动。在位于一条 125 m 长的隧道末端的储藏室，即使不使用电动制冷装置，温度也不会超过 −3.5 ℃。种子库的安全设施包括运动传感器和网络摄像头，用于监视大门。当地机场的控制塔也可以直接监视种子库。

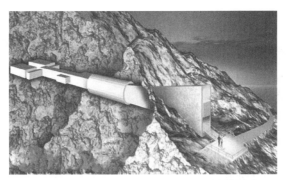

图 15-16　挪威地下国际种子库剖透视图

正常年份，种子库内的自动温控系统将使空气交换机和制冷设备交替工作，把温度常年控制在 – 18 ℃；遇到停电，冻土层内的天然低温也可抵抗热浪，用当地工作人员的话说："在冻土层里，猛犸象的尸骨能完好保存几万年，再加上个密封的种子库，热浪真的进来也不那么容易"，因为种子库比海平面高 130 m，所以就算是南北极的冰山都融化，海水也淹不着。

新种子装箱后存入种子库，每箱最多可装 400 个样本，样本以铝塑真空包装，每个样本一般可以装 500 颗种子。种子库可容纳 400 万～500 万种植物种子，因此不管是其他种子库已有的种子类型还是未来新的种子品种都尽可囊括。种子库建成后，每年只打开一到两次，用来进行内部检查和增加新的种子品种。此外，挪威政府还计划开发附近的一座煤矿，并建设一个小型发电厂，以保证种子库的能源供应，图 15-17 显示了种子库入口和内部情况。

（a）种子库入口　　　　　　　　　　　　（b）内部情况

图 15-17　种子库入口和内部情况

3. 运行情况

挪威政府为末日种子库的建造提供了资金支持，全球农作物多样性信托基金帮助进行管理，同时筹集日常运营所需资金。值得一提的是，将种子存放在这里并不收取费用。全球农作物多样性信托基金的资金主要来自比尔和梅琳达·盖茨基金会等组织以及各国政府。

末日种子库 2008 年投入使用，一年内便保存了来自爱尔兰、美国、加拿大、瑞士、哥伦比亚、墨西哥和叙利亚的大约 40 万种种子样本，末日种子库现保存有来自全球各地的约 100 万份种子样本。在发生大灾难后，末日种子库存储的种子将帮助受灾国家或地区恢复农业生产。此外，这座种子库也是保护农作物多样性的关键，能帮助应对气候变化对农作物品种的影响。

📝【习　题】

1. 请简述物流系统的组成结构包括哪些内容？

2. 请简述地下物流系统的分类。

3. 请简述地下仓储设施的分类。

4. 地下物流系统的规划原则和内容有哪些？

5. 请简述地下物流系统的设计步骤和主要内容。

6. 地下物流系统的网络结构形态有哪几种？各自特点是什么？

7. 请简述地下粮库的规划与设计要点。

8. 请简述地下冷库的规划与设计要点。

9. 液体燃料岩洞水封储存的基本条件有哪些？

10. 液体燃料岩洞水封储存的方法有哪几种？基本原理是什么？

附录 A 城市地下空间规划专业术语

1. 城市地下空间 urban underground space

城市行政区域内地表以下，自然形成或人工开发的空间，是地面空间的延伸和补充。

2. 地下空间开发利用 underground space development and utilization

对地下空间的利用进行研究策划、规划设计、建造、使用、维护和管理的各类活动与过程的总称。

3. 城市地下空间规划 urban underground space planning

对一定时期城市地下空间开发利用的综合部署、具体安排和实施管理。

4. 地下空间资源评估 assessment on underground space resources

根据城市地层环境和构造特征，判明一定深度内岩体和土体的自然、环境、人文及城市建设等要素对城市地下空间开发利用的影响，明确地下空间资源的适建规模与分布，是城市地下空间规划的重要依据。

5. 地下空间需求分析 analysis of underground space demand

根据规划区的发展目标、建设规模、社会经济发展水平和地下空间资源条件，对城市地下空间利用的必要性、可行性和一定时期内地下空间利用的规模及功能配比进行分析与判断，是城市地下空间布局的重要指导和依据。

6. 地下空间总体规划 underground space master plan

对一定时期内规划区内城市地下空间资源利用的基本原则、目标、策略、范围、总体规模、结构特征、功能布局、地下设施布局等的综合安排和总体部署。

7. 地下空间详细规划 underground space detailed plan

对城市地下空间利用重点片区或节点内地下空间开发利用的范围、规模、空间结构、开发利用层数、公共空间布局、各类设施布局、各类设施分项开发规模、交通廊道及交通流线组织等提出的规划控制和引导要求。

8. 地下空间环境 underground space environment

地下空间内部的声、光、热、湿和空气洁净度等物理环境，以及内部空间的形状、尺度、材料质感、色彩、盲道、语音等感知环境的总称。

9. 地下空间安全 underground space safety

地下空间开发建设中灾害防控和运营维护中防火、防爆、防毒、防震、防洪防涝，以及灾害救援等保障内部人员和财产安全的相关措施的总称。

10. 地下空间综合防灾 comprehensive disaster prevention of underground space

根据城市地下空间资源条件和城市灾害特点，对设置在地下的指挥通信、人员掩蔽疏散、应急避难、消防抢险、医疗救护、运输疏散、治安、生活保障、物资储备等不同系统进行的统一组织和部署，提出利用城市地下空间提高城市防灾能力和城市地下空间自身灾害防御的策略和空间布局。

11. 城市地下空间设施 urban underground facilities

在地表以下规划建设的具有特定功能的设施或系统。

12. 地下交通设施 underground transportation facilities

利用城市地下空间实现交通功能的设施，包括地下道路设施、地下轨道交通设施、地下公共人行通道、地下交通场站、地下停车设施等。

13. 地下道路设施 underground road facilities

地表以下或主要位于地表以下，供机动车或兼有非机动车、行人通行的通道及配套设施的总称。

14. 地下轨道交通设施 underground rail transit facilities

地表以下或主要位于地表以下的铁路、城市轨道交通线路、车站及配套设施的总称。

15. 地下交通场站 underground transit station

地下或半地下交通场站的总称，包括城市轨道车辆基地、公路客货运站、公交场站和出租车场站等。

16. 地下市政公用设施 underground municipal and utility facilities

利用城市地下空间实现城市给水、供电、供气、供热、通信、排水、环卫等市政公用功能的设施，包括地下市政场站、地下市政管线、地下市政管廊和其他地下市政公用设施。

17. 综合管廊 utility tunnel

建于城市地下用于容纳两类及以上城市工程管线的构筑物及附属设施。

18. 地下管线 underground pipeline

敷设于地表下的给水、排水、燃气、热力、电力、通信、工业等管道线路及附属设施的统称。

19. 地下仓储设施 underground storage facilities

用于储存各种食品、物资、能源、危险品、核废料等的地下工程设施，包括地下食物库、地下油气库、地下物资储备库、地下水库等。

20. 地下物流系统 underground freight transportation system

采用现代运载工具和信息技术实现货物在地表下运输的物流系统。

21. 地下防灾减灾设施 underground disaster prevention and mitigation facilities

为抵御和减轻各种自然灾害、人为灾害及其次生灾害对城市居民生命财产和工程设施造成危害和损失所兴建的地下工程设施，包括人民防空工程、地下生命线系统、地下防涝工程、地下防震设施、地下消防设施等。

22. 地下人民防空设施 underground civil air defense facilities

为保障人民防空指挥、通信、掩蔽等需要而建造的地下防护建筑，包括地下通信指挥工程、医疗救护工程、防空专业队工程和人员掩蔽工程等设施。

23. 地下综合体 underground complex

将交通、商业及其他公共服务设施等多种地下空间功能和设施有机结合所形成的大型综合功能的地下建筑，包括街道型地下综合体、广场型地下综合体等。

24. 地下城 underground city

通过地下交通设施连接多个地下综合体形成大规模、多功能的地下空间网络设施。

附录 B   城乡用地分类和代码

附表 B   城乡用地分类和代码

类别代码			类别名称	内　　容
大类	中类	小类		
H			建设用地	包括城乡居民建设用地、区域交通设施用地、区域公共设施用地、特殊用地、采矿用地及其他建设用地等
	H1		城乡居民点建设用地	城市、镇、乡、村庄建设用地
		H11	城市建设用地	城市内的居住用地、公共管理与公共服务用地、商业服务设施用地、工业用地、物流仓储用地、道路与交通设施用地、公用设施用地、绿化与广场用地
		H12	镇建设用地	镇人民政府驻地的建设用地
		H13	乡建设用地	乡人民政府驻地的建设用地
		H14	村庄建设用地	农村居民点的建设用地
	H2		区域交通设施用地	铁路、公路、港口、机场和管道运输等区域交通运输及其附属设施用地，不包括城市建设用地范围内的铁路客货运站、公路长图客货运站及港口客运码头
		H21	铁路用地	铁路编组站、线路用地
		H22	公路用地	国道、省道、县道和乡道用地及附属设施用地
		H23	港口用地	海港和河港的陆域部分，包括码头作业区、辅助生产区等用地
		H24	机场用地	民用及军民合用的机场用地，包括飞行区、航站区等用地，不包括净空控制范围用地
		H25	管道运输用地	运输煤炭、石油和天然气等地面管道运输用地，地下管道运输规定地面控制范围内的用地应按其他地面实际用途归类
	H3		区域公用设施用地	为区域服务的公用设施用地，包括区域性能源设施、水工设施、通信设施、广播电视设施、殡葬设施、环卫设施、排水设施等用地
	H4		特殊用地	特殊性质的用地
		H41	军事用地	专门用于军事目的的设施用地，不包括部队家属生活区和军民公用设施等用地
		H42	安保用地	监狱、拘留所、劳改场所和安全保卫设施等用地，不包括公安局用地
	H5		采矿用地	采矿、采石、采沙、盐田、砖瓦窑等地面生产用地及尾矿堆放地

类别代码			类别名称	内　容
大类	中类	小类		
	H9		其他建设用地	除以上之外的建设用地，包括边境口岸和风景名胜区、森林公园等的管理及服务设施用地
E			非建设用地	水域、农林用地及其他非建设用地等
	E1		水域	河流、湖泊、水库、坑塘、沟渠、滩涂、冰川及永久积雪
		E11	自然水域	河流、湖泊、滩涂、冰川及永久积雪
		E12	水库	人工拦截汇集而成的总库容不小于 10 万 m^3 的水库正常蓄水位岸线所围成的水面
		E13	坑塘沟渠	需水量小于 10 万 m^3 坑塘水面和人工修建用于引、排、灌的渠道
	E2		农林用地	耕地、园林、林地、牧草地、设施农用地、田坎、农村道路等用地
	E9		其他非建设用地	空闲地、盐碱地、沼泽地、沙地、裸地、不用于畜牧业的草地等用地

附录 C　城市建设用地分类和代码

附表 C　城市建设用地分类和代码

类别代码			类别名称	内　容
大类	中类	小类		
R			居住用地	住宅和相应服务设施的用地
	R1		一类居住用地	设施齐全、环境良好，以低层住宅为主的用地
		R11	住宅用地	住宅建筑用地及其附属道路、停车场、小游园等用地
		R12	服务设施用地	居住小区及小区级以下的幼托、文化、体育、商业、卫生服务、养老助残设施等用地，不包括中小学用地
	R2		二类居住用地	设施较齐全、环境良好，以多、中、高层住宅为主的用地
		R21	住宅用地	住宅建筑用地(含保障性住宅用地)及其附属道路、停车场、小游园等用地
		R22	服务设施用地	居住小区及小区级以下的幼托、文化、体育、商业、卫生服务、养老助残设施等用地，不包括中小学用地
	R3		三类居住用地	设施较欠缺、环境较差，以需要加以改造的简陋住宅为主的用地，包括危房、棚户区、临时住宅等用地
		R31	住宅用地	住宅建筑用地及其附属道路、停车场、小游园等用地
		R32	服务设施用地	居住小区及小区级以下的幼托、文化、体育、商业、卫生服务、养老助残设施等用地，不包括中小学用地
A			公共管理与公共服务用地	行政、文化、教育、体育、卫生等机构和设施的用地，不包括居住用地中的服务设施用地
	A1		行政办公用地	党政机关、社会团体、事业单位等办公机构及其相关设施用地
	A2		文化设施用地	图书、展览等公共文化活动设施用地
		A21	图书展览设施用地	公共图书馆、博物馆、档案馆、科技馆、纪念馆、美术馆和展览馆、会展中心等设施用地
		A22	文化活动设施用地	综合文化活动中心、文化馆、青少年宫、儿童活动中心、老年活动中心等设施用地
	A3		教育科研用地	高等院校、中等专业学校、中学、小学、科研事业单位及其附属设施用地，包括为学校配建的独立地段的学生生活用地
		A31	高等院校用地	大学、学院、专科学校、研究生院、电视大学、党校、干部学校及其附属设施用地，包括军事院校用地
		A32	中等专业学校用地	中等专业学校、技工学校、职业学校等用地，不包括附属于普通中学内的职业高中用地

类别代码			类别名称	内　容
大类	中类	小类		
		A33	中小学用地	中学、小学用地
		A34	特殊教育用地	聋、哑、盲人学校及工读学校等用地
		A35	科研用地	科研事业单位用地
	A4		体育用地	体育场馆和体育训练基地等用地,不包括学校等机构专用的体育设施用地
		A41	体育场馆用地	室内外体育运动用地,包括体育场馆、游泳场馆、各类球场及其附属的业余体校等用地
		A42	体育训练用地	为体育运动专设的训练基地用地
	A5		医疗卫生用地	医疗、保健、卫生、防疫、康复和急救设施等用地
		A51	医院用地	综合医院、专科医院、社区卫生服务中心等用地
		A52	卫生防疫用地	卫生防疫站、专科防治所、检验中心和动物检疫站等用地
		A53	特殊医疗用地	对环境有特殊要求的传染病、精神病等专科医院用地
		A59	其他医疗卫生用地	急救中心、血库等用地
	A6		社会福利设施用地	为社会提供福利和慈善服务的设施及其附属设施用地,包括福利院、养老院、孤儿院等用地
	A7		文物古迹用地	具有保护价值的古遗址、古墓葬、古建筑、石窟寺、近代代表性建筑、革命纪念建筑等用地,不包括已作其他用途的文物古迹用地
	A8		外事用地	外国驻华使馆、领事馆、国际机构及其生活设施用地
	A9		宗教设施用地	宗教活动场所用地
B			商业服务业设施用地	商业、商务、娱乐康体等设施用地,不包括居住用地中的服务设施用地
	B1		商业设施用地	商业及餐饮、旅馆等服务业用地
		B11	零售商业用地	以零售功能为主的商铺、商场、超市、市场等用地
		B12	批发市场用地	以批发功能为主的市场用地
		B13	餐饮用地	饭店、餐厅、酒吧等用地
		B14	旅馆用地	宾馆、旅馆、招待所、服务型公寓、度假村等用地
	B2		商务设施用地	金融保险、艺术传媒、技术服务等综合性办公用地
		B21	金融保险用地	银行、证券期货交易所、保险公司等用地
		B22	艺术传媒用地	文艺团体、影视制作、广告传媒等用地
		B29	其他商务设施用地	贸易、设计、咨询等技术服务办公用地
	B3		娱乐康体设施用地	娱乐、康体等设施用地
		B31	娱乐用地	剧院、音乐厅、电影院、歌舞厅、网吧以及绿地率小于65%的大型游乐等设施用地

类别代码			类别名称	内 容
大类	中类	小类		
		B32	康体用地	赛马场、高尔夫、溜冰场、跳伞场、摩托车场、射击场，以及通用航空、水上运动的陆域部分等用地
	B4		公共设施营业网点用地	零售加油、加气、电信、邮政等公用设施营业网点用地
		B41	加油加气站用地	零售加油、加气以及液化石油气换瓶站用地
		B49	其他公用设施营业网点用地	独立地段的电信、邮政、供水、燃气、供电、供热等其他公用设施营业网点用地
	B9		其他服务设施用地	业余学校、民营培训机构、私人诊所、殡葬、宠物医院、汽车维修站等其他服务设施用地
M			工业用地	工矿企业的生产车间、库房及其附属设施用地，包括专用铁路、码头和附属道路、停车场等用地，不包括露天矿用地
	M1		一类工业用地	对居住和公共环境基本无干扰、污染和安全隐患的工业用地
	M2		二类工业用地	对居住和公共环境有一定干扰、污染和安全隐患的工业用地
	M3		三类工业用地	对居住和公共环境有严重干扰、污染和安全隐患的工业用地
W			物流仓储用地	物资储备、中转、配送等用地，包括附属道路、停车场以及货运公司车队的战场等用地
	W1		一类物流仓储用地	对居住和公共环境基本无干扰、污染和安全隐患的物流仓储用地
	W2		二类物流仓储用地	对居住和公共环境有一定干扰、污染和安全隐患的物流仓储用地
	W3		三类物流仓储用地	存放易燃、易爆和剧毒等危险品的专用仓库用地
S			道路与交通设施用地	城市道路、交通设施等用地，不包括居住用地、工业用地等内部的道路、停车场等用地
	S1		城市道路用地	快速路、主干路、次干路和支路等用地，包括其交叉口用地
	S2		城市轨道交通用地	独立地段的城市轨道交通地面以上部分的线路、站点用地
	S3		交通枢纽用地	铁路客货运站、公路长途客货运站、港口客运码头、公交枢纽及其附属设施用地
	S4		交通场站用地	交通服务设施用地，不包括交通指挥中心、交通队用地
		S41	公共交通场站用地	城市轨道交通车辆基地及附属设施，公共汽（电）车首末站、停车场（库）、保养站、出租汽车场站设施等用地，以及轮渡、缆车、索道等的地面部分及其附属设施用地
		S42	社会停车场用地	独立地段的公共停车场和停车库用地，不包括其他各类用地配建的停车场和停车库用地
	S9		其他交通设施用地	除以上之外的交通设施用地，包括教练场等用地
U			公共设施用地	供应、环境、安全等设施用地
	U1		供应设施用地	供水、供电、供燃气和供热等设施用地
		U11	供水用地	城市取水设备、自来水厂、再生水厂、加压泵站、高位水池等设施用地

类别代码			类别名称	内　容
大类	中类	小类		
		U12	供电用地	变电站、开闭所、变配电所等设施用地，不包括电厂用地。高压走廊下规定的控制范围内的用地应按其地面实际用途归类
		U13	供燃气用地	分输站、门站、储气站、加气母站、液化石油气储配站、罐瓶站和地面输气管廊等设施用地，不包括制气厂用地
		U14	供热用地	集中供热锅炉房、热力站、换热站和地面输热管廊等设施用地
		U15	通信设施用地	邮政中心局、邮政支局、邮件处理中心、电信局、移动基站、微波站等设施用地
		U16	广播电视设施用地	广播电视的发射、传输和监测设施用地，包括无线电收信区、发信区以及广播电视发射台、转播台、差转台、监测站等设施用地
	U2		环境设施用地	雨水、污水、固体废物处理和环境保护等的公用设施及其附属设施用地
		U21	排水设施用地	雨水泵站、污水泵站、污水处理、污泥处理厂等设施及其附属的构筑物用地，不包括排水河渠用地
		U22	环卫设施用地	垃圾转运站、公厕、车辆清洗站、环卫车辆停放维修厂等设施用地
		U23	环保设施用地	垃圾处理、危险品处理、医疗垃圾处理等设施用地
	U3		安全设施用地	消防、防洪等保卫城市安全的公用设施及其附属设施用地
		U31	消防设施用地	消防站、消防通信及指挥训练中心等设施用地
		U32	防洪设施用地	防洪堤、防洪枢纽、排洪沟渠等设施用地
	U9		其他公用设施用地	除以上之外的公用设施用地，包括施工、养护、维修等设施用地
G			绿地与广场用地	公园绿地、防护绿地、广场等公共开放空间用地
	G1		公园绿地	向公众开放，以游憩为主要功能，兼具生态、美化、防灾等作用的绿地
	G2		防护绿地	具有卫生、隔离和安全防护功能的绿地
	G3		广场用地	以游憩、纪念、集会和避险等功能为主的城市公共活动场地

附录 D 城市地下空间设施分类和代码

附表 D 城市地下空间设施分类和代码

类别代码		类别名称	内　容
大类	中类		
交通设施			
UG-S	UG-S1	道路设施	车行通道、兼有非机动车和行人通行的车行通道、配套设施
	UG-S2	轨道交通设施	铁路、城市轨道交通线路、车站、配套设施等
	UG-S3	人行通道	人行通道及其配套设施
	UG-S4	交通场站设施	城市轨道车辆基地、公路客货运站、公交（场）站、出租车（场）站等
	UG-S5	停车设施	公共停车库、各类用地内的配建停车库
	UG-S9	其他交通设施	除以上之外的交通设施
市政公用设施			
UG-U	UG-U1	市政场站	污水处理厂、再生水厂、泵站变电站、通信机房、垃圾转运站、雨水调蓄池等场站设施
	UG-U2	市政管线	电力管线、通信管线、燃气配气管线、再生水管线、给水配水管线、热力管线、燃气输气管线、原水管线、给水输水管线、污水管线、雨水管线、输油管线、输泥输渣管线等市政管线
	UG-U3	市政管廊	用于放置市政管线的空间和廊道，包括电缆隧道等专业管廊、综合管廊和其他市政管沟
	UG-U9	其他市政公用设施	除以上之外的市政公用设施
公共管理与公共服务设施			
UG-A	UG-A1	行政办公设施	党政机关、社会团体、事业单位等机构及其相关设施
	UG-A2	文化设施	图书馆、档案馆、展览馆等公共文化活动实施
	UG-A3	教育科研设施	研发、设计、实验室等设施
	UG-A4	体育设施	体育场馆和体育锻炼设施等
	UG-A5	医疗卫生设施	医疗、保健、卫生、防疫、急救等设施
	UG-A7	文物古迹	具有历史、艺术、科学价值且没有其他使用功能的建（构）筑物、遗址、墓葬等
	UG-A9	宗教设施	宗教活动场所设施

类别代码		类别名称	内 容
大类	中类		
商业服务业设施			
UG-B	UG-B1	商业设施	商铺、商场、超市、餐饮等服务业设施，金融、保险、证券、新闻出版、文艺团体等综合性办公设施，各类娱乐、康体等设施
	UG-B9	其他服务设施	殡葬、民营培训机构、私人诊所等其他服务设施
工业设施			
UG-M	UG-M1	一类工业设施	对居住和公共环境基本无干扰、污染和安全隐患的工业设施
	UG-M2	二类工业设施	对居住和公共环境有一定干扰、污染和安全隐患的工业设施
	UG-M3	三类工业设施	对居住和公共环境有严重干扰、污染和安全隐患的工业设施
物流仓储设施			
UG-W	UG-W1	一类物流仓储设施	对公共环境基本无干扰、污染和安全隐患的物流仓储设施
	UG-W2	二类物流仓储设施	对公共环境有一定干扰、污染和安全隐患的物流仓储设施
	UG-W3	三类物流仓储设施	易燃、易爆或剧毒等危险品的专用物流仓储设施
防灾设施			
UG-D	UG-D1	人民防空设施	通信指挥工程、医疗救护工程、防空专业队过程、人员掩蔽工程和人防物资储备等设施
	UG-D2	安全设施	消防、防洪、抗震等设施
UG-X		其他设施	除以上之外的设施

参考文献

[1]　束昱，路姗，阮叶菁.城市地下空间规划与设计[M].上海：同济大学出版社，2015.

[2]　童林旭.地下建筑学[M].北京：中国建筑工业出版社，2012.

[3]　姚华彦，刘建军.城市地下空间规划与设计[M].北京：中国水利水电出版社，2018.

[4]　王文卿.城市地下空间规划与设计[M].南京：东南大学出版社，2000.

[5]　陈志龙，王玉北.城市地下空间规划[M].南京：东南大学出版社，2005.

[6]　赵景伟，张晓玮.现代城市地下空间开发：需求、控制、规划与设计[M].北京：清华大学出版社，2016.

[7]　陈志龙，刘宏.城市地下空间规划控制与引导[M].南京：东南大学出版社，2015.

[8]　吴志强，李德华.城市规划原理[M].4版.上海：同济大学出版社，2010.

[9]　陈志龙，刘宏.城市地下空间总体规划[M].南京：东南大学出版社，2016.

[10]　深圳市规划国土发展中心.城市地下空间规划标准：GB/T 51358—2019[S].北京：中国计划出版社，2019.

[11]　汤宇卿.城市地下空间规划[M].北京：中国建筑工业出版社，2019.

[12]　童林旭，祝文君.城市地下空间资源评估与开发利用规划[M].北京：中国建筑工业出版社，2009.

[13]　蒋旭.天津市滨海新区地下空间资源评估[D].天津：天津大学，2017.

[14]　陈易.城市地下空间室内设计[M].上海：同济大学出版社，2015.

[15]　卢济威，庄宇.城市地下公共空间设计[M].上海：同济大学出版社，2015.

[16]　贾坚.城市地下综合体设计实践[M].上海：同济大学出版社，2015.

[17]　朱建明，宋玉香.城市地下空间规划[M].北京：中国水利水电出版社，2015.

[18]　中国城市规划设计研究院.成都市地下空间利用总体规划纲要（2005—2020）说明书[R].北京：中国城市规划设计研究院，2005.

[19]　邵继中.城市地下空间设计[M].南京：东南大学出版社，2016.

[20]　谭卓英.地下空间规划与设计[M].北京：科学出版社，2015.

[21]　束昱.城市地下空间环境艺术设计[M].上海：同济大学出版社，2015.

[22]　郭晓阳，王占生.地铁车站空间环境设计[M].北京：中国水利水电出版社，2014.

[23]　马雪.城市地下空间导向标识系统设计[D].天津：天津大学，2009.

[24]　戴慎志，郝磊.城市防灾与地下空间规划[M].上海：同济大学出版社，2014.

[25] 马雅楠，于善蒙，胡春璐. 浅谈城市地下空间综合防灾规划[J]. 河南建材，2012，（2）：155-156.

[26] 北京工业大学抗震减灾研究所，中国城市规划设计研究院. 城市综合防灾规划标准：GB/T 51327—2018[S]. 北京：中国建筑工业出版社，2018.

[27] 彭立敏，王薇，余俊. 地下建筑规划与设计[M]. 长沙：中南大学出版社，2012.

[28] 代朋. 城市地下空间开发利用与规划设计[M]. 北京：中国水利水电出版社，2012.

[29] 童林旭. 地下商业街规划与设计[M]. 北京：中国建筑工业出版社，1998.

[30] 束昱. 地下空间资源的开发与利用[M]. 上海：同济大学出版社，2002.

[31] 王艳，王大伟. 地下空间规划设计[M]. 北京：人民交通出版社，2017.

[32] 许红. 城市轨道交通规划与方法[M]. 北京：北京交通大学出版社，2011.

[33] 范益群，张竹，杨彩霞. 城市地下交通设施规划与设计[M]. 上海：同济大学出版社，2015.

[34] 蒋雅君，邱品茗. 地下工程本科毕业设计指南（地铁车站设计）[M]. 成都：西南交通大学出版社，2015.

[35] 李君，叶霞飞. 城市轨道交通车站分布方法的研究[J]. 同济大学学报（自然科学版），2004，32（08）：1009-1014.

[36] 北京城建设计研究总院有限责任公司，中国地铁工程咨询有限责任公司. 地铁设计规范：GB 50157—2013[S]. 北京：中国建筑工业出版社，2013.

[37] 罗观. 成都市城市轨道交通"米"字形线网布局规划的案例研究[D]. 成都：电子科技大学，2018.

[38] 潘建平，林志，韩敬文. 城市地下快速道路网规划原则及其应用分析[J]. 地下空间与工程学报，2010，06（z1）：1351-1355.

[39] 钱七虎，王秀文. 钱七虎院士论文选集[M]. 北京：科学出版社，2007.

[40] 张天然，赵娅丽，刘艺，等. 地下道路功能定位及其在上海市的适用性分析[J]. 地下空间与工程学报，2007，3（3）：406-410.

[41] 商慧丽. 地下快速路规划及其预评价研究[D]. 广州：华南理工大学，2012.

[42] 郭涛. 城市快速路匝道分合流区交通运行特性及优化控制方法研究[D]. 青岛：青岛理工大学，2014.

[43] 上海市政工程设计研究总院（集团）有限公司. 城市地下道路工程设计规范：CJJ 221—2015[S]. 北京：中国建筑工业出版社，2015.

[44] 上海市政工程设计研究总院（集团）有限公司. 城市道路路线设计规范：CJJ 193—2012[S]. 北京：中国建筑工业出版社，2012.

[45] 陈志龙，张平. 城市地下停车场系统规划与设计[M]. 南京：东南大学出版社，2014.

[46] 童林旭. 地下汽车库建筑设计[M]. 北京：中国建筑工业出版社，1996.

[47] 张平，陈志龙，刘康，等. 北京中关村西区地下停车系统出入口交通特性分析[J]. 解放军理工大学学报（自然科学版），2016，17（01）：43-48.

[48] 潘乐. 城市地铁枢纽站地下停车场规划研究——以成都地铁二号线东延线龙泉东站为例[D]. 绵阳：西南科技大学，2013.

[49] 北京建筑大学. 车库建筑设计规范：JGJ 100—2015[S]. 北京：中国建筑工业出版社，2015.

[50] 王恒栋. 城市地下市政公用设施规划与设计[M]. 上海：同济大学出版社，2015.

[51] 王恒栋，薛伟辰. 综合管廊工程理论与实践[M]. 北京：中国建筑工业出版社，2013.

[52] 中华人民共和国住房和城乡建设部,中华人民共和国国家质量监督检验检疫总局. 城市综合管廊工程技术规范：GB 50838—2015[S]. 北京：中国计划出版社，2015.

[53] 于丹，连小英，李晓东，等. 青岛市华贯路综合管廊的设计要点[J]. 给水排水，2013，39（5）：102-105.

[54] 吴涛，谢金容，杨延军. 人民防空地下室建筑设计[M]. 北京：中国计划出版社，2006.

[55] 中国建筑设计研究院. 人民防空地下室设计规范：GB 50038—2005[S]. 北京：中国计划出版社，2005.

[56] 仝保军. 平战结合人防地下商业街规划设计研究——以郑州市地下街为例[D]. 天津：天津大学，2008.

[57] 钱七虎，郭东军. 地下仓储物流设施规划与设计[M]. 上海：同济大学出版社，2015.

[58] 马祖军. 城市地下物流系统及其设计[J]. 物流技术，2004（10）：12-15.

[59] 黄欧龙，陈志龙，郭东军.城市地下物流系统网络规划初探[J]. 物流技术与应用，2005，（06）：91-93.

[60] 郭东军，陈志龙，钱七虎. 发展北京地下物流系统初探[J]. 地下空间与工程学报，2005（01）：37-41.